도서출판 윤성사 082
# 생태도시학

초판 1쇄    2021년 2월 28일

지 은 이    박길용
펴 낸 이    정재훈
디 자 인    (주)디자인뜰

펴 낸 곳    도서출판 윤성사
주    소    서울특별시 서대문구 서소문로 27, 충정리시온 제지층 제비116호
전    화    대표번호_02)313-3814 / 영업부_02)313-3813 / 팩스_02)313-3812
전자우편    yspublish@daum.net
등    록    2017. 1. 23

ISBN   979-11-88836-90-1   (93350)
값 20,000원

ⓒ 박길용, 2021

저자와의 협의에 따라 인지를 생략합니다.

이 책의 전부 또는 일부 내용을 재사용하려면 반드시 사전에 저작권자와
도서출판 윤성사의 동의를 받아야 합니다.

잘못 만들어진 책은 구입하신 서점에서 교환 가능합니다.

# 생태도시학
— 생명과 지속성 —

생명과 지속성　　　　　　　박길용

# 생태도시학

Ecocity Studies

## 머리말

세계는 지금 인구의 지속적 증가와 도시화, 고도 과학기술 발전에 따른 과학과 기술의 경계가 사라져버렸다. 기술은 지구상의 모든 생물과 무생물을 구성하는 생태계를 무차별적으로 조작할 수 있는 단계에 이르렀다. 물론 과학기술의 발전이 인간의 삶에 풍요와 편리함에 기여한 것은 지대(至大)하다. 반면 과학기술에 힘입은 인간중심주의 문명 속에서 자연은 오로지 '물질'과 '자원'의 대상으로 타자화돼 인간 욕구 충족의 이기적 도구로 남용됐다. 그 후유증은 실로 상상을 초월했고 이를 통해 인류는 피할 수 없는 중대한 도전해 직면해 있다. 즉, 생태계의 교란, 자원의 고갈과 편제, 가용 에너지의 한계, 기부변화에 따른 자연재해와 전염병의 창궐, 산성비, 미세먼지, 토양의 사막화, 생물 다양성의 파괴 등으로 지구는 몸살을 앓고 있다. 한마디로, 인류의 '생명'과 '지속성'이 위협받고 있다. 특히 화석연료를 바탕으로 일궈 놓은 산업문명은 수백 년간 옳다고 여겨왔던 것에 대한 근본적인 성찰, 즉 최초로 자기 문명의 부정을 강요받고 있다. 또한, 현대인은 과학기술 문명의 중독에서 과학 메커니즘의 노예가 돼 기술 지배의 우상을 즐기고 있는 듯하다. 이처럼 과학기술의 발전에 따라 세워진 서구 근대화와 현대 문명의 불확실성에 대해 뮌헨대학의 울리히 벡(Ulrich Beck) 교수는 "오늘날 위험사회의 핵심 문제"라고 지적했다.

이 책은 오늘날 고도 과학기술 발전에 따른 위험사회의 문제를 해결하기 위한 인류의 공동 과제를 숙고하되 그 초점을 '생명'과 '지속성'에 바탕을 둔 생태도시 건설을 제안한다. 이는 인간중심주의를 극복하고, 인간과 자연 간의 유기체적·전일적·일원적인 생태 중심적 패러다임이며, 일차원적 환경문제 해결의 수준을 넘어 인간과 자연이 조화롭게 우주의 기

# 생태도시학
- 생명과 지속성 -

운을 호흡하면서 우주의 생명과 지속성을 회복하자는 문명이다. 미래 문명은 공학적으로 설계된 고도 기술과 속박되지 않은 자연을 결합해 나가는 통제 불확실한 신생물학적 문명(neo-biological civilization)을 향해 나아갈 것이다.

특히 우리는 근대화 과정에서 생태·환경문제에 대한 치열한 고민 없이 성장우선주의의 정책 기조하에 발전을 추구해 온 결과, 생명과 지속성이 담보되지 않은 '회색도시'로 가득 차고 말았다. 이는 도시 건설에 대한 환경계획이 부재하거나 변질됐기 때문이다. 따라서 현재 정부는 이를 착안해 도시 뉴딜정책의 일환으로 '도시재생(urban regeneration)'을 추진하고 있지만, 도시철학의 부재로 그 성공을 장담할 수 없다. 이 책은 이에 대한 대안으로 자연자본을 바탕으로 한 도시문명을 재설계해야 함을 강조하며, 나아가 이를 구체적으로 실현하는 수단으로 생태도시(eco-city) 건설에서 답을 찾고자 한다.

이 책은 총 3편으로 구성돼 있다. 제1편은 생태학과 생태도시의 이해, 제2편은 생태도시 접근 연구, 그리고 제3편은 한국 생태도시의 현재와 미래다.

제1편 제1장 '생태학에 대한 논의'에서는 도시철학에 바탕이 되는 생태철학과 생태자본, 그리고 생태문명의 패러다임 전환을 논의했다. 제2장 '생태도시론'에서는 생태도시의 이론적 고찰, 생태도시 조성을 위한 도시계획, 특히 독일 생태도시 조성계획을 검토하고 그 시사점과 우리의 과제를 살펴봤다. 제2편은 5장으로 나눠, 제3장은 생태도시의 접근 연구로 독일 프라이부르크(Freiburg)시의 생태도시 건설 사례를 소개하고, 제4장은 세계적으로 도시재생의 성공 사례라 할 수 있는 독일 함부르크 하펜시티(Hamburg HafenCity)를 살펴봤다. 제5

## 머리말

장에서는 미세먼지와 생태도시의 관련성, 제6장에서는 기후변화와 생태도시 그리고 제7장에서는 상태관광-문화도시 등을 다뤘다. 마지막으로 제3편의 8장은 한국의 미래 생태도시 전망으로서 우리가 지향해야 할 도시철학, 도시의 지역자본이 무엇이며, 그리고 궁극적으로 도시의 자아실현(urban self-realization)이라는 맥락에서 그 방향을 모색했다.

특히 이 책은 생태도시 건설이라는 범주에서 다음과 같은 몇 가지의 특색을 가지고 있다.

첫째, 우리의 근대화 과정에서 탄생한 도시들, '생명'과 '지속성'을 상실한 회색도시의 회복을 위한 대안으로 생태철학을 바탕으로 한 새로운 도시 문명의 패러다임을 제시했다.

둘째, 지난 정부부터 추진돼 온 녹색 뉴딜정책의 일환인 저탄소 녹색성장 도시재생 사업의 문제점을 제시하고, 생태도시 건설을 통한 환경 및 기후 문제의 해결과 나아가 녹색 일자리 창출의 가능성을 확인했다.

셋째, 도시재생 및 생태도시 건설에 선진 전범(典範)인 독일의 다양한 사례를 분석하고 정책적 시사점을 제시했다.

넷째, 성찰적 근대화를 통해, 현재 우리나라 도시의 현주소를 진단하고 향후 우리가 나아가야 할 생태도시 건설의 전망을 고찰했다.

이 책은 필자가 그동안 분야별로 연구한 논문 자료를 토대로 부분적으로 보완하면서, 좀 더 완성도를 높여 출간하게 됐지만 아쉬움도 많다. 학문적 궁구의 부족함 때문이다. 아직 이 책이 미숙하고 보완해야 할 부분이 많다고 생각한다. 생명을 사랑하는 많은 독자의 지도 편달을 바라며, 앞으로 더욱 겸손한 마음으로 완성도를 높여 후학들로부터 사랑받는 책이 되

생태도시학
- 생명과 지속성 -

도록 노력할 것이다. 부족한 재능에 인내함과 지적 영감을 부여해 주신 하나님께 감사드리며, 출판을 위해 애써 준 윤성사 정재훈 대표님, 함께하는 동행자들에게 진심으로 감사의 뜻을 전한다.

2021년 2월

土草 박길용

**목차**

머리말 · · · · · · · · · · · · · · · · · · · · · · · · · · · · · · · · · · 4

**제1편  생태학과 생태도시의 이해** · · · · · · · · · · · · · · 13

### 제1장 생태학에 대한 논의 · · · · · · · · · · · · · · · · · · · · · 15

제1절 생태철학 / 15
    1. 서론 / 15
    2. 생태철학의 이론적 논의 / 17

제2절 생태자본 / 27
    1. 생태계의 질서 원리 / 28
    2. 생태계의 파괴 / 29
    3. 생태자본과 공생 / 30

제3절 생태문명 / 32
    1. 산업문명의 한계와 위기 / 32
    2. 문명의 전환: 생태문명을 향해 / 38
    3. 결론 / 45

### 제2장 생태도시론 · · · · · · · · · · · · · · · · · · · · · · · · · · · 47

제1절 서론 / 47

제2절 생태도시의 이론적 고찰 / 49
    1. 생태도시의 개념 논의 / 49
    2. 생태도시의 개념 변화와 유형 / 51
    3. 생태도시의 구조와 기능과 원칙 / 52

제3절 생태도시 조성을 위한 도시계획 / 53
    1. 생태도시계획의 이해 / 53
    2. 생태도시계획 과정과 방법 / 56
    3. 우리나라의 도시계획 수립 체계와 생태도시계획 / 58
    4. 독일의 도시계획 수립 체계 / 64

제4절 독일 생태도시계획의 시사점과 우리의 과제 / 69
    1. 생태도시계획 관점에서 양국의 한계점 / 69
    2. 생태도시 조성을 위한 우리의 과제 / 70
제5절 결론 / 72

## 제2편 생태도시 접근 연구 · · · · · · · · · · · · · · · · · 79

### 제3장 생태도시 건설 사례 · · · · · · · · · · · · · · · · · 81

제1절 '보봉생태주거단지' 개발 : 협력적 거버넌스 / 81
    1. 서론 / 81
    2. 협력적 거버넌스의 이론적 논의 / 82
    3. 협력적 거버넌스의 참여과정 '분석의 틀' / 86
    4. '보봉생태주거단지'의 협력적 거버넌스 참여 과정 분석 / 88
    5. 이론적·정책적 함의 / 100
    6. 결론 / 102

제2절 '리젤펠트'의 생태신도시 건설 / 105
    1. 개발 개요 / 105
    2. 개발 배경 / 106
    3. 개발 목표와 방향 / 107
    4. 개발 방식 / 107
    5. 개발 과정에서의 세부적 특징 / 108
    6. 리젤펠트의 생태도시 성공 요인과 시사점 / 113
    7. 결론 / 113

### 제4장 생태도시와 도시재생 · · · · · · · · · · · · · · · · · 116

제1절 서론 / 116

제2절 도시재생의 이론적 고찰 / 118
    1. 선행 연구의 검토 / 118
    2. 도시재개발과 도시재쟁 / 120

제3절 도시재생 사례 '분석의 틀' / 123

제4절 사례분석: 함부르크 '하펜시티의 도시재생' / 125

목차

        1. 사례 선정 이유 / 125
        2. 사례의 개요 / 127
        3. 사례분석 / 129
    제5절 분석 결과의 정책적 함의 / 136
    제6절 결론 / 139

## 제5장 미세먼지와 생태도시 · · · · · · · · · · · · · · · · · · · · · · · · · · · 141

    제1절 서론 / 141
    제2절 미세먼지의 발생과 현황 / 143
        1. 미세먼지의 정의 / 143
        2. 미세먼지 발생원과 생성 과정 / 144
        3. 우리나라의 미세먼지 현황 / 146
    제3절 미세먼지와 생명권 논의 / 150
        1. 인체 영향평가에 대한 선행 연구 / 150
        2. 생명권과 생태계 파괴 / 152
        3. 환경권과 생명권 / 156
    제4절 생명권에 대한 책무성 / 159
        1. 개인적 책무성 / 159
        2. 사회적 책무성 / 162
        3. 국가적 책무성 / 163
    제5절 결론 / 170

## 제6장 기후변화와 생태도시 · · · · · · · · · · · · · · · · · · · · · · · · · · · 172

    제1절 서론 / 172
    제2절 기후변화와 생태도시의 상관성 / 173
        1. 생태도시의 가치와 기후변화 / 173
        2. 기후변화의 영향과 생태도시 / 175
        3. 생태도시 건설을 위한 녹색성장의 당위성 / 179
    제3절 생태도시 건설을 위한 기후변화 체제 이해 / 182
        1. 기후변화 체제의 과정 이해 / 182
        2. 생태도시 건설을 위한 기후변화 대응 / 185

제4절 결론 / 199

## 제7장 생태관광 - 문화도시 · · · · · · · · · · · · · · · · · · · 201

제1절 서론 / 201

제2절 생태관광의 이론적 고찰 / 203
    1. 생태관광의 개념 논의 / 203
    2. 생태관광 개념의 재해석 / 206

제3절 한국과 독일의 생태관광 현황 / 209
    1. 한국의 생태관광 / 210
    2. 독일의 생태관광 : 프라이부르크와 지몬스발트 / 215

제4절 우리의 새로운 생태관광 전략 모색 / 222
    1. 양 국가의 생태관광 특징 / 222
    2. 우리의 생태관광 전략 과제 / 226

제5절 결론 / 231

## 제3편 한국 생태도시의 현재와 미래 · · · · · · · · · · · 243

## 제8장 한국의 미래 생태도시 전망 · · · · · · · · · · · · · 245

제1절 서론 / 245

제2절 미래 생태도시 전망 / 247
    1. 도시철학 : 진 · 선 · 미 / 247
    2. 도시의 지역자본 : 자연-'빔(虛)' / 250
    3. 도시의 자아실현 : '생태도시' / 252

제3절 결론 / 260

**찾아보기** · · · · · · · · · · · · · · · 264

Ecocity Studies

# 01편

# 생태학과 생태도시의 이해

# 01장 생태학에 대한 논의

## 제1절 생태철학

### 1 서론

오늘날 인류는 고도 산업화를 통한 대량생산과 대량소비의 사회를 지향하고 있다. 산업화는 나라마다 시대적 차이는 있겠지만 근대화의 연장선에 있다. 근대 산업혁명 이후 산업문명의 공통적 특징은 인간 생활에 물질적 풍요와 편리함을 줬다는 것이다. 반면 그 풍요와 편리함의 뒤편에는 생태계의 위기가 남아 있다. 즉, 고도 산업화를 이루는 과정에서 도시화에 따른 인구 집중, 과도한 자원 개발 및 에너지 소비 증대 등은 생활 및 사회환경을 악화시키고 자연생태계를 파괴시켰다. 이처럼 산업화에 따른 가장 큰 후유증(後遺症)이 환경문제다. 왜냐하면, 환경문제는 인간의 제반 활동, 개발·생산·소비 과정에서 다양하게 발생하기 때문이다. 개발 과정에서는 자연환경의 훼손, 생태계의 파괴 등이 따르고, 생산 과정에서는 매연, 폐수, 폐기물, 소음, 진동, 분진(미세먼지), 산업쓰레기 등의 공해를 유발하며, 소비 과정에서는 연소(탄산가스 배출), 생활하수, 생활쓰레기 등 다양한 오염물질이 발생하게 된다(박길용, 2014: 43). 오늘날 이 같은 환경문제는 인류의 지속가능성에 대한 근본 문제를 제기할 뿐만 아니라 생명을 위협하는 치명적인 상황을 만든다는 점에서 심각성이 더하다.

이러한 절박한 상황 앞에서 철학은 책임을 가지게 된다. 철학은 왜, 무엇이 잘못됐으며, 어디로 가야 하나를 근본적으로 고민하고 있기 때문이다. 특히 환경문제는 인간성의 상실이라는 생명의 문제와 직결돼 있기 때문에 철학의 책무가 더욱 무겁다. 이는 환경문제를 철학적 관점에서 접근할 필요가 있다는 것이다. 인류의 문명사에서 인간과 자연의 관계성에서 발생된 환경문제를 생명문제와 연관해 접근한다는 것은, 결국 인간이 자연에 대한 궁극적인 가치구조의 출발과 변화의 과정을 밝힌다고 볼 수 있다. 이는 또한 환경의 근본 문제를 사유와 이론적 탐구를 넘어 실천철학(practical philosophy)으로 끌어올리는 작업이기도 하다. 인간의 이념적 패러다임의 차이에 따라 자연에 대한 인간의 관계 설정이 확연히 달라질 수 있다. 지금까지 인류가 추구해온 문명이 인간과 자연의 상호성 안에서 어떠한 철학·윤리·세계관에 바탕을 두고 발전해 왔고, 이로 인해 나타난 문명의 문제점이 무엇인지, 그 문명이 인류의 '생명(life)'과 '지속성(sustainability)'의 관점에서 어떤 유관성이 있는지를 밝혀내는 것은 매우 중요하다. 이 같은 작업에 오늘날 인류가 겪고 있는 환경문제를 푸는 답이 있기 때문이다. 이의 단초(端初)는 근대 산업화의 주춧돌이 된 산업문명의 이념적 패러다임의 성찰로부터 출발한다.

서구의 산업화이든 우리의 산업화이든 근본 바탕에는 도구적 이성 중심에 입각한 인간중심주의와 과학기술주의의 세계관이 자리 잡고 있다. 한마디로 근대 산업문명의 이념적 바탕은 이성에 바탕을 둔 인간과 자연을 분리하는 데카르트적 합리성이다. 이는 과학기술의 놀라운 발달이라는 개가를 올렸지만 동시에 지구상의 모든 생명과 인류의 지속성을 위협하고 있다. 서구식 산업주의는 인류에게 경고하고 있다. 여기서 산업문명의 성찰적 이념 대안이 생태철학(eco-philosophy)의 태동 배경이 됐다. 생태철학으로부터 발생된 생태주의는 성장 일변도의 산업문명을 넘어서는 탈(脫)근대적 문명 전환 운동을 지향한다. 생태철학은 인류 문명의 지속성과 생명의 문제에 초점을 두고 있다. 따라서 이 장은 생태도시 건설에 토대가 되는 생명과 지속성의 관점에서 생태철학의 이론적 논의와 생태자본의 중요성, 그리고 성찰적 근대화를 통한 대안적 문명 패러다임을 통찰한다. 연구의 내용을 좀 더 깊이 살펴보기 위해서 생태철학에 대한 이론적 논의를 생명체의 가치와 생태 위기의 극복 과제와 관련해, 동·서양의 철학적 연원과 근대 생태철학의 발전 과정을 간단히 살펴본다. 이어서 생태계 질서 원리의 이해를 통해 생태자본의 개념과 특성 및 그 중요성을 밝힌다. 그리고 산업문명의 한계를 진단하고 그 대안적 미래 문명으로 생태문명의 이념적·사회적 패러다임을 모색한다.

## ❷ 생태철학의 이론적 논의

### 1) 생명체의 가치에 대한 생태철학의 연원

생태철학은 새로운 형이상학을 세우기 위해 생태계 위기의 원인을 분석하고, 환경문제에 대한 좀 더 근원적인 철학적 이해의 틀을 제시하는 데 있다. 따라서 생태철학을 생태 위기와 관련해 좀 더 깊이 있게 이해하고 체계화하기 위해서는 이를 논의하기 전에 우선 생태계를 지탱하고 있는 일체 '생명체의 가치'에 대한 의미를 살펴볼 필요가 있다. 생명체의 가치는 우리가 서로 생명을 존중할 것을 요구한다. 생명체를 함부로 훼손하거나 죽이지 말 것을 경고한다. 왜냐하면, 생명체의 생명이 이 지구 질서의 근본이기 때문이다. 또한, 생명에 대한 존엄성을 깨닫고 생명 가치의 구현에 필요한 조건이 갖춰질 때, 인간의 상처가 치유되는 행복이 있을 수 있기 때문이다. 모든 생명체는 도구적 가치로 다른 존재자에 의해 이용될 수 있는 한에서만 가치 있는 것으로 봐서는 안 된다는 것이다. 모든 생명체는 그 자신의 가치, 즉 고유한 존재 가치와 존재 이유를 지니고 있다. 다만 이 본래적 가치에 대한 물음을 제기할 수는 있다. 즉, 생명 가치의 적용 범위와 서열 정도, 살생을 금하는 도덕법의 적실성 등이 있을 수 있다. 이상의 세 가지 질문과 함께 생명 가치의 실현이라는 측면에서 생명의 의미를 재해석할 수 있다. 정당한 재해석을 위해서는 모든 생명체와 자연은 그 자체의 고유한 가치와 존재 이유를 충분히 가지고 있다는 것을 인정해야 한다. 또한 인간과 자연의 관계가 동반자적 협력 관계, 연대공동체(Solidargemeinschaft)임을 인식해야 한다. 모든 생명체가 자연과 공속 관계에 있다(진교훈, 1988: 106-112). 이것은 바로 생태철학의 출발점이기도 하다. 이와 관련해서 동·서양 사상의 주류를 이루는 기독교, 노장(老莊), 불교, 유가철학에서 생명체의 가치를 어떻게 이해했는지를 살펴보기로 한다.

우선 서구 사회의 받침돌이 되는 기독교 사상에서 생명체의 가치는 어떻게 이해됐을까. 기독교의 생명 가치는 한마디로 '창조 질서'에 포괄하고 있다. 창조 질서는 신(神)과 인간과 자연을 그 계층적 질서에서 목적론적으로 결합하고 있지만, 신 중심 안에서 인간중심주의가 성립하는 '하나님 중심의 세계관'이다. 성서는 인간에게 자연환경에 대해서 파괴나 착취를 가르치는 것이 아니라 생산적이고 보호적인 청지기(steward)[1]로서 자연에 대한 인간의 책임성(조용훈, 1996: 173)을 요구하고 있다. '하나님의 형상(imago Dei)'으로 창조된 인간은 다른 피조물을 보살피고 사랑하는 자여야 한다. 흔히 기독교 창조 신학이 인간중심주의에 바탕을 두고 있어, 오늘날 생태 위기의 직접적인 원인 제공자라고 주장하는 극단적인 학자들도 있다(White, Jr., 1967: 1203-1207). 이는 기독교 사상을 잘못 교육한 성직자와 정치가들의 서구 제국주의적 지배 이데올로기의 자기 합리화로부터 생겨난 오해에서 비롯됐다. 신학의 거장인 몰트만(Jürgen Moltmann)은 "자연에 대한 현재의 공격적 윤리는 창조 신앙의 결과가 아니라 아메리카, 아프리카, 아시아에 대한 근대 유럽인의 정복의 산물이다. 르네상스가 처음으로 자연의 권리를 박탈했으며, 그것을 주인 없는 물건으로 곧 점령을 통해 소유하는 자에게 속하는 물건으로 선언했다. 그 이전에 자연은 신의 소유로 인정됐고 사람들의 공동의 유익을 위해 인간들에게 맡겨져 있었다"(Moltmann, 1985: S.54)고 했다. 성서의 인간 중심적 자연관에 대한 비판에서 가장 확실한 근거로 삼는 것은, 창세기 제1장 26~28절의 내용인 하나님이 인간에게 자연의 세계를 '다스리고' '정복하라'는 해석이다. 이 해석은 인간은 하나님이 창조한 자연 세

---

[1] 청지기란 것은 개인적인 것이 아니고, 공동사회의 번영과 이익을 위해 공동적 역할을 해야 하는 직책이다. 성서적 입장에서는 맡겨진 하나님의 피조물을 대신 관리하고 보존한다는 뜻이다. 즉, 인간은 하나님의 의지에 복종해야 한다는 말이다.

계에서 통치자로 세움을 받았음은 사실이지만, 인간은 자연 세계를 자신의 목적과 편의에 따라 임의대로 처리하고 지배할 수 있는 권리를 가진 소유자가 아니라 하나님의 전권(全權)을 위임받은 대리자에 불과하다. 따라서 본래 '다스리다'의 고유한 의미는 파괴·지배한다는 뜻이 아니라 다스림을 받는 자의 행복을 위해 '돌보다'는 것을 뜻한다. 즉, 하나님의 대리자로서 인간은 자연 세계의 질서를 세우고, 돌보고, 가꾸고, 보호해야 한다는 선한 관리의 책임으로 이해해야 한다(김균진, 1989: 32; 전헌호, 1994: 157-158). 다시 말하면, 기독교의 생명 가치인 생태사상은 창조 질서 안에서 선한 청지기로서 출발한다.

동양에서는 노장(老莊), 불교 그리고 유가철학에서 또한 생명체의 가치를 엿볼 수 있다. 우선 노장 철학에서 생명체의 가치를 논담하면 노자(老子)의 '무위자연(無爲自然)' 사상이 핵심이다. 노자는 자연의 본질을 '무위'라고 보고, 무위는 단순히 행함이 없는 것이 아니라 억지로 행함이 없어야 한다는 인위적인 행위를 경계한다. 즉, 과도한 인위적 행위인 '유위(有爲)'를 경계하며, 무위의 관점에서 자연(自然), 세상에 스스로 존재하거나 우주에 저절로 이뤄지는 자생자화(自生自化)하는 모든 존재나 상태를 의미한다. '스스로 그러함'이 바로 생명이라는 것이다. 이런 의미에서 노자의 '무위'는 아무것도 하지 않음이 아니라 일체 생명체인 존재자의 존재(생명)를 유지한 힘이다. 인간 중심적인 과도한 유위로 생태계가 무너지고 생명이 위협을 받는다. 장자(莊子) 또한 생명의 문제를 깊이 사유하고 있다. 장자의 「제물론(齊物論)」에서 '제물'이란 이 세상에서 존재하는 모든 존재자를 살려낸다는 뜻이다. 즉, 생명의 그릇이 제물이고 자연이다. 이 같은 의미에서 장자는 이성에 의한 기계론적 고정관념을 깨는 것이, 존재사를 모두 살릴 수 있다는 것이다. 장자는 특히 인간 중심적 관점에서 자연을 대함을 경계하고 있다. 노장의 자연관 입장에서 조명한다면 인류가 자기 중심적 관점에서 자연을 대상화한다는 것은 생태계 파괴의 논거를 제시하는 본체다. 노장의 관점은 '사물을 사물 그 자체로 보고, 도(道)의 관점'에서 봐야 한다는 것이다. 노자는 『도덕경(道德經)』에서, "도(道)는 만물에 대해 생(生)하여 주되 소유하지 않고, 위해 주되 의뢰하지 않고, 어른이지만 주재하지 않는다"[2]

---

2) 『道德經』, 제51장, "生而不有, 爲而不恃," "長而不宰, 是謂玄德."

고 했다. 이는 성견(成見: 이뤄져 틀이 잡힌 견해)을 배제하고 자기의 욕심을 버리고, '있는 그대로 본다'는 의미로 무위자연, 순자연(順自然), 법자연(法自然)이라고 말할 수 있다. 다시 말해서 '빔', 허기(虛氣)한 상태에서 사물을 대함은 생물이든 비생물이든 그 존재의 가치를 인정하게 되며 생명의 존귀함도 깨닫게 된다는 것이다. 사실 오늘의 환경문제는 사물을 사물 자체로 보지 않고 인간 중심적 관점에서 자연을 대상화시킨 탐욕의 극대화에 따른 결과다(이강수, 1996: 91). 결국, 노장사상은 모든 존재자는 구분은 되지만 분리하지 않고 각자의 존재에서 합일하는 일원론적, 유기체적, 역동적인 생명 사상을 나타내 준다고 볼 수 있다.

불교철학에서는 그 핵심 사상이라 할 수 있는 연기법(緣起法)과 삼고(三苦)·사성제(四聖諦 : 苦·集·滅·道) 사상, 또한 생명의 가치를 깊이 문제 삼고 있다. 연기법은 이 세상에 존재하는 모든 것은 연관이 배제된 채 고립된 단독자로서는 존재할 수 없다(諸法無我). 상호 의존하고 있기 때문에 '상호 의존적 생성,' '생태적 먹이사슬 구조'를 지니며, 동시에 변화를 부정한 고정 상태로 존재할 수 없다는 것이다(諸行無常). 특히 연기법은 물리, 생명, 정신 현상 전반을 관통해서 설명하고 있으며, 그 각각의 내적 현상은 물론이고 그 전체를 모두 중중첩첩(重重疊疊)의 상호 의존적 상보성(相補性)의 원리로 이해하고 있다. 사실 환경문제는 상호 의존적 세계, 생태계의 질서 원리에 대한 부정과 단절 때문에 발생한다. 삼고·사성제 사상은 우주 안에 존재하는 모든 것은 '고(苦)'로 가득 차 있다고 본다. 이 고의 원인은 인간의 '탐욕'에 있다고 보고, 이 삼고의 상태를 없애는 유일한 길은 부처님이 명시한 '사성제'에 있다고 한다. 결과적으로 이 고를 멸진(滅盡)하는 길이 '도제(道諦)'로서 참다운 생명 현상을 극대화시키는 길이 된다고 봤다. 환경문제는 인간의 소유할 수 없는 것에 대해 소유하는 반(反)자연, 즉 자연을 객관화하고 인간 자신의 욕구 충족을 위한 이기적인 '대상물'로 파악했다는 점이다. 그래서 불교에서는 자연을 즉자적, 대자적, 주관적, 소유적 파악을 중지하고 우주의 연기론 진리를 철저히 깨달았을 때 인간의 탐욕은 사라지고 생명의 존재론적 가치를 이해할 수 있다는 것이다(박길용, 1997: 321-338).

유가철학에서 핵심적 가치는 '인(仁)'이다. 이 인 사상이 생명체의 가치를 말하고 있다. 천지와 인간이 어떤 관계로 조화를 이뤄야 하는가에 대해 잘 설명해 준다. 인은 만물을 널리 사랑하는 도덕적 정감으로 이해된다. 맹자(孟子)는 "군자는 금수(禽獸)에 대해서도 그들이 죽어가는 모습과 애끊는 소리를 듣고는 그 고기를 차마 먹지 못하나니 그렇기 때문에 군자는 푸줏간을 멀리한다"[3]고 한 표현에서 생명의 존귀함과 존재 의지를 확인할 수 있다. 왕양명(王陽明)의 '천지만물일체(天地萬物一體)'의 인(仁)을 설명하는 가운데서 인간의 마음에는 만물의 일체인 인이 있기 때문에 만물을 박애하는 정이 있고 생명 파괴에 대한 고통이 따른다고 봤다. 인간은 인간 외의 동·식물이나 비생물도 사랑하고 돌봐야 할 책임이 있다는 것이다. 중용(中庸)의 '치중화(致中和)' 사상은 인간과 만물의 한 몸통으로서 유기체를 잘 표현해 주고 있다. 주희(朱熹)는 주돈이(周敦頤, 1017-1073)의 「태극도설」에 영향을 받아 맹자의 인(仁) 사상을 자연을 이해하는 데까지 확장시켰다. 주희는 천지의 마음에 '원형이정(元亨利貞, 원: 봄, 형: 여름, 이: 가을, 정: 겨울)'과 사람의 마음에 '인의예지(仁義禮智)'가 있음을 주목하면서 '원'과 '인'을 천지의 만물을 생성하는 힘으로 봤다. 이는 바로 '원'과 '인'이 생명의 발원체라고 볼 수 있다. 송의 이학자(理學者)인 정호(程顥, 1032-1085)는 우주에서 발생하는 일들을 모두 자기와 유기적인 관계를 가지고 있다는 것을 규정하고, 이러한 체험을 가진 사람을 '인인(仁人)'이라고 칭했다. 그는 의서(醫書)에서 "손발의 마비 상태를 '불인(不仁)'이라고 한 것을 빌려 '인'을 설명한다. 즉, '인인'은 천지만물의 일체성을 인식할 수 있지만 '불인'의 상태는 천지 만물과의 '기(氣)' 소통이 이뤄지지 않아 만물을 범애하는 도덕적 정감이 없어 진정한 '인'의 실천에 이를 수 없다는 것이다. 즉, 수족이 불인(不仁)이면 기(氣)가 서로 통하지 않아 자기 것에 속하지 아니한다"[4]라고 했다. 특히 맹자는 왕도(王道)의 시초를 자원 보호의 전제하에 사려 깊은 개발로 자연자원의 합리적 이용을 제시하고 있다. 물고기를 보호하는 측면에서 그물코를 조절한다든지, 나무를 벌목할 때도 때를 맞춰 하는 것이나 천지의 생육 생성의 작용을 도와서 자원의 이식을 최대한으로 취용하기를 주장했다.[5] 순자(荀子) 또한 '천'과 '인'

---

[3] 『孟子』,〈梁惠王〉上, "君子之於禽獸也 見其生, 不忍見其死 聞其聲, 不忍食其肉 是以 君子遠庖廚也."

[4] 朱熹·呂祖謙,『近思錄』〈道體編〉, "醫書言手足痿痺爲不仁 此言最善名狀 仁者以天地萬物爲一體 莫非己也 認得爲己 何所不至 若不有諸己 自不與己相干 如手足不仁 氣己不貫 皆不屬己."

[5] 『孟子』,〈梁惠王〉上, "不違農時 穀不可勝食也, 數罟 不入洿池 魚鼈 不可勝食也, 斧斤 以時入山林 材木 不可勝用也 穀與魚鼈 不可勝食, 材木 不可勝用 是 使民養生喪死 無憾也, 養生喪死 無憾 王道之始也." 여기서 '촉고(數罟)'

은 각자의 직능에 따라 그 역할이 구분되지만, 인간의 합리적인 사고에 따라 자연의 이치를 밝히고 객관적인 규율에 순응함을 강조하고 있다. 즉, 하늘에는 그 시(時)가 있고 땅에는 그 재(財)가 있으며 사람에게는 그 치(治)가 있다는 것이다. 결론적으로 생태적 관점에서 유가 사상은 '인'을 통한 생명 가치의 존엄성을 밝히고 생명 가치의 지속성을 위해 조화 가능한 절용 정신을 강조함으로써 오늘날 인간의 물질 향유와 편리함을 추구하는 인간 욕구 의지에서 비롯된 환경문제에 경종을 울리고 있다.

이상에서 동서양의 주류 사상은 인간과 자연의 관계를 어떻게 설정해야 생명체의 가치가 가장 잘 보호·유지될 수 있는가를 잘 보여준다. 결국, 양자의 관계는 '생명'과 '지속성'이라는 문제를 중심에 놓고 접근하고 있다. 환경의 문제는 모든 존재자가 그 존재의 가치를 인정받고 공생하는 길을 찾는 문제다. 그렇다면 지난 세기 동안 인류는 인간 중심적 세계관 속에 갇혀서 생명의 문제를 가벼이 여기고, 인간만을 위한 이기적인 문명을 만드는 과정에서 생태 위기가 초래됐다고 해도 지나치지 않다. 이제 생명체의 가치 토대 위에 생태 위기의 극복을 위한 대안으로 생태철학의 담론이 더욱 필요할 때라고 본다.

### 2) 생태학적 위기와 생태철학

21세기의 최대의 화두는 '생명'과 '지속성'이다. 생명과 지속성의 위기는 이른바 생태학적 위기와 직결된다. 환경문제는 생태학적 위기이고, 생태학적 위기의 근본 원인은 어디에 근거하고 있는가? 그것은 생명의 의의에 대한 인간의 무지와 오해에 기인한다. 생태학적 위기의 뿌리는 과학기술에 있는 것이 아니라 인간의 잘못된 생각 속에 있다. 생태학적 위기 극복의 관건은 근본적으로 생태학적 위기를 유발한 인간이 생명과 이 생명의 안식처인 자연에 대해 올바르게 이해하는 데 있다고 할 수 있다. 이는 철학자들 사이에서도 자연의 생태학적 상호성을 강조하면서 생명체의 가치에 대해 일찍부터 설파해 왔다.

---

란 그물코가 4촌(四寸) 이하인 그물을 말하는데, 이러한 그물을 사용하지 못하게 하는 것은 작은 물고기를 보호하기 위한 것이다. 또한, 옛날 사람들이 산에 들어가 벌목을 하는 데도 일정한 때가 있음을 보여준다.

서양에서는 성(聖) 프란체스코(St. Francis, 1182-1226), 슈바이처(Albert Schweitzer, 1875-1965), 베르그송(Henri-Louis Bergson, 1895-1941) 등이 이야기하고 있다. 현대 생태철학에 크게 영향을 미친 중세 아시시(Assisi)의 수도승 프란체스코는 종교적 수도자의 금욕 생활을 통해서 동물, 식물 그리고 모든 창조물에 대해 이해가 깊은 것으로 유명하다. 그의 가장 귀중한 활동 중의 하나는 '새들에 대한 설교'였다. 그 설교에서 그는 종교적 헌신의 한 부분으로서 자비는 '피조물의 복지' 그 자체에 관심을 갖는 것이라고 설명했다. 모든 생명에 대한 그의 감정이입(感情移入)은 이 같은 감동적인 방법과 사랑으로 표현됐고, 어떤 이들은 그를 영감의 모델이자 지구의 미래 생태학을 위한 희망으로 여기기도 했다(Sorrell, 1998: 145). 그는 삼라만상은 자립적인 독자적 존재들로서 그들 고유의 내재적 가치를 가지고 있다고 설파했다. 그는 하나님에 대한 사랑, 인간에 대한 사랑, 존재하는 모든 생명체에 대한 사랑을 단일한 생명의 흐름 속에 일치시켜 봤다. 태양과 달, 불과 물, 꽃과 초목, 들짐승과 새 등을 형제자매라고 불렀다.

슈바이처의 생명에 대한 외경철학(畏敬哲學)은 인간만이 아닌 동물과 식물을 포함한 모든 생명체의 가치와 그러한 생명체의 보호와 보전에 대한 인간의 책임을 강조했다. 그는 일생 동안 자연에 대한 깊은 애정을 가졌고, 그것이 그의 삶에 강력한 힘이었다. 이러한 생각은 그의 글에 잘 나타나 있다. "내가 어린아이였을 때부터 이미 나는 누구도 그 느낌을 알아채지 못한 자연의 현존 앞에서 황홀경에 빠진 사람이었다. 나는 자연이 위대한 위로자라고 생각했다. 내가 혼란에 빠졌을 때, 나는 늘 자연에서 고요함과 평온함을 다시 찾았다. 나를 활동가로 만드는 그 힘을 모을 수 있는 것은 공상, 즉 자연과의 생생한 접촉을 회복함에 의해서다"(Brabazon, 1975: 27). 슈바이처는 자연을 박애주의적 관심과 결부시켜 생각했다. 그는 1915년에 생(生)을 증진시키고 보전하는 것이 선(善, good)이라는 중심사상을 가진 생명 외경을 선언했다. 슈바이처에게 생(生)은 단순히 인간의 삶을 의미하는 것이 아니라 동물과 식물 둘 다 포함한 모든 생명체를 의미한다. 그는 심지어 연구를 위해서 실험 현미경 속의 세균을 죽이는 것조차도 고통스럽다는 것을 깨달았다고 말했다(Brabazon, 1975: 242, 255). 생명에 대한 존엄성은 마음의 태도지 인간이 따라야만 하는 일련의 규칙은 아니었다. 그것은 개개인의 생물체의 가치에 대한 의사결정을 하고 적절히 행동할 것을 요구했다. 이 생철학은 슈바이처에게 자유와 책임감 있는 선택이라는 짐을 동시에 부여했다. 베르그송은 "광물은 생명이 전혀 잠든 상태요, 식물은 생명의 반쯤 잠든 상태요, 동물은 생명이 잠을 깬 상태"라고 말했다. 이상의 사상가들은 초기 생태철학의 태동에 크게 영향을 미친 선각자라고 볼 수 있다.

앞에서 논의한 생명체의 가치는 인간을 비롯한 모든 생물체와 자연은 공동운명체라는 데서 출발한다. 오늘날 생태학적 위기는 인간의 이기적 오만과 탐욕 그리고 편리함의 추구라는 도구적 문명으로부터 나왔다. 더 이상 지탱하기 어려운 위기에 봉착하고 말았다. 이러한 절박한 상황 앞에서 철학은 책임을 느끼게 된다. 즉, 환경문제를 철학적 관점에서 접근이 필요하다는 것이다. 이는 환경의 근본 문제를 사유와 이론적 탐구를 넘어 실천철학으로 끌어올리는 작업이기도 하다. 생태철학은 카슨(Rachel Carson, 1907-1964) 이후 하나의 공통된 목표를 추구했는데, 그것은 환경에 관한 '인간 태도와 행위의 개혁(reform of human attitude and behavior)'이다.

생태철학은 전 지구적으로 환경오염, 생태계 파괴 등 환경문제와 생태계 위기가 생겨나면서 대두된 응용철학의 한 분야로 1970년 초반에 등장했다. 짐머만(Michael E. Zimmerman)에 따르면, 생태철학은 1960년대에 일부의 철학자들이 반문화, 시민권, 반전(反戰), 환경운동, 여성운동 등에 관심을 가지면서 응용철학의 한 분야로, 환경윤리학(environmental ethics), 생태윤리학(ecological ethics) 등으로 불린다고 한다. 넓은 의미에서의 생태철학은 인간을 둘러싼 환경, 즉 환경오염과 생태계 파괴, 개발과 보전 등과 같은 인간의 관심사 내에서 일어날 수 있는 문제들에 대한 철학적 담론인 환경철학과 동일시되기도 한다. 하지만 좁은 의미에서의 생태철학은 생태계의 위기 문제를 인간중심주의 패러다임에서 벗어나, 생태중심주의 세계관과 가치관의 전환을 통해 해결하려 한다. 그리고 생태철학에 관심을 갖는 이들은 전통적인 규범윤리학을 가지고는 환경과 생태 위기의 문제를 해결할 수 없다고 보고, 서구의 전통 철학과의 근원적 단절을 요구하면서 새로운 생태윤리와 생태학적 형이상학의 필요성을 주장하기도 한다. 그러나 생태계의 위기를 근본적으로 해결하기 위해서는 세계관과 사회구조가 급진적으로 바뀌어야 한다고 보는 입장도 있다.

대표적인 생태철학자인 짐머만은 생태철학을 환경윤리학, 인간 중심적 개량주의, 급진적 생태철학 등으로 나눈다(Zimmerman, 1993). 첫째는 환경윤리학으로, 환경문제를 개인과 공동체, 지역과 국가, 선진국과 후진국, 현세대와 미래 세대 등의 적정한 권리와 의무의 배분을 통해서 인간 중심적 윤리만으로도 해결할 수 있다는 입장과 인간 이외의 생명과 자연을 인간을 위한 도구적 가치로만 파악하지 말고 내재적 가치를 인정하는 탈(脫)인간 중심적 윤리, 즉 인간 이외의 존재자에게도 도덕적 숙고 능력을 인정한다면 생태 위기를 점차적으로 해결될 수도 있다는 입장이다. 그리고 탈인간 중심적 윤리는 다시 각 생명체의 내재적 가치를 중심으로 보는 개체론 입장과 자연 내지는 생태계 전체를 중심으로 전체론적 입장이 있다. 둘째는 인간 중심적 개량주의로, 환경문제의 뿌리가 인간 중심적 태도나 거기에 바탕을 둔 정치·경제적 구조에 있는 것이 아니라, 대기오염, 수질오염, 자원의 무분별한 남용 등은 인간의 무지, 탐욕, 단견(短見, 근시안적 이기주의적 효용 계산) 등에 기인한 것이기 때문에 법과 정책 그리고 도덕적 계몽 등을 통해서 환경문제를 풀 수 있다는 입장이다. 셋째는 급진적 생태철학(radical eco-philosophy)이다. 이는 환경문제에 개량주의나 전통 윤리학의 범위를 확장함으로써 근본 해결책이 될 수 있다고 보지 않는 입장이다. 여기서 근대 생태철학의 대표적인 세 가지 측면을 이야기하고 있다.

### (1) 심층 생태론

심층 생태론(deep ecology)은 환경문제의 가장 근본 원인을 인간중심주의에서 찾고, 이를 극복하지 못한 표층 생태학(shallow ecology)에서 나왔기 때문에 해결할 수 없다고 주장한다. 즉, 인간중심주의적 세계관을 생태중심주의적 세계관으로 바꿔야 한다는 것이다. 대표적인 학자들로서 노르웨이의 네스(Arne Naess), 영국의 포리트(Jonathan Poritt), 미국의 드볼(Bill Devall)과 세션(George Session), 카프라(Fritjof Capra), 시나이더(Gary Snyder), 독일의 크리제바하(Andreas Criesebach)와 아메리(Carl Amery) 등이다. 특히 네스는 에코담론의 영역을 개척한 철학자로서 개별 철학자로서는 스피노자(Baruch de Spinoza)와 간디(Mahatma Gandhi)에 깊은 관심을 보였다. 네스에게서 철학은 지혜에 대한 철학이 아니라 행동과 관련된 지혜에 대한 사랑을 의미했다. 그에게서 행동 없는 지혜에 대한 사랑과 또한 지혜 없는 행동 모두 무의미한 것이다. 네스는 자신의 논문 「표층 생태운동과 근본적, 장기적인 심층 생태운동(The Shallow and the Deep, Longrange

Ecology Movement)」(1973)을 통해 근본 생태론은 이기적인 개인과 포괄적인 혹은 확장된 자아를 서로 다른 것으로 구분한다. 그는 생태계 안의 모든 것은 자기를 실현할 생물평등주의(biological egalitarianism)를 지니고, 큰 자아실현(Self-realization, S는 큰 자아를 표현함)은 근본 생태론의 핵심적 체계로 정의했다(Naess, 1973). 이는 환경문제를 자연에 대한 좀 더 근본적이고 영적인 접근, 즉 인간을 포함한 자연계의 전일적 구조에 대한 인식의 인간 정신과 같은 우주적 기운에 대한 인식이 필요하다는 생각에서 나왔다.

### (2) 사회 생태론

사회 생태론(social ecology)은 1970년대 말 근본 생태론 과의 분리를 시도한다. 그 이유는 근본 생태론이 사회와 단절된 의식전환 또는 문화운동을 강조하는 보수성을 드러냈기 때문이다. 원래 사회 생태론이란 개념은 사회적 관계에서 그리고 인간과 자연 간 관계에서 생태윤리를 되살려 내고 친생태적인 사회를 재구성하는 것이다. 이 모든 과정을 ① 인간 행동 동기의 재정립 → ② 시장 원리와의 단절 → ③ 현실 정치에 대한 문제제기로 나아가야 한다. 따라서 사회 생태론이 사용하는 영성은 인간을 포함한 자연계의 전일적 구조(상호의존성, 창발성, 차별적 독창성)에 대한 인식이다. 이런 의미에서 영성의 회복은 궁극적으로 모든 지배관계를 해체하기를 요구하며, 절멸주의와 단절하는 것이다(문순홍, 2006: 59-65).

전반적으로 사회 생태론의 입장은 사회의 위계 질서, 권위적 구조가 인간에 대한 지배를 넘어서 인간 이외의 자연에 대한 무분별한 파괴를 가져왔다고 주장한다. 즉, 한 부류의 인간이 다른 부류의 집단을 지배하는 위계 구조가 타파돼야 한다는 입장이다(문순홍, 2006: 125-129). 대표적인 학자는 북친(Murray Bookchin, 1921-2006)과 독일의 생태 사회주의자인 바로(Rudolf Bahro) 등이다.

### (3) 생태 여성주의

생태 여성주의(eco-feminism)의 입장은 환경문제의 근원을 가부장제, 여성에 대한 남성의 지배에서 찾는다. 가부장제는 자연에 대한 인간의 지배를 당연시하는 결과를 가져왔다는 것이다. 이 개념은 프랑스 작가 도본(Françoise d'Eauboone)이 1972년에 처음으로 사용했다. 에코페미니즘의 시각은 자연 속의 생명이 협력과 상호 보살핌, 사랑을 통해 유지된다는 사실을 인식하는 새로운 우주론과 인류학의 보편성을 제기한다. 이러한 방법을 통해 모든 생명체의 다양성, 문화적 표현은 우리의 안녕과 행복의 진정한 원천으로서 존중하고 보존할 수 있게 된다는 것이다. 에코페미니즘은 1970년 말부터 지속적으로 주장해 왔고, 델리(Mary Daly)의 『여성과 생태학(Gyn & Ecology)』(1978), 그리핀(Susan Griffin)의 『여성과 자연(Women and Nature)』(1978), 머찬트(Carolyn Merchant)의 『자연의 죽음(The Death of Nature)』(1980) 등이 출판되면서 에코페미니즘의 발전에 많은 기여를 했다.

이들을 급진적 생태철학이라 하는 이유는 생태계 위기의 기원을 개념적·태도적·사회적인 데서부터 파헤치고, 지구가 더 파괴되는 것을 막는 길은 혁명이 일어나든지 아니면 문화적 패러다임의 전환이 일어나는 길밖에 없다고 주장하기 때문이다. 그러나 오늘날 환경문제를 풀기 위해서는 이제 생태계의 위기를 철학 안으로 끌어들여 철학의 한 분과로 정초하려는 시도로서 철학이 생태계 위기에 대답해야 한다. 즉, 좁은 의미의 응용철학인 윤리학적 영역에 머물지 않고, 존재론, 인식론, 윤리학, 인간학, 미학뿐만 아니라 정치철학·경제철학·사회철학 및 자연철학·과학철학, 그리고 철학사적 맥락에서 총체적 접근이 필요하다. 또한, 좀 더 시급한 차원에서 당면한 문제를 풀어가기 위해 생태철학이 기존의 관념철학에 대한 반성과 더불어 사회적 지표를 제시하고 실천을 구체화하는 실천철학이 돼야 한다.

## 제2절 생태자본

인류 역사를 보면 환경문제는 자연과 인간의 상호관계성 안에서 일어났다. 상대적으로 인간이 자연을 의존할 때도 있었고 자연을 과도하게 지배할 때도 있었다. 지난 20세기는 한마디로 인간 중심적 자연 지배의 시대였다. 이로 인해 생태계가 파괴되고, 생명과 지속성이 위기를 맞고 있다. 이제 인간과 자연의 공생과 공진화를 위해 파괴된 생태계의 질서를 회복하고, 생태적 각성을 통해 생태자본(eco-capital)의 중요성을 확인하는 것이 우리의 주제가 돼야 한다.

## 1 생태계의 질서 원리

생태자본의 중요성을 확인하기 위해서는 먼저 생태계의 질서 원리를 이해해야 한다. 생태계가 온전히 회복될 때 생태자본의 의미가 실존한다. 생태자본은 생명과 인류의 지속성과 밀접한 관련이 있다. 생명의 존재와 가치에 대한 엄중함을 인간의 삶 속에서 이해하기 위해서는 생태계의 질서 원리를 들여다봐야 한다. 모든 생물은 주위 환경과 깊은 관계를 맺으며 살고 있다. 이처럼 그 환경 속에서 사는 생물과 그 생물을 둘러싸고 있는 토양·물·공기 등과 같은 비생물적 무기환경을 통틀어 생태계(eco-system)라고 한다. 생태계는 작게는 생물군집 사이의 상호 관계에서부터 크게는 인간을 포함한 생물 및 비생물적 물질의 총체적인 상호 순환 체계다. 따라서 지구 자체를 하나의 생태계라고 볼 수 있다. 특히 생태계 내의 생물 요소는 그 기능에 따라 생산자·소비자·분해자의 세 가지 생물군으로 나눌 수 있다.

생산자(producer)는 생물이 살아가는 데 필요한 양분을 생산하는 녹색식물이다. 육지에서는 식물의 잎, 물 속에서는 조류(藻類)의 일종으로 식물성 플랑크톤, 미역 등이 있다. 이 녹색식물은 자신에게 필요한 에너지를 스스로 만들어 사용하기도 하고, 또한 소비자와 분해자에게 섭취돼 그들의 에너지원이 된다. 즉, 생태계의 에너지 및 영양소를 공급하는 제조공장이다. 그뿐만 아니라 녹색식물은 광합성을 하는 과정에서 무기물을 유기물로 바꾸고, 이산화탄소($CO_2$)를 가져가고 깨끗한 산소를 내어 놓는다. 지구의 역사에서 식물이 제공한 산소와 유기물은 생태계의 진화를 가속시켰다. 생산자의 식물은 지상의 모든 생명체의 근원이다. 소비자(consumer)는 생산자가 만든 영양분을 섭취하는 생물이다. 순록·토끼·소·양·메뚜기 등과 같은 초식동물을 1차 소비자라 하며, 1차 소비자인 초식동물을 먹는 육식동물인 사자·늑대·독수리 등을 2차 소비자라 하고, 마지막 단계인 육식과 채식을 먹는 인간은 3차 소비자라 한다. 그리고 동물의 사체나 배설물, 낙엽 등을 분해하는 박테리아·곰팡이·세균·지렁이 따위를 분해자(decomposer)라 한다. 이처럼 생태계에서는 먹고 먹히는 관계에 따라서 에너지가 고리 모양으로 연결되는데 이를 먹이사슬(food chain)이라 한다. 그러나 실제로 자연생태계에서 동물은 잡식성인 경우도 많고, 포식자는 먹이의 상황에 따라 식성이 변하고 또 연령에 따라서도 식성이 달라지는 등 먹이사슬은 단순하게 직선적인 연결을 이루기보다는 그물 모양으로 서로 얽히고 설키는 경우가 많아서 이를 먹이망(food web)이라 하며, 소비자의 단계도 상황에 따라서 조금씩 달라진다.

이 같은 먹이사슬을 구성하고 있는 생태계는 크게 두 가지 특이한 성질을 갖고 있다. 이 두 성질이 생태계를 지탱해 주는 질서다. 생태계의 구조가 제대로 유지되기 위해서는 외부로부터 지속적인 에너지의 유입과 원활한 물질 순환이 일어나야만 한다. 이는 생태계를 구성하고 있는 생물환경과 비생물환경 간의 밀접한 상호의존성과 상호 순환의 성질을 갖는다는 것이 첫 번째 특성이다. 이러한 상호의존성과 순환성이 깨지면 생태계의 파괴, 즉 생태계의 위기가 초래된다. 생태계의 두 번째 특성은 그것을 구성하고 있는 생물적 요소 내에서뿐만 아니라 생물적 요소와 비생물적 요소 사이에도 항상성(homeostasis)을 유지하려는 성질, 즉 평형 보존 능력이 있다. 이와 같은 현상은 개체, 개체군, 군집 또는 생태계 전체에서 일어나며, 생물체가 환경에 적응하려는 자기조절(self regulation) 현상이다. 이 두 가지 특성이 먹이사슬의 물질 순환 과정에서 생태계를 조정해 주는 토대라 할 수 있다.

## 2 생태계의 파괴

우리 인간은 생태계의 질서 원리 안에서 한 부문으로 생존한다. 이 질서는 인간을 포함한 모든 생명의 존재와 공생의 법칙을 해석한다. 이 법칙이 깨지는 것을 생태계의 파괴라고 한다. 따라서 생태계가 파괴된다는 것은 지구 질서의 파괴를 의미하고, 마침내 인간의 삶을 파괴하는 생명 파괴로 귀착된다. 앞에서 살펴본 것처럼 생태계는 상호 순환과 자기조절 능력이 있고 그 능력은 한계용량이 있어 그 수용 한계용량을 초과하게 될 때 생태계의 본래 기능의 변화, 즉 균형과 자정(自淨) 능력을 상실함으로써 불안정한 생태계를 형성해 결국은 생태계가 무너지게 된다. 일반적으로 생태계의 파괴는 인간의 제반 활동, 즉 개발·생산·소비 과정에서 일어난다. 개발 과정(development process)에서는 자연생태 환경의 훼손 등이 따르고 생산 과정(production process)에서는 매연, 폐수, 폐기물, 분진(미세먼지), 산업쓰레기 등의 공해를 유발하게 되며, 소비 과정(consumption process)에서는 연소(배출가스), 생활하수와 쓰레기 등 다양한 오염물질이 발생하게 된다. 또한, 이들 간의 상호연관성으로부터 시너지 효과를 일으키며 생태계 파괴가 더욱 심화된다(박길용, 2014: 43). 이같이 오늘날 각종 산업 활동과 소비 활동으로 생기는 환경오염이 기후변화 등 지구생태계를 크게 위협하고 있다.

## ❸ 생태자본과 공생

생태계는 지구라는 자궁 속의 태아가 존재하는 것과 비슷하다. 태아는 말없이 영양을 공급해 주는 태반과 더불어 자궁 속을 떠다니는데, 태반이 연결해 주는 어머니는 사방에 있으면서도 그 모습은 보이지 않는다. 여기서 '어머니'는 지구 내의 만물을 상생하게 하는 생태계의 질서 원리다. 이 원리가 부서지면 자궁 속의 태아는 생명을 잃게 된다. 여기서 과연 태아의 생명을 구성하는 질료는 무엇인가? 그 질료는 어머니가 태반을 통해 공급하는 생태계의 질서라는 영양이고 공생의 가치다(박길용, 2019: 5). 공생은 한 마음이고 온생명이다. 지구라는 '생태 자궁' 속에 공생을 지탱하는 것은 인간과 자연 간의 수용 및 자정 능력 한계 안에서 순환의 질서를 유지하는 것이다. 그 질서의 법칙을 조정할 수 있는 자는 인간이다.

인간은 소우주라고 하지 않았던가? 소우주는 유기체 속의 독립된 우주로서 사유할 수 있는 정신이다. 오늘날 우리 인간은 공생을 지탱해 주는 한마음의 질서보다는 욕망의 우상 덩어리에 더욱 집착하기 때문에 수용 한계를 망각해 자제력을 잃고 만다. 인간은 자기 중심적인 이기적 탐욕 질서를 세우는 데는 능수능란한데 자연생태계와의 유기성에 대한 깊은 철학적 사유가 부족하다. 자기 도착에 빠져 앞에 보이는 욕망만 숭배해 왔지 뒤와 옆·위와 아래, 소통의 마음 문을 열어놓지 못했다. 생태계는 인간과 자연의 소통 그물이다. 태반이 끊어진 태아가 생명을 유지할 수 없듯이 에너지와 물질 순환의 그물이 끊어진 생태계는 공생을 지속시킬 수 없다. 생명은 나만의 생명이어서는 안 된다. 이웃 사람·바람·물·기후·토양·식물과의 공유 생명이어야 한다. 공생을 지탱하기 위해서는 끊어진 생태계의 질서 원리를 회복하고 생태적 각성을 통해 '생태자본'을 축적하는 것이 급선무다.

현대 산업문명은 화석연료(석유·석탄·천연가스 등)를 대량으로 사용하면서 끊임없는 기술혁신을 통해 발전해 왔지만, 이제 한계 임계치에 도달했다. 생태자본이 무너져 가고 있기 때문이다. 생태자본을 바탕으로 문화·문명을 다시 설계해야 한다. 생태자본이 주는 공생이란 인간과 자연의 공진화(共進化, coevolution)에 있다. 이는 궁극적으로 생태문명을 건설하는 것이다. 생태문명의 건설은 생태자본의 뿌리에서 시작된다. 생태자본은 넓은 의미에서 자연생태계라 할 수 있다. 생태학자들은 자연자본(natural capital)이라고도 한다. 즉, 강과 하천 유역, 습지, 소택지(沼澤地), 갯벌, 숲과 초원, 폭포, 새와 곤충, 가루받이 동물 등등이다. 생물학자들은 이런 생태자본인, 자연생태계가 인간에게 주는 서비스를 '생태계 서비스(ecosystem services)'라고 부른다(제프리 힐 지음,이동구 옮김, 2018: 169). 이는 지구 생존의 근본 가치를 제공하는 서비스라고 할 수 있다. 인류는 생태계 서비스 때문에 지금까지 생명과 지속성을 유지할 수 있었다. 문제는 산업문명이 낳은 도시의 우상들로 생태계 서비스가 제동이 걸리고 있다는 것이다. 파괴된 생태자본이 회복되지 않고서는 피조물의 복지는 허구며 인간의 행복추구권 확보도 요원하다. 이제 인간을 둘러싸고 있는 자연자본이 인간 중심의 천박하고 과다한 소비 탐닉에 도구화돼서는 안 된다. 무너진 생태자본의 회복이 시급하다.

환경문제와 관련해 생태자본의 특성에 대해 좀 더 살펴보면, 일반적으로 생태자본은 모든 사람이 공동으로 즐기는 공유재화다. 즉, 훼손되지 않은 자연자본, 깨끗한 물, 맑은 공기, 오염되지 않은 흙, 아름다운 자연경관 등은 주인 없는 공공재(public goods)란 개념으로 인식돼 왔다. 공공재는 비경합성(non-rivalry: 일단 재화나 서비스가 공급되면 사회의 모든 구성원이 동일한 양을 동시에 소비하게 됨)과 비배제성(non-excludability: 일단 재화나 서비스가 공급되면 제3자의 소비행위를 전혀 배제할 수 없음)이라는 특징을 갖고 있어, 경제적 희소성의 가치가 없어 자원의 적정 배분에 따른 능률성의 논리가 작용될 여지도 없을뿐더러 시장 기능에 맡겨질 가능성은 더더욱 희박한 것들이다. 그러나 오늘날 생태자본이라는 공유재화가 인간의 제반 경제 활동을 통해 훼손되고 오염되면서, 이제 주인 없는 공공재가 아닌 자원으로서의 희소가치를 인정받아 경제재로서 시장 기능에 따른 가격 형성이 이뤄지는 시점에 이르렀다(박길용, 2014: 52).

특히 지구 환경 위기와 관련해서 생각해 볼 때, 생태자본은 인류에게 가장 가치 있는 자연자본이라 할 수 있다. 생태계 서비스가 무너지면 인류는 자멸한다. 생태자본은 인간으로부터 치유의 회복을 기다리고 있다. 지난 세기가 자연에 대한 지배와 정복이었다면, 21세기는 그 빚을 갚는 공생이라는 공유자본을 확충하는 일에 에너지를 모아야 한다. 인류를 위기로 몰아넣는 소유의 탐욕과 편리함이라는 함정에서 벗어나는 길은, 생태자본을 가꾸는 일뿐이다. 생태계 서비스가 주는 생명과 지속성이 이제 우리의 주제와 담론이 돼야 한다. 정부는 녹색성장을 지향하는 지속 가능한 생명산업의 스펙트럼을 넓혀야 한다. 산업문명의 무한 성장과 소비제일주의, 인간중심주의, 기술낙관주의에 대한 철저한 성찰을 통해 생태효율성(eco-efficiency)이 극대화되는 새로운 이념적·사회적 패러다임을 열어야 한다. 생태자본이 주는 생태계 서비스가 극대화되는 생태문명을 창조해야 한다. 이는 궁극적으로 자연과 인간의 공진화를 통해 현세대와 미래 세대의 생명과 지속성을 향유할 기회와 가치를 확장시키는 것이다.

## 제3절 생태문명

### 1 산업문명의 한계와 위기

과학기술의 발전은 산업혁명을 거쳐 새로운 문명을 이뤄냈다. 지난 20세기는 한마디로 '산업문명'의 시대라고 볼 수 있다. 문명사적 입장에서 산업문명은 인류의 번영과 편리함을 제공하는 데 공헌한 바가 컸다. 그런데 왜 오늘의 산업문명이 개인의 일상생활뿐만 아니라 정치·경제·사회·문화 모든 영역에서, 정체성의 위기(identity crisis)를 맞고 있는가? 산업문명의 후유증으로 보이는 많은 문제가 산업문명 체제 내에서 발생되고 있으나, 그 해결 가능성은 점점 더 멀어져 가고만 있는가? 이 장에서는 이런 위기가 어디에서 발현(發現)됐는지, 그 이념적·사회적 패러다임을 살펴본다(박길용, 2014).

### 1) 도구적 이성 중심에 바탕을 둔 과학기술주의와 인간중심주의 세계관

산업문명의 본질적인 가치 체계를 형성한 것은 중세와 르네상스, 계몽기를 거치면서 자연에 대한 범신론적 세계관을 극복하고 16~17세기에 이르러 갈릴레이(Galileo Galilei), 뉴턴(Isac Newton), 베이컨(Francis Bacon), 데카르트(René Descartes) 등의 '기계론적 자연관'으로 발전하면서 이뤄졌다고 볼 수 있다. 이는 자연에 대한 객관적인 태도의 확립을 의미하며, 인간의 수학적·합리적 이성에 의해 우주 질서의 법칙성을 설명하려는 과학의 절대화를 의미하기도 한다. 당시 인간의 '이성(理性)'은 진리를 추구할 수 있지만, '감성(感性)'은 진리를 어둡게 함으로써 감성을 제거, 이성으로 회귀를 강조함에 따라 이성과 감성이 분리되는 이원론적 사고와 물질과 정신이 분리되는 기계론적인 사고가 동시에 확립됐다. 따라서 이성제일주의에 입각한 과학기술주의와 인간중심주의 세계관이 산업문명을 만들어 왔다 해도 과언이 아니다. 세계적 신학자 큉(Hans Küng)은 "학문은 있으나 지혜는 없다. 기술은 있으나 정신적 에너지는 없다. 공업은 있으나 생태학은 없다. 민주주의는 있으나 윤리는 없다." 자신을 절대화하고 모든 것을 합리화하도록 강요하는 '이성'은 주관성의 자유와 결합해 어떠한 우주에도 매여 있지 아니하고 아무것도 신성시하지 않으며, 끝내는 자기 스스로를 파괴시킨다. 그 결과가 생명 파괴로 귀착된다는 것이다(이기상, 2018: 19).

즉, 과학만능주의의 '신화(神化)된 이성'이라 할 수 있다. 오늘날 산업문명 위기의 모든 징후는 산업문명을 낳은 서구적 '근대성'의 후유증에서 비롯됐다는 것이 위기론자들의 공통된 시각이다. 서구적 근대(모더니즘)란 합리적 이성에 대한 절대적 신뢰를 바탕으로 자본주의와 과학을 추구했던 시대다. 즉, 과학이라는 도구는 천체와 자연의 운행 질서 구조를 밝혀내고, 어떤 역학적 규정론적 법칙성과 질서를 탐구하는 곳에 머물렀지, 인간의 규범 행위 질서 안으로 편입되지는 않았다는 것이다. 근대 과학은 이제 과학의 순수성에 대한 환상이 무너지고 과학 내용 자체의 확장과 심화를 통해 과학 연구가 거대화·조직화됐고, 과학자들의 집단이기주의화가 노골화됐다는 점이다. 과학 연구의 거대화와 과학자들의 집단이기주의는 대규모의 생태계 파괴를 알면서도 그것을 포기할 수 없는 딜레마에 직면하게 된다(이필렬·이중원, 2002: 20-24).

근대 과학이 성립한 이래 과학이 기술로, 기술이 과학으로 스며들어 과학과 기술의 경계가 사라져 버렸다. 이때부터 기술은 지구상의 모든 생물과 무생물을 무차별적으로 조작할 수 있는 단계에 도달했고, 이제 기술의 발달은 자연 전체의 변화를 불가피하게 만든다. 우리 시대 기술의 비극은 도구적 성격을 가진 기술이 과학을 흡수해서 자연에 대한 보편적인 힘을 얻게 됐다는 데 있다. 과학, 즉 기술은 극도의 미지의 세계에서 거대한 우주 공간에 이르기까지 우주에 존재하는 모든 것을 실험 대상으로 한다. 인간 자신도 그 대상으로부터 크게 벗어나지 못한다. 이미 기술은 우주 공간을 활보하고 있다. 기술은 극미(極微)의 물질세계에 침투해 핵발전과 핵무기를 내놓았고, 사이버 공간 속의 가상사회를 건설했다. 이제 기술이 모든 생물의 중심으로 여겨져 온 인간 속으로 들어가 인간을 마음대로 조작하고 변형할 수 있게 되면, 자연에 대한 기술의 지배는 완성되는 셈이다. 기술의 완성으로 가는 길은 결국 인간의 해체를 가져오는 것이다.

기술의 발전이 인간의 삶에 영향을 미치는 가장 중요한 부분은 환경이다. 산업문명의 후유증으로 보이는 증후군, 즉 자연자원의 고갈 및 편재, 자연환경의 오염과 파괴, 생태계의 교란, 기상 이변의 위협, 미세먼지 등이 오늘날 인류를 위기에 몰아넣고 있다. 물론 과학기술의 발전 그 자체가 지구 환경 위기를 몰고 온 원흉이라는 결정론적 입장은 문제의 여지가 있다. 오늘날 새로운 과학기술이 각종 자원 개발에 의한 환경의 질적 향상에 기여한 바가 크다는 것은 누구나 다 인정한다. 문제는 인간의 이성에 바탕을 둔 과학기술주의가 자연을 타자화(他者化)해서 과학적으로 분석하고 오로지 '물질'과 '자원'의 대상으로만 인식한다는 점이다. 이는 인간 자신의 무한한 욕구 충족과 물질적 성장을 추구하는 '이기적 도구'로 과도하게 사용함으로써 과학기술의 규범성을 이탈하고 있다는 것이다. 즉, 기술이 과학으로 스며들면서 자연을 조작하는 힘을 얻었고, 과학기술이 인간의 규범 행위 질서 안으로 편입되지 않았다는 점이다. 또한 도구적 이성주의에 바탕을 둔 인간 중심적 세계관은 인간의 자연에 대한 우월적 지위에서 인위의 욕구에 구사(驅使)돼 자연을 끊임없이 가공하고 마름질하고 착취해 왔다. 이는 자연을 오직 인간을 위해 이용해야 할 하나의 대상으로 인식한 문명으로 전개시켜 왔다는 점이다. 인간 중심적 문명관은 인간 이외의 존재들은 인간에게 이익의 차원에서만이 그 존재의 가치를 인정받는다. 이때의 가치는 거의 전적으로 인간의 물질적 풍요와 편리함을 가져다주는 경제적 효용의 가치로 귀착된다. 즉, 인간의 욕구와 이해를 만족시키는 도구적 가치로만 남는다고 볼 수 있다.

이 같은 인간 중심적 문명의 진행 과정에서는 인간 이외의 동물과 자연물은 오로지 '물질' 내지 '자원'으로서의 가치로 인정받을 뿐, 그 존재 의지와 천부적인 가치라는 차원에서는 인정받을 수 없다.[6] 즉, 자연과 인간의 관계가 오로지 물질 내지 자원의 개념에서 머물면서 인간과 인간 사이에도 동일한 사고가 녹아들어, 결국 산업문명 속의 모든 정치·경제·사회·문화구조는 오로지 투쟁과 경쟁, 파괴와 차별을 낳은 갈등구조로 질주할 수밖에 없다고 본다. 여기에는 획일주의와 획일주의가 파생한 개발 독재와 자연 파괴로 인한 인간의 자유 박탈만 존재할 뿐이다.

---

[6] 실천윤리학자인 싱어(Peter Singer)는 전통 윤리학이 구체적인 윤리적 대안을 제시하기보다는 윤리 그 자체의 의미를 질문하는 방법론적 탐구에 지나치게 치중해 있기 때문에 그 한계성이 있다. 반면 실천윤리학(practical ethics)은 현대인의 윤리적 실천을 목표로 하는 학문으로서 이론적 탐구에 그치는 윤리가 아니라 실행 가능한 구체적 윤리를 제시하는 것이다. 특히 환경오염 등의 문제에서 실천적 윤리의 결단이 필요함을 그는 지적한다. 그가 쓴 『동물해방』에서 인격체인 동물에 대해 인간이 지극히 비인격적인 살상행위를 자행하고 있다고 경고한다. 그는 사물들은 세 가지 범주로 구분하면서, 무감각한 것, 감각은 있으나 자의식을 갖지 못한 것, 감각과 자의식을 가진 것, 이 중에서 마지막 범주에 해당하는 생명체는 모두 인격체(person)라고 정의하고 있다. 많은 동물이 세 번째 유형에 속한다고 보고, 그는 인간은 자신의 행동이 다른 모든 인격체에 어떤 영향을 미칠 것인가를 고려해야 할 윤리적 의무를 가지고 있다고 말한다. 또한 올바른 환경윤리란 더 이상 인간만을 위한 윤리가 아니라 모든 생명체를 위한 '공생의 윤리'이므로 인간은 다른 종에 대한 지배 특권을 포기할 때 참다운 공생의 윤리가 수립될 수 있다고 말한다(Peter Singer, 『동물해방』, 김성한 옮김, 1999); 『실천윤리학』, 황경식·김성동 옮김, (1993).

## 2) 무한 성장 추구와 요구경쟁주의

산업문명은 대량생산과 대량소비의 문명이다. 지금까지 인간은 더 큰 소유와 소비를 통해 무한 욕구를 충족시키려는 의지에 집착해 왔다. 물질적인 풍요를 위한 무한 생산을 추구하는 산업정책은 지구상의 어떤 주의·주장을 펴는 국가든 예외 없이 선호되고 중시되는 목표다. 이는 모두 인간의 자연에 대한 우월적 지위를 당연시하는 이념적·사회적 패러다임이라 할 수 있다. 이같이 20세기의 모든 국가의 산업화 정책은 자원무한주의를 토대로 하고 있었다는 점에서 부정할 수 없는 사실이다. 그동안 성장과 발전, 풍요를 추구하면서 모든 것을 자원무한주의 토대 속에서 질적 가치보다는 양적 가치를 우선적인 발전 기준으로 삼아 왔다.

그러나 오늘날 자원무한주의를 바탕으로 이뤄진 산업문명은 가용 자원의 한계가 있다는 유한성에 따라 새로운 위기를 맞고 있다. 즉, 이 한계와 위기는 '자연자원 매장량의 유한성', '외적 교란에 대한 생태적 수용 능력의 한계성' 그리고 '생태적 파괴에 대한 비가역성'을 말한다. 산업문명의 위기는 이러한 무한주의에서 비롯된 산업사회에서 지구 자원에 대한 자기 조절 능력을 벗어난 파괴에 대한 지구 차원의 반작용인 것이다. 지구 자체가 제한된 수용 능력(인구 폭발)과 생산 능력(자연자원의 감소) 그리고 흡수 능력(공해)을 가지고 있기 때문에 무한 성장은 제약받을 수밖에 없다.

궁극적으로 오늘날 지구 환경문제는 인간의 무한 욕구 충족을 위한 무한 경쟁에서 출발해 유한자원을 무시하고 무한 성장을 추구할 산업문명의 사회구조적 모순에서 비롯된 것이다. 이는 인간 중심적 성장 지배 철학에 기초한 산업문명의 근본적인 가치철학의 자아 성찰을 예고하고 있다고 볼 수 있다. 또한 산업문명 속에서 '생산성'의 개념도 경제적 능률과 도구적 가치 및 시장적 패러다임에 머물러 있다. 즉, 생산성 향상운동이 투입되는 노동이나 자본의 효율성에 초점이 맞춰져 있지 '생태효율성(eco-efficiency)'과는 거리가 멀다.

## 3) 초자아적 자유 개인주의 사고

근대 이후 세계는 구미 국가들이 주도하는 서양 문명이 지배하고 있었으며, 정신과 사상도 예외는 아니다. 하지만 근대 사회의 부정적 측면이 드러나면서 합리성과 개인주의로 상징되는 서양에 대한 근본적인 의문을 제기하게 됐다. 이런 근본적인 문제 제기에는 우선 동양과 서양에서 받아들이는 인간의 개념이 다르기 때문이다. 서양에서 인간의 개념은 '초자아를 가진 개인' 즉 초월이란 보편적 개념이 매우 강하다. 데카르트(René Descartes)의 코기탄스(cogitans: 생각하는 주체)로부터 칸트(Immanuel Kant)의 선험적 자아를 거쳐 헤겔(George W. F. Hegel)의 절대정신에 이르기까지 모든 서양의 인간관은 '관계적 인간'을 도외시한 데서 생긴 고립된 실체의 오류에 함몰돼 있다. 서유럽의 근대정신은 모두 이러한 고립된 개체의 절대주의에서 파생된 것이며, 그들이 말하는 자유와 평등의 근세적 이념도 모두 이러한 실체적 개인주의의 오류를 크게 벗어나지 못하고 있다. 이런 개인주의 전통에서 급진적인 자유의 개념이 나오다 보니 다양한 사회문제를 낳게 됐다. 이러한 초(超)자아적인 개인주의 관념은 모든 사회적 시스템에도 구조화돼 자유주의 정치·경제·사회구조 중심으로 국가가 발달돼왔으며, 국제 질서 또한 자국 중심의 팽창주의를 지향해 왔다. 근대 계몽주의가 낳은 이성의 실체는 신자유주의, 신자본주의, 신기술주의를 가속화했다. 즉, 자유주의 정치·경제·사회구조는 무한 경쟁과 이기심 속에 무한 생산과 소비 확장 시스템을 공고히 했고, 여기에서 환경오염, 생태계 파괴, 생명 경시가 시작됐다. 이런 시스템에 소외되는 집단은 온갖 사회적 폭력과 불안, 인간 소외와 외로움 등의 원인이 됐다.

반면 동양의 인간 개념은 단순히 '사람'을 명명하는 명사의 의미가 아니고, 사람과 사람 사이(間)가 얽혀서 형성되는 인간 세상, 즉 human society를 의미한다. 즉, '관계적 인간' 개념이 핵심을 이루고 개인은 독립된 초자아가 아니라, 가족·사회 공동체·국가·지구·우주 등의 연계된 맥락 안에서 이해됐다. 오늘날 동양의 개발 국가들에서 발생하는 많은 사회문제나 환경문제도 자세히 들여다보면 서구의 자유 개인주의적 인간관을 성찰 없이 성급히 받아들여 답습했기 때문에 나타나는 현상이라고 볼 수 있다. 투웨이밍(杜維明) 교수가 "동양의 유교와 가족주의가 아시아의 경제 성장과 새로운 인권 개념의 토대가 될 것이다"라고 이야기한 것을 다시 한번 생각해 봐야 할 것이다. 오늘날 산업문명의 위기는 관계성 안에서 추구되는 인간의 개념이 붕괴됐기 때문에 발생한다. 사람과 자연, 사람과 사람과의 관계성이 회복되고 소통되는 사회적 목표와 수단과 기준을 마련해야 할 것이다.

## ❷ 문명의 전환 : 생태문명을 향해

지난 20세기는 비약적인 과학기술의 진보와 인류 사상 유례 없는 물질적 풍요를 낳은 세기이며, 또한 수많은 천재의 지적 탐구욕을 발동시킨 세기이기도 했다. 또한, 인간과 역사에 대한 새로운 관점에 목말라 하는 사상의 프론티어(frontier: 선구자)들은 20세기 현실을 밑그림 삼아 갖가지 사상의 강물을 만들었고, 수많은 에피고넨(epigonen: 모방자)들이 이에 주석을 달았다. 어떤 것들은 수정됐고 어떤 것들은 이미 절손(絕孫)의 운명을 겪기도 했지만, 20세기가 잉태했던 사상의 큰 물줄기는 인류 지성사의 움직일 수 없는 자산이고 새로운 세기의 통찰이기도 하다.

많은 미래학자가 지난 세기를 토대로 21세기는 새 천년의 풍부한 과학기술과 정보가 윤택하고 편리한 생활을 만들고 삶의 기회를 확대할 것이라고 예견도 하지만, 또 한편 전쟁과 질병, 유전공학의 부작용, 에이즈(AIDS)와 마약, 도시문명의 발달에 따른 성타락, 인간 소외, 생태계 파괴 등으로 지난 세기의 산업문명이 낳은 부정적인 부산물이 21세기에도 계속될 것이라고 말하고 있다. 만약 이 모든 부산물을 극복하지 못한다면, 결국 인류는 스스로 파멸의 길을 선택하는 것밖에는 아무것도 할 수 없을 것이다. 인류는 이제 이 같은 공동 책임과 과제를 안고 양(兩) 세기의 가교 점에서 새로운 생태문명의 패러다임을 창조하는 역사적 창조 주체자로서, 무엇부터 시작해야 할지 참으로 고민하고 사색해야 할 때임이 분명한 것 같다. 우선 산업문명을 옹호해 온 인간의 철학, 윤리, 세계관, 즉 이념적인 근본 변화의 새로운 가치 패러다임 전환(value paradigm shift)을 요구받고 있다는 것이다.

## 1) 과학기술의 위험성을 넘어 유기체적 생태중심주의로

세계는 지금 전반적으로 인구의 지속적 증가와 도시화 및 산업화로 인한 자연환경의 오염과 파괴로 자원의 고갈 및 편재, 가용 에너지의 위협, 생태계의 교란, 기상 이변의 위협, 오존층 파괴, 미세먼지, 토양의 사막화, 동·식물의 멸종 심화 등으로 심각한 위기에 처해 있다. 21세기의 문명의 틀은 그동안 수백 년간 옳다고 여겨 왔던 것에 대한 근본적인 검토, 근본적인 부정을 강제하고 있다. 즉, 이성적인 것, 합리적인 것, 과학적인 노력에 의해 장밋빛 미래를 꿈꿔 왔던 인류는 최초로 자기 문명을 부정해야 하는 시점에 왔다고 볼 수 있다.

이는 인간의 이성과 합리성을 과신하는 과학만능주의 신념, 실제를 이원론적으로 분리시켜 보는 존재론, 물질을 기계론적으로 보는 환원적 세계관, 현상을 직선적이고 원자적이고 획일적으로 접근하는 태도의 경고를 의미한다. 산업문명의 가치 체계에 바탕이 된 이들 신념은 결국 자연에 대한 인간 우월 중심적인 인간중심주의(anthropocentrism)에 뿌리를 두고 있다. 21세기가 창조해야 할 새로운 문명은 이성과 감성이 공존할 수 있는 유기체적, 전일적, 일원적, 역동적인 현장 속에서 '생명'과 '지속성'을 지향하는 생태문명(eco-civilization)이다. 여기서 생태문명은 인간과 자연의 조화적 지위에 있는 생태중심주의(ecocentrism)의 세계관을 의미한다. 생태문명의 창조는 기존의 일차원적인 환경 보호의 차원을 넘어 '대우주의 생명 질서'를 창조하는 것으로 볼 수 있다.

즉, 인간과 자연이 조화의 질서 안에서 우주의 기운을 호흡하면서 우주적 생명을 회복하자는 문명이다. 우주적 생명을 회복하기 위해서는 마음, 문화, 인간이 변해야 한다. 마음이 변하지 않고는 지구생태계를 지킬 수 없고, 문화가 변하지 않고는 정치·경제·사회를 변화시킬 수 없다. 특히 인간과 자연에 대한 근본 해석이 변하지 않고는 아무것도 바꿀 수 없다. 유기체적인 생태적 사고가 필요하다. 인간은 자연을 소유와 지배, 자기 이익의 차원에서 만나는 단순히 '물질' 내지 '자원'으로서의 자연에 대한 우리의 인식이 아니라, 자연물 그 자체의 존재 의지와 천부의 권리 확보라는 차원에서 사귐과 참여와 나눔으로써 만나야 할 것이다. 여기에는 반드시 인간은 자연에 대한 윤리적인 관리책임이 요구된다. 다시 말하면, 인간의 소유욕과 정복욕에서 비롯된 인간 중심적 교만을 버려야 한다. 인간중심주의 방식이 아닌 공생 방식에서 자연을 접근하는 태도가 필요하다.

생태문명을 지향하기 위해 좀 더 구체적으로 검토해야 할 부문은 과학기술에 대한 전면적인 새로운 태도 변화가 요구된다는 것이다. 즉, 자연의 유기체적 질서를 존중하는 과학으로 대치될 대안을 모색하는 것이다. 오늘의 근대화, 산업문명은 과학을 토대로 만들어진 문명임에 틀림없다. 또한, 고도의 과학기술 문명이 오늘날 인류의 위기임에 틀림없다. 컴퓨터 과학(AI), 나노공학, 유전공학, 생명공학, 핵공학 등 과학의 발전에 따라 우리는 이제 불확실한 가운데서도 무엇인가를 결정해야 하는 상황에 내몰리고 있다. 이 같은 문명의 불확실성은 '위험사회(Risiko Gesellschaft)'의 핵심 문제다. 모든 과학적인 행위자들이 어쩔 수 없이 위험의 생산에 참여하고 있는 셈인지도 모른다.

이러한 점에서 현대 위험사회의 특성을 '네거티브섬 게임(negativsummen-spiel)'이라고들 한다. 위험사회를 처음 제시한 독일 뮌헨대학교 사회학과 벡(Ulrich Beck) 교수는 과학기술의 발전에 내재한 부정적 결과인 '위험(Risiko)'[7]을 감수하고 진행됐던 '제1의 근대'를 넘어서서 그 '위험'이 시민들의 참여에 의해 제거되는 '제2의 근대'의 장을 주장하면서 과학기술의 위험성을 경고하고 있다. 지금까지 학자들 간에 논의된 결론에 따르면, 과학기술이 과학의 근본 법칙(열역학 제1법칙, 제2법칙)을 뛰어넘을 수 없다는 것이다. 그렇다고 가속도를 지닌 과학기술 문명의 속성상 인간의 힘으로 그 무한 질주를 막는 것도 현실적으로 한계에 이르렀다. 반(反)과학은 오히려 엄청난 반작용을 초래하기 때문에 그 후유증은 새로운 과학으로 해결할 수밖에 없다는 주장도 있다.

21세기, 전통으로 돌아갈 것인가, 퇴영(退嬰)으로 물러설 것인가, 아니면 과학기술 문명과 함께 계속 질주할 것인가? 지금으로선 예단은 곤란하다고 지성들은 말한다. 분명

---

[7] 위험사회를 이해하는 데 가장 중요한 개념은 '선택'이다. 과학기술의 발전에 기반해서 이뤄진 지금까지의 근대화는 '위험을 감수하는 선택'에 의존해 왔다. 즉, 과학기술의 발전이 가져다줄 수도 있는 위험을 우리는 통제 가능하다고 믿거나 또는 안전 기준치 범위 내라는 생각에서 '선택'을 해 왔다. 이는 '예측하지 않은 위험'이 아니라, '예측할 수 있는 위험, 부정적인 결과를 감수한 위험'이다. 지금도 인류는 개인의 선택에 의해서든지, 국가정책에 의해서든지 '위험을 감수하는 선택'을 직·간접적으로 끊임없이 하고 있다. 가령 자동차 배기가스 배출, 합성세제, 일회용품, 산업폐수, 전자파, 난방 에너지, 핵 발전, 간척지 개간, 대형 댐 건설, 농약과 화학비료, 동·식물의 남획 등.

한 것은 우리는 모든 문제를 과학 만능적으로 해결하려는 '기술개량주의' 태도를 포기해야 한다는 점이다. 오늘날 인류는 기술 발전에 따라 인간 능력의 한계를 인정하지 않으려는 환상이 인류를 파멸에 빠뜨릴 수 있음을 경계해야 한다. 기술의 완성을 향한 질주가 우리의 숙명처럼 돼버린 지금, 독일의 물리학자이자 철학자 폰 바이츠제커(Carl Friedrich von Weizsäcker)의 다음 말은 절망적이지만 정확하다. "우리가 기술을 조금 쓰고도 살아갈 수 있도록 우리 문화를 바꿀 수만 있다면 우리는 모두 행복할 것이다. 그러나 우리는 그렇게 하지 않을 것이다. 왜냐하면 우리는 불행을 원하기 때문이다." 일반적으로 신기술은 사회적 생산력과 효율성을 더 높이는 방편으로 인식된다. 기술낙관주의자들은 자본주의의 핸디캡인 부(富)의 불평등 배분 문제도 신기술이 창출하는 부를 통해 해소할 수 있다는 기대감을 앞세운다. 반면 신기술 개발이 새로운 불평등과 사회생활 침해로 이어질 우려도 있다. 바로 신기술이 갖는 양면성을 의미한다. 그렇지만 분명한 것은 끊임없는 신기술의 개발은 끊임없는 에너지의 사용량을 확대하고, 결국 에너지의 흐름을 교란시켜 생태계의 정상적인 기능을 파괴한다. 인류는 지속 가능한 사회를 만들어 나가기 위해서는 가능하다면 과학기술이 자연환경에 충격을 적게 가하는 방향으로 이용되고 진전되도록 노력해야 할 것이다. 신과학은 모든 자연에 다시 '생명'을 불어넣을 수 있을까. 과학기술 중심의 문제 해결은 차선적인 선택일 뿐이지, 우선적인 선택 가치여서는 결코 안 된다. 즉, 21세기 인류는 인간의 삶의 가치를 더 고양하는 방향으로 나갈 수 있는 과학철학과 과학기술 사회학의 정립이 필요하고, 생태 효율이 높은 자원 순환형 경제·사회 체계를 건설하도록 해야 할 것이다.

## 2) 욕구 경쟁적 무한 성장과 이기적 편리함 대한 반성

산업문명의 위기는 자원 무한주의를 토대로 한 무한 성장 추구에서 비롯됐다는 점을 앞에서 밝혔다. 왜 인간은 무한 성장 추구를 갈망하고 있는 것일까? 그 대답은 간단하다. 무한 소유와 무한 소비를 통해서만이 인간의 무한 욕구를 충족시킬 수 있다고 보는 데 있다. 인간의 행복지수도 물질의 소유 지배와 구매 확대를 통해 얻는 '만족감'과 '편리함'에 있다는 것이다. 그런데 확대된 욕구에 맞춰 소유를 확대하는 것은 필연적으로 생산을 확대하는 일이며, 생산은 자원의 고갈과 생태계 파괴를 가속화한다. 이는 곧 인류의 파멸을 의미한다. 자원의 유한성은 이러한 가능성을 용인하고 있지 않기 때문이다. 이제 인류가 선택해야 할 방법은 욕구의 축소를 통한 행복의 추구인 것이다. 즉, 절제해야 할 욕구는 물질적 욕구이며, 확대해야 할 것은 정신적 욕구인 것이다. 물질은 가질수록 더 목마르고 더 배가 고프다. 항상 허기찬 채로 살아가는 것은 불행이다. 행복은 자족(自足)이며, 정신적 욕구가 있는 사람은 진정한 만족을 안다. 몸이 정신을 따라오도록 해야 한다. 오늘의 산업문명 위기는 분명 인간의 행위 능력(과학과 기술)의 발전이 이를 통제하지 못하는 가치 능력(정신 능력)으로 인해 비롯된 것이다. 만약 인류가 지속적으로 자원의 유한성을 인정하지 않고 인간의 욕구 확대를 위한 성장 지배 철학을 갖고 무한 성장을 추구한다면, 지금의 물질 향유와 편리함뿐만 아니라 다음 세대의 어떠한 보상도 기대할 수 없다는 점이다.

결국 우리는 최소한 현재의 물질 생산과 경제 발전의 경쟁 속도를 적어도 현재의 수준에서 균형 있게 조정하고, 지금까지의 직선적이고 획일적인 발전 체계를 생태 효율성에 따른 순환 반복의 과정으로 옮겨가야 한다는 것이다. 그럼으로써 결과적으로 인간은 자기의 탐욕과 의지를 억제 조절하고 천지 만물의 생성 이식(生成利殖)을 최대 최고화해서 가능한 범위 내에서 주어진 유한을 극복하는 것이다. 성장의 한계라는 메시지를 실천철학으로 승화시켜야 한다. 문명이라는 것은 '편리함' 이상도 이하도 아니며, '편리함을 추구하는 인간의 이기적 행태'가 인류 문명 위기의 근원임을 자각해야만 한다. 이제 인류는 삶의 방식에 대한 묵직한 통찰이 필요할 때다.

### 3) 자유 개인주의에 대한 성찰

근대 산업문명 태동의 뿌리가 된 인간의 '개념'을 바꿔야 한다. 서구의 고립된 개체의 절대주의에서 상황적 합리성으로 바꿔야 한다. 즉, 시간이 결여된 수학적 합리성이 아니라 시간의 변화 속에 있는 생성적·역동적·도덕적 합리성으로 바꿔야 한다. 서구 근대성의 출발점이라고 할 데카르트는 실체(substance)를 자기 존재를 위해 다른 존재를 필요로 하지 않는 자기 원인자로 규정하고, 사유의 주체로서의 자아를 절대적으로 고립

〈표 1-1〉 산업문명과 생태문명의 이념적·사회적 패러다임

| 구분 | 산업문명 | 생태문명 |
|---|---|---|
| | 이념적 패러다임 | 이념적 패러다임 |
| 철학 | 서양철학(이성, 합리성)<br>기계론(환원론)/이원적/직선적/원자적 | 동양철학(감성, 직관)<br>유기체적/전일적/일원적/역동적 |
| 윤리 | 개인의 자유 중시, 편리주의, 경쟁 | 공생, 공동선, 자립, 지속성(연속성) |
| 세계관 | '인간의 자연에 대한 우월적 지위'<br>인간중심주의(anthropocentrism)[8] | '인간과 자연의 조화적 지위'<br>생태중심주의(ecocentrism)[9] |
| | 사회적 패러다임 | 사회적 패러다임 |
| 목표 | 산업화와 경제 성장(성장>보존) | 환경과 문화복지(성장=보존) |
| 목표 수단 | 자연의 정복에 의한 대규모 개발 | 환경적으로 지속 가능한 개발(ESSD) |
| 평가 기준 | 경제적 효율성(economical efficiency) | 생태적 효율성(eco-efficiency) |
| 사회가치관 | 크고, 높고, 많은 것 | 작은 것이 아름답다(small is beautiful) |
| 행정 체계 | 중앙중심주의(centralization) | 지방중심주의(decentralization) |
| 정치 체계 | 자유주의(산업입국) | 에코토피아(환경입국) |
| 경제 체계 | 자유주의 경제구조 | 친환경주의 경제구조 |
| 과학 기술 | 기술낙관주의(hard technology)[10] | 가이아(Gaia) 주의(soft technology) |
| 생산, 소비 | 생산·소비확장주의(자원 무한성) | 성장한계주의, 녹색소비(자원 유한성) |
| 접근 방법 | 점진주의(incrementalism) | 혁명적 포괄성(revolutionary comprehensiveness) |
| 기간 | 단기간(short term) | 장기간(long term) |
| 국제질서 | 자국 중심 | 범지구 중심 |

출처: Naess(1990: 88); Devall & Sessions(1985: 69); Stering(1992: 82); Carter(1993: 46,52); Milbrath(1989: 119); Capra(1982: 30-48); 장춘익(1999: 85-87); 박길용(1997: 16-21); 박길용(2014: 34-37) 등에서 재구성함.

---

8) 생태중심주의의 반대적 철학인 인간중심주의는 여하한 모든 인간 행위는 정의상 인간 중심적이라는 견해를 고수한다. 인간중심주의는 인간, 기술, 도시 그리고 정치·경제 체제의 발전을 찬양한다. 환경은 도덕적 입장 없이 중립적인 실체로 간주되고, 인간은 자신들의 목적을 달성하기 위해 환경을 적극 이용할 수 있다는 것이다. 이론적으로 인간중심주의는 ① 사회 목표의 감성적인 평가보다는 합리적이고 객관적인 평가를 지지하고, ② 최소의 노력으로 최대의 물질적 성과를 산출하려고 시도하는 관리적·경제적 효율성을 장려하며, ③ 자연의 과정을 이해하고 통제하는 인간 능력에 대한 믿음과 낙관을 갖는 반면, ④ 자연에 대한 경외심, 존중심 혹은 도덕적 책무를

된 자기로 설정하고, 심(心)과 신(身)을 인간 존재 내에 이원적 실체로 분리시켰다. 서양 근대성의 뿌리인 계몽주의 전통에서도 인간과 인간의 관계가, 인간과 자연의 관계가 단절됐다. 이로 인해 인간은 자연의 완전한 절대적 군주로 군림했고, 절대적 자연 지배에 따른 물질의 풍요가 인간의 사회성을 무시한 이기주의적 개인주의의 팽배를 조장했다. 서구의 초자아적인 자유 개인주의가 개체적 자유를 극대화시켜 줄지는 모르지만, 관계성 안에서 생명의 상호작용을 멀리한다. 산업문명의 위기는 상호 의존적인 세계, 연관성에 대한 부정 때문에 일어난 문제들이다. 지구환경은 인간만을 위해 주어진 것이 아니다. 자연과 인간, 자연과 자연, 인간과 인간, 우주의 맥락 안에서 이해해야 한다. 오늘날 자유 개인주의의 만개로 현실의 실천적 윤리가 사라졌고, 유기체적이고 역동적인 생명 체계가 무너져 가고 있다. 사실 자유란 나를 없애는 것이다(無己). 그러면 나는 정말 자유로운 것이다. 21세기의 생태문명은 개인 중심의 이기적인 사고와 욕구로 인해 너와 나의 관계가 무너진 것을 회복하는 데서부터 시작된다. 즉, 공생과 자립, 지속성의 토대가 되는 사회적 패러다임으로 바꾸는 길만이 지구 생명을 지속화시킬 수 있음을 잊어서는 안 된다.

---

견지하지 않는다(J. E. de Steiguer, 『현대 환경사상의 기원』, 박길용 옮김, 2008: 36).

9) 생태중심주의는 자연법 앞에서 지구에 대한 존중과 돌봄, 그리고 인간의 겸허한 행동을 역설한다. 그것은 과시적 소비, 대형화 그리고 도시화를 비판한다. 이론적으로 생태중심주의는 ① 인간 욕구보다 자연과 생태의 한계에 토대를 둔 도덕적 행위 성향을 지지하고, ② 경제 발전을 위한 돌진(drive)의 억제를 찬성하고, ③ 그들은 비대중적 견해를 가진 소수집단을 지원함으로써 특히 민주주의 원리의 적실성을 문제시한다. ④ 그리고 무법 상태로 인한 극단적 환경 악화를 고치도록 한다(J. E. de Steiguer, 박길용 옮김, 2008: 35).

10) 경성기술(hard technology)은 오늘날 공업사회에서 이용되고 있는 대부분의 기술이 사회적으로 불평등을 조장하며, 자연환경에 되돌릴 수 없는 해를 입히고, 생활의 질을 떨어뜨린다고 주장하는 적정기술(appropriate technology) 운동주의자들에 의해 나왔다. 반대로 연성기술(soft technology)은 사회적으로 평등하고, 친환경적이며, 생활의 질을 향상시키는 영향을 창조하는 적정 기술을 의미한다. 연성기술은 경성기술에 비해 소규모적이고 탈(脫)중앙집권적이며, 단순하고 비전문화돼 있으며, 적은 자본의 노동집약적인 기술로서 생태계를 지지하고 자원을 절약하며, 생활의 질의 차원에서는 비소외적이고 인간관계적이며 이해 가능하고 문화적으로 양립 가능하다고 한다.

# 3 결론

지난 20세기가 인간사회 내부의 불평등 문제를 두고 자본주의와 사회주의가 갈등한 역사였다면, 21세기는 기존 사회 체계를 유지하려는 개발주의 세력과 인간 문명 및 자연의 공진화(共進化, coevolution)를 주장하면서 생명 회복을 위해 새로운 방식의 사회 체계를 재구성하려는 생태주의 세력이 서로 갈등하는 역사가 될 것이다(정수복, 1998). 우리도 그간 40여 년 동안 근대 산업화 과정에서 '경제 성장 우선주의'라는 국가 정책 기조에 따라 개발과 보전을 상충적 관계로 인식하고, 무한 성장을 통한 개발 논리로 자연을 마구잡이로 마름질하는 어리석음을 저질렀다. 그러다 1990년에 접어들면서 '성장'과 '보전(保全, preservation)'을, 조화하는 관점에서 국가 정책 기조를 궤도 수정했다. 그런데 그 내면을 깊이 살펴보면 아직도 개발우선주의에 입각한 성장 논리가 우리 사회 전반을 지배하고 있다. 국민 의식 또한 절제되지 않은 탐욕, 공동체의 도덕적 가치보다는 개인의 편리함이라는 이기적 소비를 통해 그릇된 행복을 찾고 있다. 특히 이 시점에서 서구 근대성의 정체와 우리 사회의 근대성에 대한 철저한 이해가 위기 진단 및 위기 처방의 첫걸음이라고 보고 있다.

우리는 아직도 서구 기술의 근대만 받아들이고 그 밑에 깔린 합리적 사회 시스템과 사상은 받아들이지 않았기 때문에 근대화 자체에서도 문제 제기가 요구된다. 반면, 서구의 근대성이 과연 인류의 보편타당한 문명으로 발전시켜 왔느냐에 대한 물음이 요청된다. 지금 서구의 근대화가 낳은 산업문명이 '정체성 위기'라는 진단을 결코 지나쳐서는 안 된다. 도구적 이성주의에 토대를 둔 기계론적 자연관과 과학만능주의는 경계해야 할 세계관임을 분명히 인식해야 한다. 서구는 20세기 후반부터 '생명'과 '지속성'에 가치를 두고 새로운 대안 문명 패러다임으로 생태문명 패러다임으로 전환하고 있다. 서구 계몽주의가 낳은 인간 중심의 신화적 이성, 즉 무한 경쟁의 진화론적 세계관에 토대를 둔 신자유주의와 신기술자본주의가 얼마나 지구 생명을 지탱해 줄 수 있을지, 그들은 성찰적 근대화를 통해 자연과 더불어 진화하는 공생의 길을 모색하고 있다. 21세기는 고도 과학기술 사회가 될 것이지만, 문제는 인간이 과학기술이라는 도구를 인간적인 삶(생명)을 설계하는 데 어떻게 활용하느냐가 더 중요할 것이다. 가령 인공지능(AI)이 산업 시대와 연결되면 재앙이지만 생태문명의 기술로 활용되면 인류가 가장 행복한 문화를 누릴 수 있다. 과학기술이 자연 지배의 도구나 힘으로 사용돼서는 안 된다. 이는 생명을 극대화하는 선한 도구로 활용돼야 한다. 지난 한 세기 동안 인류는 과학만능주의의 토대 위에 무한우주관을 갖고 인간의 무한 탐욕과 편리함의 충족을 위해 문명의 원초적인 터전이라 할 수 있는 자연을 무자비하게 마름질하고 착취해 왔다. 자연을 파괴하는 기술문명에서는 결코, 진정한 인간의 자유와 평등도 기대할 수 없다. 하지만 우리의 미래 문명은 공학적으로 설계된 고도 컴퓨터 기술과 속박되지 않은 자연을 결합해 나가는, 통제가 불확실한 문명을 향해 나아갈 것으로 예측된다. 따라서 21세기는 탈인간 중심의 방주가 필요하다. 지난 문명의 성찰을 통해 '생명'과 '지속성'이 우리의 삶과 지구의 담론이 돼야 한다. 생태적 채무가 인류 생존의 무거운 과제로 받아들여져야 한다. 제2의 근대화는 생태적 각성을 통해서 이성의 절대화라는 인간중심주의, 과학기술만능주의를 항상 경계하고 지구 생명공동체를 살리는 생태문명을 열어야 할 것이다.

# 02장 생태도시론

## 제1절 서론

    산업화 과정에서 도시는 자연에 대한 우월적 지위인 인간 중심적 세계관을 바탕으로 개발됐나. 자연과 인간이 이원화되고 편리와 경쟁, 합리와 경제적 효율성(economical efficiency)만 따지는 관리적이고 기계론적 도시 개발이다. 환경은 도덕적 입장 없이 중립적 자원의 실체로 간주되고, 인간은 자신의 목적을 달성하기 위해 환경을 적극 이용할 수 있다는 논지다. 우리나라도 1960년 이후 오늘에 이르기까지 정도의 차이는 있지만, 성장제일주의를 국가 정책 기조로 한 산업화는 도시 개발에 생태효율성(eco-efficiency)[1]을 고려할 여유를 주지 못했다. 압축 성장에 따른 빠른 인구의 도시 집중화,

---

[1] 생태효율성은 1992년 브라질, 리우데자네이루에서 개최된 세계정상회의에서 공식적으로 채택된 용어로 환경 성과와 경제적 성과인 가치의 비율로 정의되며, 우리의 경제활동, 즉 성장을 추구하는 데 물, 공기, 가용 토지, 에너지 등 생태자원을 가장 적게 효율적으로 사용해 가장 큰 경제적 성과를 창출하고 그 과정에서 발생하는 오염물질

기술화, 자원 및 에너지 소비량의 증대 등으로 도시의 물리적·화학적 환경이 급속도로 변화를 가져왔다. 특히 인구 집중화에 따른 도시기반시설의 확충정책은 교통 위주의 도시 건설이나 부족한 주택 공급 위주의 택지 건설, 산업 활동에 필요한 토지와 건축물 보급 등, 도시의 외적 성장이 주된 목표였다(박길용, 2003: 238). 즉, 도시정책이 자연을 도외시한 인간 위주의 개발사업을 주요 내용으로 담고 있었다. 물론 환경 개선과 보전이라는 내용을 포함하고는 있지만, 그것 자체가 오염 관련 기반시설인 환경기초시설에 치중해 상하수도, 하수처리장, 분뇨처리장사업에 제한되고 있었고, 자연 보호는 쓰레기를 줍고 버리지 않는 운동에 머물렀다.

1995는 지방자치가 실시되면서 대부분 지방정부는 세수(稅收) 확장과 자치단체장들의 정치적 입지(재선 등) 강화를 위해 양적·업적 중심의 가시적 개발정책 지향으로 지속 가능한 도시 발전이라는 개념이 정립되지 않은 채, 거대도시 서울을 도시 개발의 전범(典範)으로 삼았다. 크고 높고 많이 수용할 수 있는 고밀도(高密度) 인공도시를 추구했다. 도시정부는 도시 개발을 통해 인공시설 환경만을 잘 조성·관리하는 것만을 도시민의 복리 증진을 위해 해야 할 행정 책임의 전부인 것으로 오인해 왔다(김일태, 2005: 13). 이는 점차 무분별한 난개발정책으로 이어져 도시 기능이 순식간에 악화돼 지속 불가능한 회색도시로 바꿔 놓았다. 이렇게 급조된 개발 위주 도시계획은 개발 후, 적정한 관리문제와 도시생태계 파괴라는 심각한 문제로 엄청난 사회적 비용을 증가시키고 도시민의 삶의 질을 떨어뜨렸다.

1990년 이후 도시민은 도시 환경성의 중요성을 절감하면서 기존의 인간 중심적 개발 위주의 도시계획과 정책에 근본 문제를 제기하고, 새로운 도시 발전 대안으로 '생태도시(eco-city)' 건설에 주목하고 있다. 특히 현 에너지 다소비 체제인 '요소 투입형' 자원 집약적 도시 및 산업구조는 높은 화석연료 의존도로 인해 생활환경 악화 및 지구온난화 문제 등으로 환경·경제·에너지가 선순환하는 시대적 요청과 외부적 압박이 커지면서 필연적으로 도시계획의 패러다임 변화를 초래하고 있다. 이는 자원 무한성을 토대로 한

---

의 발생을 최소화하는 것이다. 생태효율성을 증대시키기 위해서는 자원 이용의 효율성을 최대화하고 환경 부하를 최소화하는 것이다. 즉, 생태비용의 내부화(시장가격 반영), 자원 효율의 극대화, 오염 배출의 최소화를 추구한다(박길용, 2009; 김창길·정학균, 2008).

대량생산과 소비 확장, 편리와 경쟁 윤리에 바탕을 둔 개발 지향적 도시계획을, 자원 유한성을 토대로 한 생명과 지속성의 가치를 추구하는 생태적 도시계획으로의 전환을 의미한다. 따라서 이 장에서는 생태도시의 이론적 논의를 토대로 기존 도시계획과 생태도시 계획과의 차이점을 살피고, 한국과 독일의 도시계획 수립 체계를 비교·고찰하면서 바람직한 미래 생태도시 건설을 위한 과제를 모색한다.

## 제2절 생태도시의 이론적 고찰

### 1 생태도시의 개념 논의

오늘날 고도 산업화에 따른 도시화는 인간에 필요한 자연환경이 파괴되면서 생명과 지속성의 문제가 중요한 주제로 담론이 이뤄지고 있다. 오로지 편리함과 경쟁의 효율로 조직된 인공생태계인 도시는 환경을 악화시켰고, 이로 인해 삶의 생태계마저 무너지는 단계에 이르렀다. 이러한 상황에서 도시환경 문제와 삶의 질 제고를 위한 해결책으로 다양한 방안이 제시되고 있는데, 이 중 '생태도시'라는 개념과 관련된 논의가 도시계획 수립에서 주목을 받고 있다. 생태도시란 용어의 의미에는 '생태계(eco system)'란 개념에서 출발한다고 볼 수 있다. 이는 자연 현상을 물질의 순환이라는 커다란 전제하에 해석하고, 인간을 포함한 생물 및 비생물적 물질의 총체적인 상호 순환 관계를 의미한다. 이 같은 관점에서 볼 때, 생태도시란 인간과 자연 간의 전일적이면서 유기체적 시스템을 갖춘 도시라고 할 수 있다. 자연과 인간이 공생적이고 지속적 지위라는 입장에서 이야기될 수 있다. 외국에서는 생태도시라는 용어를 직접 빌리지 않더라도 이와 유사한 내용을 담은 부분적인 개념들이 과거 도시계획이나 공동체 운동 분야에서 널리 사용해 오고 있었다. 즉, 자족도시(self-sufficient city), 녹색도시(green city), 전원도시(garden city), 쾌적도시(amenity city), 지속 가능한 도시(sustainable city), 외코폴리스(Öcopolis) 등이 있다.

 이처럼 생태도시에 대한 연구는 1980년대부터 학계에서 본격적으로 진행돼 왔다. 효율적이고 자립적인 에너지 시스템의 구축을 목표로 한, 모리스(Morris, 1982)의 자립도시(self-reliant cities), 도시의 쾌적성을 달성하기 위한 도농통합형의 저밀도 전원도시(garden city)를 주창한 하워드(Howard, 1986: 48), 그 밖에 일본토목학회(1988) 등에서 생태도시에 대한 개념적 논의를 했다. 1990년대 들어서는 '지속 가능성'의 개념과 연계해 생태도시에 대한 논의가 더욱 활발하게 이뤄졌다. 조경학적인 측면에서 도시 경관과 녹지 조성을 어떻게 할 것인지를 주로 강조하고 있는 휴(Hough, 1990)의 녹색도시, 이와 더불어 고든(Gordon,1990), 힐먼(Hillman, 1991), 브레헤니(Breheny, 1992)의 연구가 대표적이다. 또한, 비틀리(Beatley, 2000)는 녹색도시론의 관점에서 유럽의 전형적인 생태도시 조성 사례를 소개하고 있다. 아시아권에서는 일본이 일찍부터 에코시티(eco-city), 에코폴리스(ecopolis)라는 이름으로 고베시(神戶市)의 '인간-환경 도시선언'(1972), 시가현(滋賀縣)의 '환경보전 시범도시계획'(1990) 등을 통해 환경과 공생하는 도시상(都市像) 만들기에 노력해 왔다. 국내에서도 1990년대 들어와서 양병이(1992), 김귀곤(1993), 박종화(1995), 환경부(1996), 한국도시연구소(1998), 시민환경연구소(2001), 박용남(2002), 김해창(2003), 녹색사회연구소(2007) 등에서, 외국에서 연구돼 온 내용을 토대로 기존 도시에 대한 새로운 미래 대안 도시로서 생태도시를 논의해 왔다.

 국제적으로 논의된 것은 1992년 리우데자네이루에서 열린 '환경과 개발에 관한 유엔회의'와 1996년 이스탄불에서 열린 '유엔인간정주회의'에서 환경문제와 도시문제를 중요하게 다루면서 생태도시의 개념을 정립하는 데 시사하는 바가 매우 크다. 리우회의 이후, 전 세계적으로 개발과 환경을 조화하기 위해 '환경적으로 건전하고 지속 가능한 발전(Environmentally Sound Sustainable Development: ESSD)'이라는 전제하에, 환경과 개발을 조화시키는 방안의 하나로서 도시 개발과 도시계획 그리고 환경계획 분야에서 새로이 대두된 개념이다. 특히 리우 회의에서 제기된 '지방의제 21(Agenda 21)'은 각각의 도시와 지역의 환경오염과 도시문제에 대한 관심을 촉구하고 생태도시에 대한 관심을 지방 도시 차원으로 확산시켰다는 데 의의가 있다. 이같이 국내외적으로 논의된 선행 연구들을 종합해 볼 때, 생태도시란 '도시를 전일적 유기체로 보고, 다양한 도시 활동과 공간구조가 자연 생태계의 속성인 다양성·자립성·순환성·안정성에 가깝도록 계획하고 설계해 인간과 자연이 공생할 수 있는 친환경적 도시'라고 정의할 수 있다. 향후 기존 도시에 대한 새로운 대안적 도시 개발이란 관점에서, 생태도시의 개념 변화와 유형, 생태도시의 구조-기능과 원칙을 좀 더 이해할 필요가 있다.

## 2 생태도시의 개념 변화와 유형

기존 도시 개발에 대한 새로운 대안으로 모색된 생태도시의 개념 변화는, 현재 생태도시라고 정의된 개념과는 완전히 일치성을 갖는 도시는 존재하지 않고, 이의 원칙을 지향하고 있는 도시의 완성도에 따라 도출된 것이다. 따라서 생태도시의 조성 과정 또는 이를 위한 노력 정도에 따른 개념 분류로 '명목적 생태도시,' '지속 가능한 생태도시,' '공생적 생태도시'로 나눌 수 있는데, 그 주요 내용은 〈표 2-1〉과 같다.

〈표 2-1〉 생태도시 조성과 완성 정도에 따른 개념 분류

| 명목적 생태도시 | 지속 가능한 생태도시 | 공생적 생태도시 |
|---|---|---|
| • 보전보다 개발을 중시<br>  (현세대의 이익 보호)<br>• 환경관리 중심의 성장 지향적 개발<br>• 인간 위주의 개발 | • 보전과 개발의 부분 조화<br>  (현세대와 미래 세대의 이익 보호)<br>• 지속 가능한 개발<br>• 인간 위주의 개발과 보전 | • 보전과 개발의 완전 조화<br>  (현세대와 미래 세대의 이익 보호)<br>• 인간과 자연의 공존<br>• 유기체로서 개발과 보전 |

명목적 생태도시는 이름만 생태도시이지 현세대의 이익을 위한 환경개량주의적 관점에서 보전보다 성장을 우선시하는 근대화 과정의 도시 개발을 크게 벗어나지 못한 인간 위주의 개발이다. 반면 지속 가능한 생태도시와 공생적 생태도시는 현세대와 미래 세대의 이익 보호라는 점에서 공통의 가치를 추구하지만 지속 가능한 생태도시는 공생적 생태도시의 전 단계로서 인간에 중심 무게를 둔 지속가능성을 추구한다는 점에서 보전

(preservation)보다 보존(conservation)의 개념[2])에 가까운 도시 개발이다. 그러나 공생적 생태도시는 도시를 전일적·유기체적·자립적 관점에서 자연을 생명 가치로서 공생의 파트너십으로 보고 생태적 원칙이 작동되는 개념이라 할 수 있다.

## ❸ 생태도시의 구조와 기능과 원칙

도시의 구조와 기능은 도시학의 주요 연구 대상이다. 이는 그 말뜻이 갖는 복잡성, 추상성 때문에 개념 규정이 쉽지 않다. 일반적으로 구조는 공간(space), 형태(form)로 정적인 상태로 표현된다. 반면 기능은 활동(activity), 상호작용(interaction), 과정(process)으로 동적인 상태로 이해한다. 여기서 도시의 공간구조는 '각종 도시 기능의 입지 및 상호작용의 장'이라고 볼 수 있고, 좀 더 미시적 수준에서는 '시민 생활의 장'이라고 할 수 있다(노춘희, 1987: 62-63). 이런 도시 공간구조는 각종 도시 기능을 담는 그릇과 같아 공간구조의 파악은 도시 기능 체계와 관련해 파악됨이 마땅하다. 따라서 도시 기능의 공간적 작용 범위에 따라 광역 도시공간, 내부 도시공간, 미시적 도시공간의 세 종류로 구분할 수 있다(최상철, 1985). 생태도시 계획적 관점에서 도시구조는 각종 토지 이용 패턴, 물, 에너지, 녹색 구조 등으로 구성된다. 이와 관련된 기능으로 생산 활동(노동), 소비 활동(구매), 주거 활동(생활), 위락 활동(여가), 교육 및 행정관리 등이 있고 연계 기능으로 교통, 정보통신, 공급 처리(전기, 상하수도, 쓰레기 처리) 등의 기능으로 세분된다.

도시구조와 기능 간의 관계에서 도시생태계의 '환경용량'을 초월한 개발(자연환경 훼손,

---

2) 20세기 초, 10년 동안 환경문제에 보전과 보존에 대한 환경세계관에 대한 논쟁이 있었다. 뮤어(John Muir, 1838-1914)와 핀쇼(Gifford Pinchor, 1865-1946)는 자원 개발 대(對) 보전으로 상징되는 상반된 주장으로 토론이 격렬했다. 그 토론의 주된 논점은 캘리포니아의 요세미티 국립공원 근처에 있는 헤츠 헤치(Hetch Hetchy) 계곡에 댐 건설에 대한 것이었다. 핀쇼는 샌프란시스코 사람들에게 물을 공급하기 위해 저수의 개발을 주장하면서, 지속적인 인간의 이용과 자원관리를 주장하는 '보존주의자'였고, 반면 뮤어는 인간의 소비로부터 국가 자연자원의 보호를 위해 이용보다는 인공적인 개발 없이 자연 상태로 보전해야 한다는 '보전주의자'였다. 여기에서 보존은 이용과 관리에 가깝고, 보전은 이용보다는 자연 상태로의 지킴을 의미한다(조셉 에드워드 드 스타이거 지음, 박길용 옮김, 2008: 28-30).

생태계의 파괴)과 생산(매연, 폐수, 폐기물, 소음, 분진, 진동, 산업쓰레기), 소비 활동(연소, 생활하수, 생활쓰레기 등)이 이뤄질 때 도시 환경문제가 발생할뿐더러 궁극에는 도시생태계의 파괴로 도시민의 생명권이 박탈당한다(박길용, 2014: 42). 따라서 도시의 구조-기능 관계에서 환경 배려가 잘 돼 있어서 환경오염에 대한 부하(負荷)가 적고, 이를 무대로 한 인간의 생활과 행동 면에서 생태적 각성에 기반을 둔 자연과의 조화 및 쾌적성이 향상된 도시가 필요하다. 이는 도시의 구조와 기능이 자연생태계의 원칙인 순환성, 다양성, 자립성, 안정성을 잘 갖춘 도시라 할 수 있다. 이 같은 체계를 [그림 2-1](김수봉, 2009)과 같이 생태도시 계획의 차원에서 설명할 수 있다.

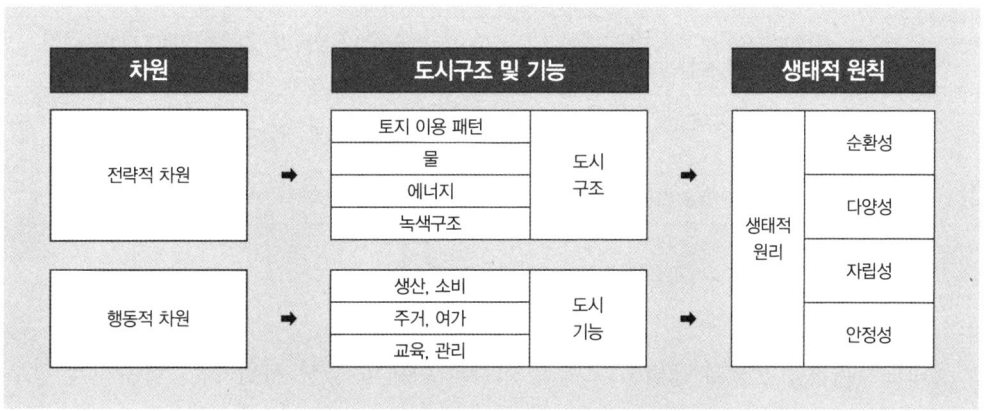

[그림 2-1] 생태도시의 구조와 기능과 원칙

## 제3절 생태도시 조성을 위한 도시계획

### 1 생태도시계획의 이해

생태도시를 조성할 때 기존 도시계획의 문제점을 분석하고 생태도시계획과 기존 도시계획과의 차이점을 확인하는 것은 매우 중요하다. Urban Ecology Australia Inc. (1994; 김귀곤, 2001: 120-121에서 재인용)는 기존 도시의 개발 과정과 생태도시 개발 과정의 차이점을 〈표 2-2〉와 같이 비교 설명하고 있다.

〈표 2-2〉 기존 도시 개발 과정과 생태 도시 개발과정의 비교

| 구분 | 기존의 개발 과정(이익 지향적) | 생태적 개발 과정(커뮤니티 지향적) |
|---|---|---|
| 목표 | 단순히 이익의 최대화 추구 | 커뮤니티의 욕구와 열망 충족 |
| 수단 | 토지 투기 및 이익을 위한 커뮤니티 개발 | 토지 관리와 커뮤니티에 권한 위임 |
| 재정자원 | 어디에선가 - 주로 은행으로부터 - 돈의 차용 | 윤리적 투자 - 자원을 커뮤니티에 되돌려 줌. |
| 물질자원 | 무엇이든 편리한 것 - 시장 지향적, 편의주의적, 자본집약적 | 신중하게 선정된 것- 건강하고 환경 친화적, 노동집약적 |
| 정치 | 배타적, 종종 부패되고, 편의주의적 수단과 자기중심적 | 포괄적, 윤리적, 개방 과정, 생태 중심적 |
| | 경제 활동의 연료로 자연과 사람을 취급함. | 커뮤니티와 생태에 서비스하는 관점에서 경제를 봄. |

생태도시계획은 ESSD 개념을 포함한 인간과 자연의 공생 지위에서, 단순히 환경오염을 저감시키는 데 그치지 않고, 한 도시 내의 정치·경제·사회·문화의 전반에 걸쳐 미래 세대의 생명과 지속성을 고려하는 그러한 도시계획을 말한다. 즉, 미래성, 자연성, 참여성, 형평성, 자급성이라는 지속가능성의 5대 원칙이 구현되는 생태적 유기체주의를 지향하는 도시계획이다. 기존 도시계획과 생태도시계획의 근본적 차이라면 도시계획의 이념이라고 볼 수 있다. 기존 도시계획은 서양의 합리주의에 바탕을 둔 기능주의와 기계적 사고로 개인의 자유와 편리, 경쟁을 강화하는 시장 지향적, 자본 집약적인 인간중심주의를 지향하는 도시계획이다. 평가 기준도 사회·경제적 효율성의 극대화에 초점을 맞추고 있다. 반면 생태도시계획은 동양의 직관과 유기체주의에 바탕을 둔 공생과 지속성을 강조하는 인간과 자연의 조화적 위치에서 생태중심주의를 지향하는 도시계획이다. 계획 원칙은 지속성과 생태적 원칙을 토대로 하면서 심리 및 생태효율성에

〈표 2-3〉 생태도시계획의 기본 영역

| 사회부문계획 | | | | 공간·환경계획 | | |
|---|---|---|---|---|---|---|
| 정치계획 | 경제계획 | 사회계획 | 문화계획 | 자연환경 계획 | 사회환경 계획 | 생활환경 계획 |
| • 지속 가능한 경제개발<br>• 권한의 지역 배분<br>• 형평적 자원 재분배<br>• 민주적 의사결정<br>• 종합환경 관리 체계 | • 내발적 생산 체계<br>• 환경비용 내부화<br>• 사회적 기능 강화<br>• 유통·판매 구조 개선<br>• 자기순환적 자원 이용 | • 공유적 근린사회<br>• 의사소통 능력 제고<br>• 탈이기적 사회관계<br>• 안정된 사회· 여가 활동<br>• 환경보전 실천운동 | • 탈소비 지향적 생활<br>• 환경교육 활동 강화<br>• 환경친화적 상상력<br>• 전통문화 계승 발전<br>• 환경윤리 의식·가치 | • 식물<br>− 녹지지도<br>− 식생분포<br>• 동물<br>− 포유류<br>− 조류<br>− 양서파충류<br>− 어류<br>• 물리적 특성<br>− 지형 및 경사<br>− 기상, 기후<br>− 일조량<br>− 현존 수계 및 저수지<br>• 공원녹지 | • 인구 규모 및 분포<br>• 사업 구성 취업구조<br>• 교통<br>• 재정<br>• 토지 이용 및 주택 | • 에너지<br>− 수급<br>− 에너지 관련 시설<br>− 사용밀도<br>− 집단 에너지 시설<br>− 대체 에너지 (자연/신재생/ 재활용)<br>• 대기질<br>• 수질<br>• 폐기물<br>• 토양<br>• 소음, 진동<br>• 상·하수도 |

전반적인 사회구조 및 도시환경의 질 개선 계획 ← → 통합적인 공간구조 및 자원, 환경관리·보존계획

초점을 맞추고 있다. 시장경제적 관점에서 본다면 녹색성장[3]을 지향하는 도시계획이라고도 할 수 있다.

이 같은 생태도시로 전환하기 위한 계획의 구체적 내용은 '사회부문계획'과 '공간·환경계획'으로 구분할 수 있다. 여기서 사회부문계획은 생태도시 건설을 위한 정치적 조건 및 경제, 사회, 문화의 각 측면의 구체적 계획을 포괄하며, 공간·환경계획은 도

---

3) 녹색성장(green growth)은 산업문명의 자원무한성을 바탕으로 한 무한 성장과 소비제일주의, 종합적 합리주의, 인간중심주의, 기술낙관주의의 가치에 대한 철저한 성찰을 통해 현재와 미래 세대의 삶의 질을 공유하는 심리·생태적 효율성이 극대화되는 지속 가능한 새로운 이념적·사회적 패러다임을 지향하는 생존과 번영의 전략적 개념이다. 그러나 경제학적 이론으로 정립된 바는 없고 현재 지속 가능한 발전을 달성하기 위한 실천적 개념으로 볼 수 있다(박길용, 위의 글).

시 자연환경계획, 사회환경계획, 생활환경계획 등을 포함한다. 그러나 이러한 두 가지 부문의 계획은 분리된 것이 아니라 상호 밀접하게 연결돼 있다. 따라서 생태도시를 위한 이러한 사회부문계획과 공간·환경계획의 세부 내용은 각각 전반적 사회구조 및 삶의 질 개선 계획과 종합적 도시 공간구조 및 자원·환경관리계획에 의해 조정, 통합해야 할 것이다. 이러한 내용을 정리해 보면 앞의 〈표 2-3〉과 같다(한국도시연구소, 2004: 185-87 재구성).

## ❷ 생태도시계획 과정과 방법

도시계획 과정에서 생태적 도시 이념을 실현하기 위해서는 환경 현황 보고서와 지역 환경용량에 대한 부하 및 환경의 질 반영의 인식에 바탕을 둬야 한다. 그 후 개발 목표와 생태도시의 원칙을 설정하고 이를 달성을 위한 다양한 대안과 이 대안들이 초래할 환경 결과의 관점에서 세심하게 검토할 필요가 있다. 특히 생태적효율성이 극대화할 수 있는 최적의 대안 선택이 요구된다. 일반적으로 국내외 생태도시 건설에 대한 전반적인 추진 체계나 개발 내용에 대한 구체적 사례나 경험이 부족하기 때문에 생태도시를 건설하는 데 어떤 시스템을 구축해서 조성해 나갈 것인가에 대한 정형화된 계획 과정이 없는 것이 현실이다. 다만 지금까지 연구돼 온 부분적 모형은 있지만, 김귀곤 교수가 "Development of Model Ecocity Plan"이라는 연구 과제의 일환으로 생태도시 계획과정을 개발하고 이를 대전광역시에 적용, 사례 연구를 실시한 과정과 방법을 소개하면 [그림 2-2]와 같다.

생태도시의 계획 과정과 방법에서는 제1단계와 생태도시계획의 기본 영역(4단계)인 사회부문계획의 미비점을 보완하면 좀 더 구체적인 생태도시계획이 될 수 있다고 본다.

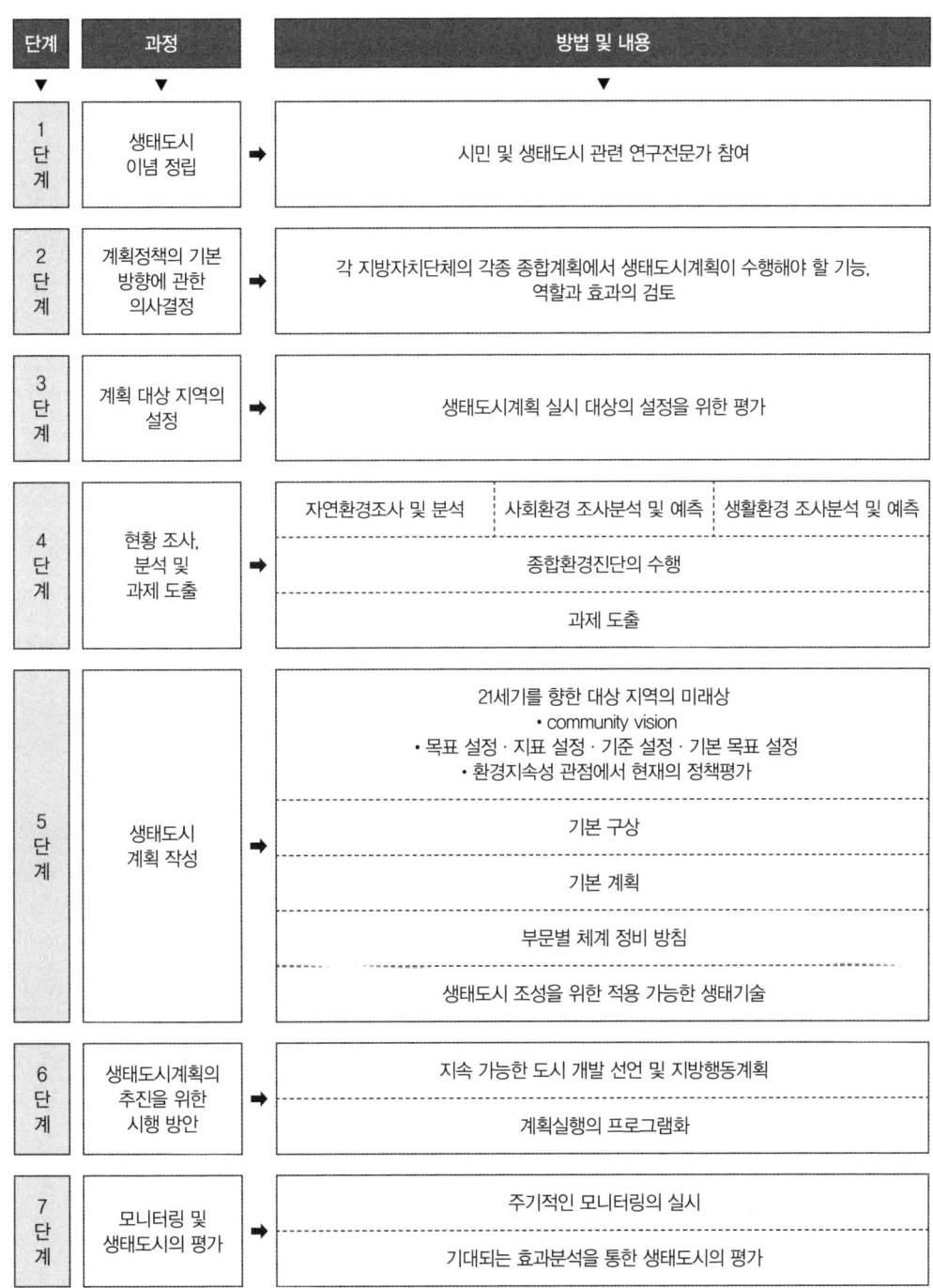

[그림 2-2] 생태도시의 계획 과정과 방법

# ❸ 우리나라 도시계획 수립 체계와 생태도시계획

## 1) 도시계획 수립 체계

일반적으로 도시계획은 도시 내 시설물과 기능 및 활동을, 이미 계획된 목표에 맞춰 공간적으로 배분하는 모든 행위를 말한다. 이러한 도시계획은 과거에는 주로 도시기반시설 조성을 내용으로 하는 물적 계획(physical planning)으로만 이해돼 왔다. 이제는 도시민의 삶의 내용도 공공 부문에서 다뤄야 할 필요성이 증대함에 따라 도시가 위치하는 지역적 차원에서 경제·사회·문화·환경적 요소를 고려하지 않을 수 없게 됐다. 즉, 종합적인 성격을 띠면서 공간적 연계성을 갖고 있다는 것이다. 지역은 국토의 일부분으로서 도시, 지역, 국토 이 세 가지는 공간적 기능을 형성하면서 기능적으로 연계돼 있다. 따라서 도시계획은 이들 공간계층의 최하위에 위치하고 있어 상위 계획인 지역계획(regional planning)과 국토계획(national planning)의 영향을 받게 되고, 이러한 상위 계획의 기본 방향에 따라 구체적인 계획을 수립한다(노춘희·김일태, 1993: 208-218). 현재 우리나라 실정법상의 도시계획은 광역도시계획, 도시기본계획, 도시관리계획, 지구단위계획의 네 가지로 계층을 이루고 있다([그림 2-3] 참조).

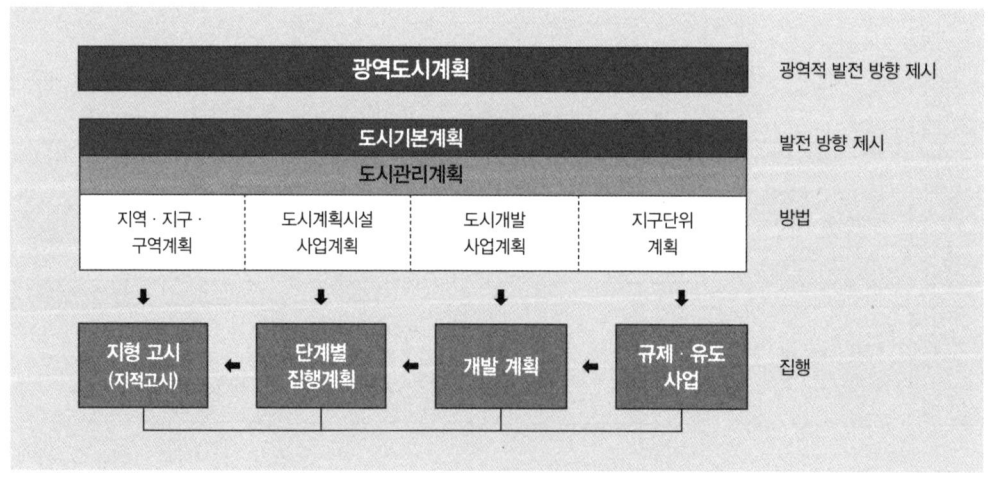

[그림 2-3] 우리나라 도시계획 수립 체계도

광역도시계획은 광역도시권을 효율적으로 관리하기 위한 20년의 장기 발전계획으로 개별 도시계획의 지침적 위상을 갖고 있다. 도시기본계획은 장기적·예시적·청사진적·방향 지침적 계획이며, 도시관리계획은 구속적·공권적 법정 계획으로 우리가 일반적으로 도시계획이라고 칭하고 법적 제한이 가해지고 있는 계획이다. 지구단위계획은 도시관리계획을 좀 더 구체화한 것으로 도시의 기능과 미관의 증진, 양호한 환경의 확보가 목적이다. 이 계획은 이전 도시계획법상의 상세 계획과 건축법상의 도시설계를 통합한 지구 단위에서의 계획이다.

## 2) 도시 '기본계획' 및 '관리계획' 수립 절차

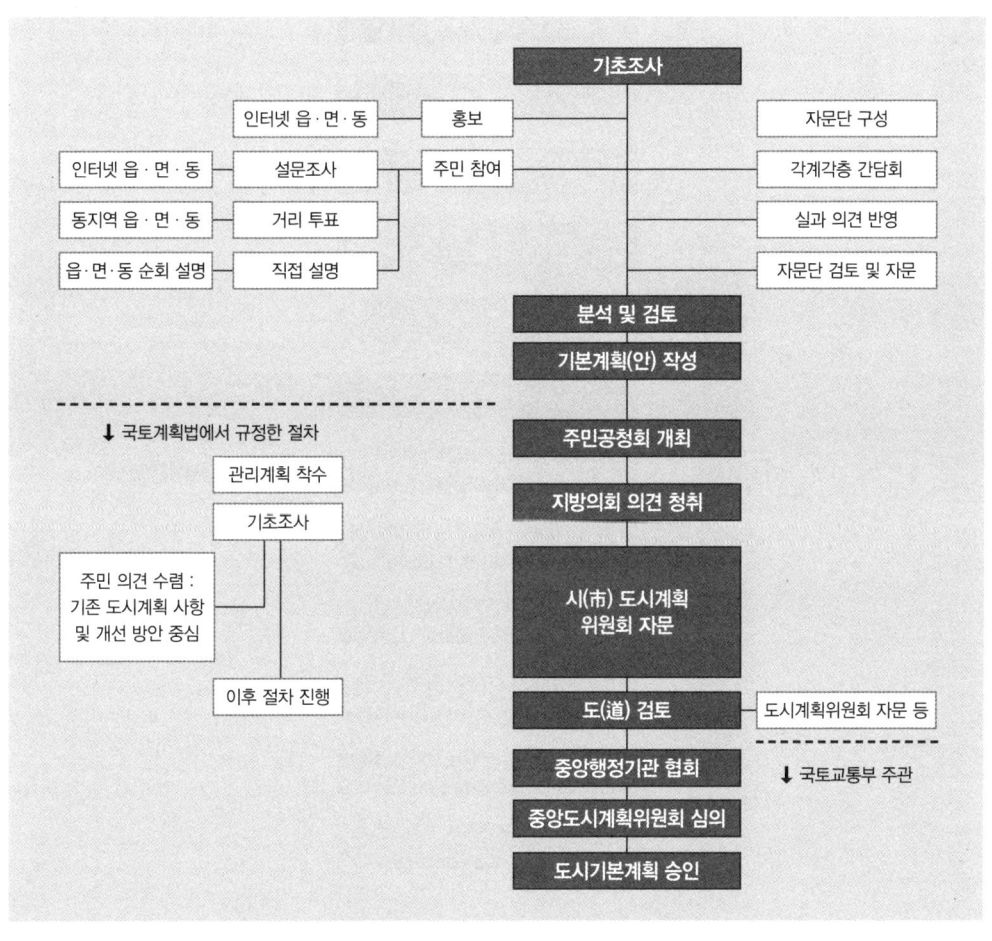

[그림 2-4] 자치단체 도시 '기본계획' 수립 절차도

우리나라의 '도시기본계획'은 앞의 [그림 2-4]에서 보는 바와 같이 특별시장, 광역시장, 시장, 군수가 그 관할구역 안에서 시행할 도시계획을 위해 기초조사를 한 후, 도시기본계획을 입안한다. 각 자치단체장은 주민과 관계 전문가의 의견을 듣기 위한 주민공청회를 개최하고, 그 결과를 도시기본계획안에 반영한다. 주민공청회가 끝나면 지방의회 의견을 청취하고 국토교통부 장관은 중앙 관계 부처와 협의하고, 중앙도시계획위원회의 심의를 거쳐 도시기본계획을 승인·결정한다. 이 과정에서 가장 중요한 것은 기초

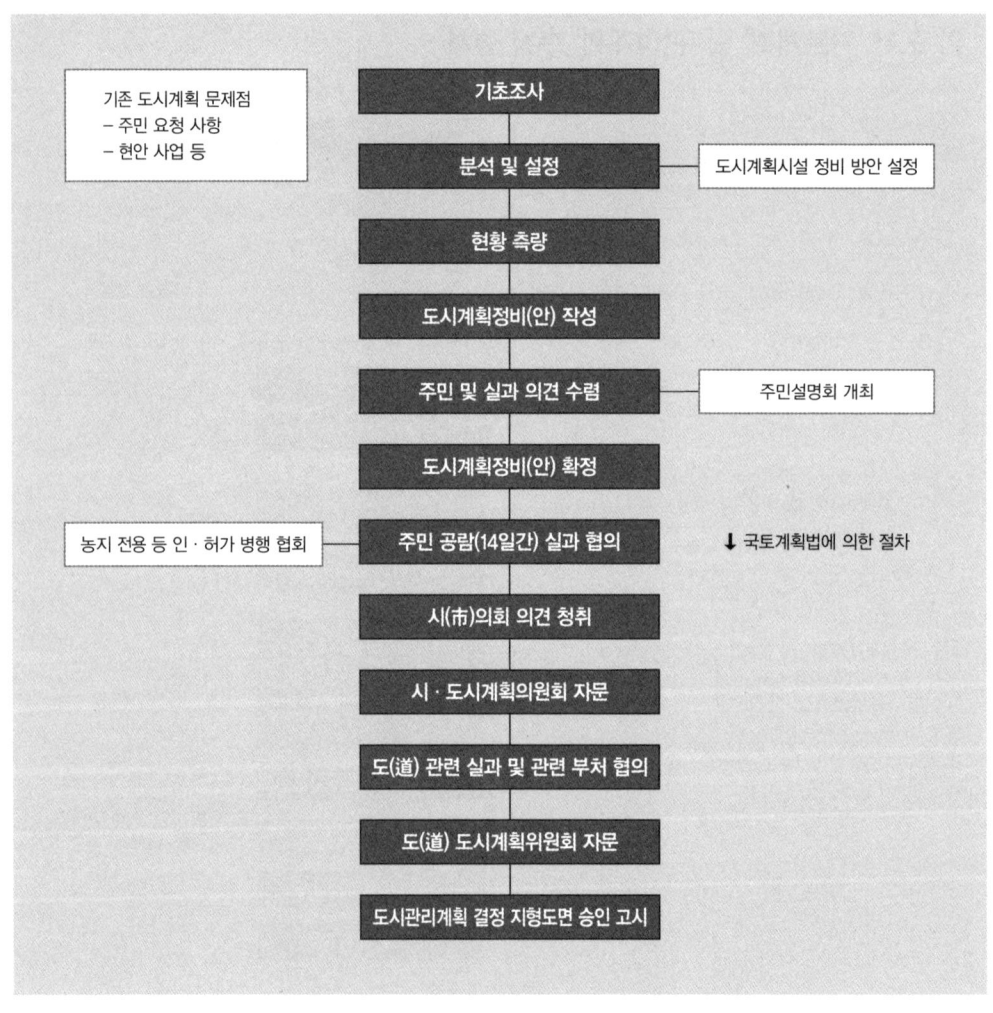

[그림 2-5] 자치단체 도시 '관리계획' 수립 절차도

조사 내용이다. 기초조사 내용은 공간·환경계획, 즉 자연환경, 사회환경, 생활환경 등을 조사·분석한다. 다만 여기서 생태도시 계획의 기본 영역에 한 부문인 사회부문계획은 아직 상당히 미비한 수준에 이르고 있다. 공간·환경계획도 생태도시 계획 기준으로 봤을 때 훨씬 미달된다. 이렇게 해서 도시기본계획이 확정되면 특별시장, 광역시장, 시장, 군수는 이를 일반에게 공람시키고, 이를 토대로 도시관리계획과 연차별 집행계획을 수립·집행하게 된다. 자치단체장들은 도시기본계획을 5년마다 그 내용을 검토하며, 변경의 타당성이 인정되면 도시관리계획에 반영하도록 한다. 현행 자치단체의 '도시관리계획' 수립의 절차는 앞의 [그림 2-5]와 같다.

## 3) 생태도시 조성 관점에서 본 도시계획 수립의 문제점

생태도시를 조성하기 위해서는 도시기본계획과 관리계획이 수립될 때 도시계획과 환경계획 간의 연계라는 기본 틀 안에서, 생태도시계획 과정(생태적 이념 정립)에서 생태도시계획의 기본 영역(사회부문계획, 공간·환경계획)이 구체화될 때 가능하다.

### (1) 도시계획과 환경계획 간의 연계성 미비

도시계획은 국토종합계획의 하위 계획으로서 공간적 계층이 존재하기 때문에 상위 계획의 영향을 받는다. 즉, 국토종합계획 → 광역종합계획 → 도시기본계획 → 도시관리계획으로 구분된다. 우리나라는 2002년 환경정책기본법이 개정됨으로써 환경계획 체계는 국가환경종합계획, 시·도환경보전계획, 시·군·구환경보전계획의 3단계로 새로이 구축됐다. 실정법적으로는 우리나라 환경계획 체계와 국토계획 체계가 서로 연계될 수 있는 외형적인 틀이 마련됐다. 그러나 실제적으로 양자 간의 연계된 도시계획 수립이 되지 않고 따로따로 놀고 있다. 왜냐하면 각 지방자치단체들은 법적 의무화돼 있는 환경정책기본법에 따라 환경보전계획을 수립하고 있지만, 도시계획 수립 시 거의 반영되고 있지 않아 실질적인 영향력이나 효과가 없다. 또한, 비법정 계획인 시·군정 운영계획이나 지방의제 21 등은 자치단체에 따라서 일부 반영도 하지만 도시계획 수립 과정에 괴리 현상을 보이고 있다. 최영국 외(2002)는 국토계획과 환경계획의 연계 체계를 제안한다. 국가 단위에서는 국토종합계획과 국토환경보전계획, 도 단위에서는 광역도시계획과 광역환경보전계획, 시·군 단위에서는 도시기본계획과 경관생태 기본계획, 도시관리계획은 경관생태계획, 그리고 일부 지역 단위에서는 지구단위계획과 녹지계획이 상호 연계되는 체계를 제시하고 있다.

또한, 현실적으로 도시계획 수립 시 환경기본조례 등을 통해 환경계획에 대한 우선성을 명시하거나 고려를 강조하고 있으나 구체적인 통제 수단이 결여돼 있다. 개발 사업에 대한 기본법은 도시계획 관련 법이므로 환경계획은 실질적으로 영향력을 미치기 어려우며, 이로 인한 계획 간의 우선성에 대한 상충이 발생할 소지가 있다(이창우, 2005). 그리고 현재 대부분의 도시계획 관련법에서 환경계획의 요소 및 환경적 기준이 되는 사항을 포함하고 있는 조항은 그리 많지 않다. 더구나 각 항목들은 환경과 환경문제에 대한 일반적이고 포괄적인 사항만을 담고 있어서 이를 활용해 구체적인 생태계획적 요소를 도시계획에 포함시키는 것은 한계가 있다. 따라서 우리나라 도시계획과 환경계획의 연계 미비가 환경성을 조화시키는 생태적 도시보다는 여전히 개발 지향적이고 인간중심주의에 바탕을 둔 명목적 생태도시를 추구하고 있음을 알 수 있다.

### (2) 생태도시 계획 과정과 방법에 대한 모형 부재

생태도시를 조성하기 위해서는 도시계획 수립 과정에 일차적으로 생태도시의 이념이 정립돼야 한다. 즉, 생태도시가 추구하는 가치와 생태적 원칙이 도시계획 수립 과정에 적용됐을 때 생태도시계획이라고 할 수 있다. 우리나라의 도시 기본 및 관리계획은 자치단체장이 그 관할구역 내에서 시행할 도시계획을 위해 기초조사를 실시한 후 도시계획을 입안한다. 생태도시 조성을 위해서는 기초조사 이전에 시민 및 지역 생태도시 연구 전문가들의 참여를 통해 생태도시 계획의 이념을 먼저 도출해 생태도시 조성에 대한 시민들의 정확한 인식과 자치단체와의 충분한 공감대를 형성하는 것이 필요하다. 이와 더불어 환경 현황보고서와 지역 환경 용량에 대한 부하 및 환경의 질 반영의 인식에 바탕을 두고 생태도시 계획 구상과 비전 및 상위 목표를 제시해야 한다. 그런데 우리나라 자치단체의 생태도시 계획을 보면, 용어도 생소하고 생태도시의 이념적 토대가 전혀 갖춰 있지 않은 상태에서 기존 도시계획 수립에 형식적인 생태적 적용 항목만 가득 메우고 있다. 또한, 기초조사 이전에 논의해야 할 생태도시 계획 이념이 전혀 토론되지 않고 기초조사가 끝난 후, 생태도시 계획 작성 시에 구체적인 과제 도출에서 생태적 개념보다는 개발 지향적인 개념이 우선해 결국 생태도시 계획은 무주공산이 되고 만다. 이같은 원인은 생태도시 계획 과정과 방법에 대한 모형 개발의 미비에서 찾을 수 있다. 따라서 생태도시 구현을 위한 도시계획적 접근이 성공하려면 생태도시 모형 개발에 따른 생태도시 계획의 이념과 내용인 계획 원칙과 평가 기준의 정립이 우선돼야 한다.

다음으로는 생태도시계획(안) 작성에 앞서, 과제 도출을 위한 기초조사에서 생태도시 계획의 기본 영역이라 할 수 있는 '사회부문계획'과 '공간·환경계획'에 대한 조사분석이 이뤄진다. 이 과정을 통해 생태도시계획 실행 과제가 도출되는데, 중요한 것은 조사분석된 세부 내용들이 도시의 전반적 구조 및 도시환경의 질 개선계획과 통합적인 도시공간구조 및 자원, 환경관리 및 보존계획에 의해 조정·통합돼야 다음 단계인 생태도시 계획(안) 작성이 제대로 이뤄질 수 있다. 우리의 경우 생태도시 계획은 사회부문계획을 제외한 공간·환경계획만으로 이해하는 경우가 대부분이어서 생태도시 개념의 실현과 거리가 먼 경제적 효율성과 편리성만을 지향하는 명목적 생태도시에 머물고 있다. 지속가능성을 포함한 자연과 인간이 공생하는 생태도시는 이들 양자를 함께 고려했을 때 지구단위계획 및 사업계획의 집행에서 현실화될 수 있다.

마지막으로 주민 참여(주민공청회, 도시계획위원회 자문 등)이다. 생태도시 계획 과정에서는 시종 주민 참여의 여부가 생태도시 조성의 성공을 가늠하는 중요한 기준이 된다. 기존의 도시계획은 지방자치단체가 도시기본계획(안)이나 도시계획정비(안)을 일방적으로 작성해서 주민공청회나 설명회, 시(市) 도시계획위원회의 자문을 거쳐 수립한다. 물론 주민공청회, 시의회 의견 청취, 도시계획위원회의 자문 등의 절차가 있지만 대부분 요식행위로 끝난다. 이런 점에서 앞의 [그림 2-3]의 김귀곤 교수가 제시한 '생태도시 모형 개발'을 통해 주민 참여 중심으로 진행된 대전광역시의 사례는 의미가 크다. 지금까지 생태도시 조성의 성공 사례로 자주 들고 있는 독일의 환경수도 프라이부르크의 '보봉(Bauban)생태주거단지' 계획을 보면, 시종 도시계획 과정에 주민 참여를 중심으로 계획·실행됐다는 것을 확인할 수 있다. 우리의 경우 생태도시계획 과정의 모형 개발도 미비하지만, 더 큰 문제는 자치단체, 시군 의회, 주민, 도시계획위원회 위원 등, 참여 주체들이 생태도시계획에 요구되는 이념 정립과 전문성의 결여로 생태도시 조성에 필요한 정치·경제·사회·문화적 공감대를 형성하지 못함으로써 현실적인 생태도시 계획 수립과 실행에 그 한계를 드러내고 있다.

## 4 독일의 도시계획 수립 체계

### 1) 도시공간계획과 환경생태계획

기존의 도시 개발은 사업 경제성을 우선시하는 난개발의 성행과 고밀도 개발로 도시 생태계를 급속히 파괴시켰다. 이로 인해 발생되는 엔트로피(entropy: 자연물질이 변형돼 원래로 돌아갈 수 없는 현상) 증가, 물순환 체계 단절, 생물 다양성 감소 등 환경생태학적 문제점을 해결하고 생태도시를 조성하는 계획 기법 중의 하나가 환경생태계획이다. 이는 우리의 환경계획과 같다. 생태도시와 비오톱(biotope: 생물군집= bios: 생명, 생활 + topes: 장소, 공간) 개념을 바탕으로 한 환경생태계획은 도시환경의 악화가 도시 자연생태계를 훼손하게 되고, 종국에는 인간 사회의 파괴로 연결된다는 이념적 배경에서 시작돼, 1960년대 등장한 계획이론으로 환경결정론 입장에서 자연 생태적 요소에 중점을 둔 환경계획이론이다. 기본 방향은 모든 활동이 자연생태계의 법칙에 적합해야 하며, 이를 위해 정주(定住)환경 내 자연생태계 보전 및 복원 등 대상지가 지닌 자연환경 요소를 최대한 살리는 지속 가능한 생태도시 관리 및 개발에 기초를 제공한다. 이러한 환경생태계획은 도시 관리에 보전 및 복원해야 할 우수한 자연생태계 선정, 도시생태계 향상을 위한 관리 기준 수립뿐만 아니라 개발계획 수립에 지속 가능한 개발 방향 모색 등을 위해 생태적 원칙을 최대한 반영하며, 각종 계획 기준을 자연생태계에 근접할 수 있도록 설정하는 계획이다.

자연생태 원칙을 반영하는 대표적인 도시계획 사례가 독일의 환경계획(Landshaftsplanung)이다. 독일의 환경계획은 공간계획 체계와 구분돼 독자적인 계획 절차를 거치면서 주(州) 차원의 환경생태 프로그램(Landschaftsprogramm), 지역 차원의 환경생태 기본계획

(Landschaftsmasterplanung), 그리고 도시 차원의 환경생태계획(Landschaftsplan)과 녹지정비계획(Grüne Anordnung plan) 등 공간 규모별로 체계화돼 있다. 환경계획은 토지이용계획이나 지구단위계획과 같은 공간계획 수립 시, 자연 보호 및 환경관리의 목표를 고려하도록 지침을 제시하게 된다. 특히 개발로 인해 예상되는 자연 및 환경의 침해를 회피, 저감 또는 제거할 것을 명시하고 이러한 지침에 따라 토지이용계획이나 지구단위계획에 따른 피해의 대상에 대한 보전계획을 수립하도록 하고 있다([그림 2-6])(이태구 · 한영해, 2006: 90). 독일은 법체계상 공간계획 분야에서의 토지이용계획과 환경계획 분야에서 환경생태계획을 동시에 수립하고 상호 조정을 거친 후 계획을 추진하고 있다. 또한, 공간계획은 국토 단위로는 연방국토정비계획법에 따라 연방국토정비계획을 수립하며 주(州), 지역 단위에서는 국토 단위에서 주계획법에 따라 지역계획을 수립한다. 각 자치단체에서는 건설법전, 건축시행령, 계획시행령, 도시건설촉진법, 주건설시행령 등에 따라 건설기본계획을 수립할 때 세부계획으로 토지이용계획 및 지구상세계획을 수

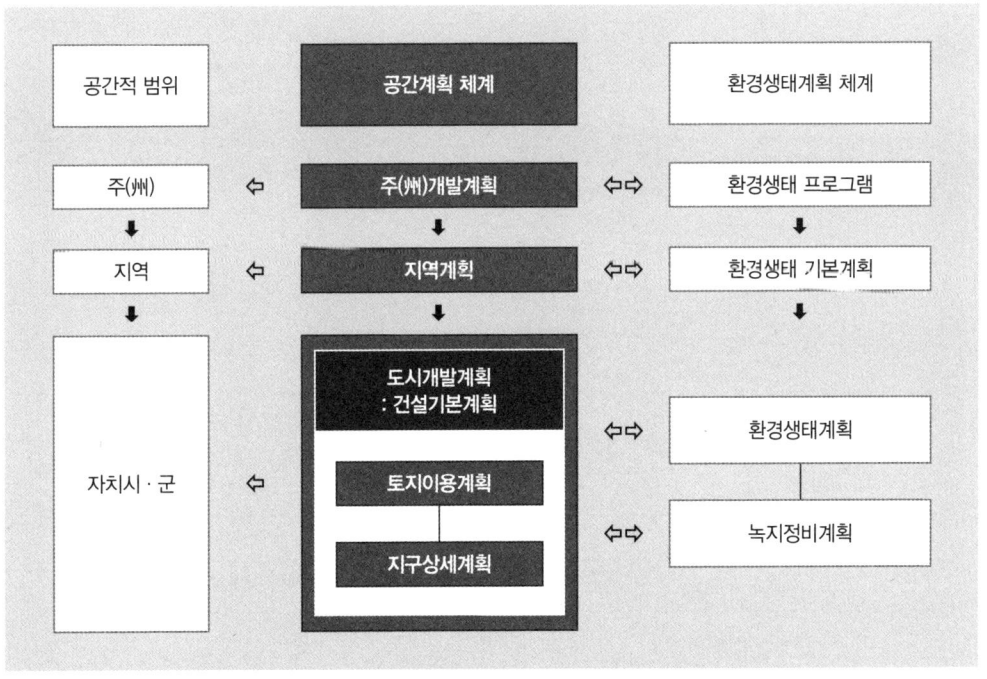

[그림 2-6] 독일 도시 개발을 위한 공간계획과 환경생태계획 관계

립한다. 개별 건축 단위에서는 건축조례에 따라 건축계획을 수립한다. 환경계획은 이러한 공간계획과 연계해서 동시에 수립하게 된다는 데 의미가 크다(한봉호, 2007: 97-99).

환경생태계획을 위한 환경생태 현황 조사분석은 자연환경 요인과 자연생태, 도시생태로 구분해서 실시한다. 자연환경 요인에는 기후·지형·지질·물 환경·경관 특성을 조사하고, 자연생태에서는 식물생태와 동물생태로 나눠 조사하며, 도시생태환경으로 토지 이용과 토양 피복·현종 식생·비오톱 유형을 조사 분석한다. 환경생태 현황 조사 분석의 결과를 도시계획에 반영하기 위한 필수적인 단계가 평가와 종합이다. 환경생태계획에서 공간평가는 실질적인 사업지구의 공간 단위별로 평가를 실시하는 것으로 자연생태계가 우수한 공간 및 생태적 잠재성이 뛰어난 공간의 보전 및 복원을 위한 평가 방법이 수행된다. 환경생태평가 및 종합 결과를 바탕으로 환경생태계획을 수립하게 되

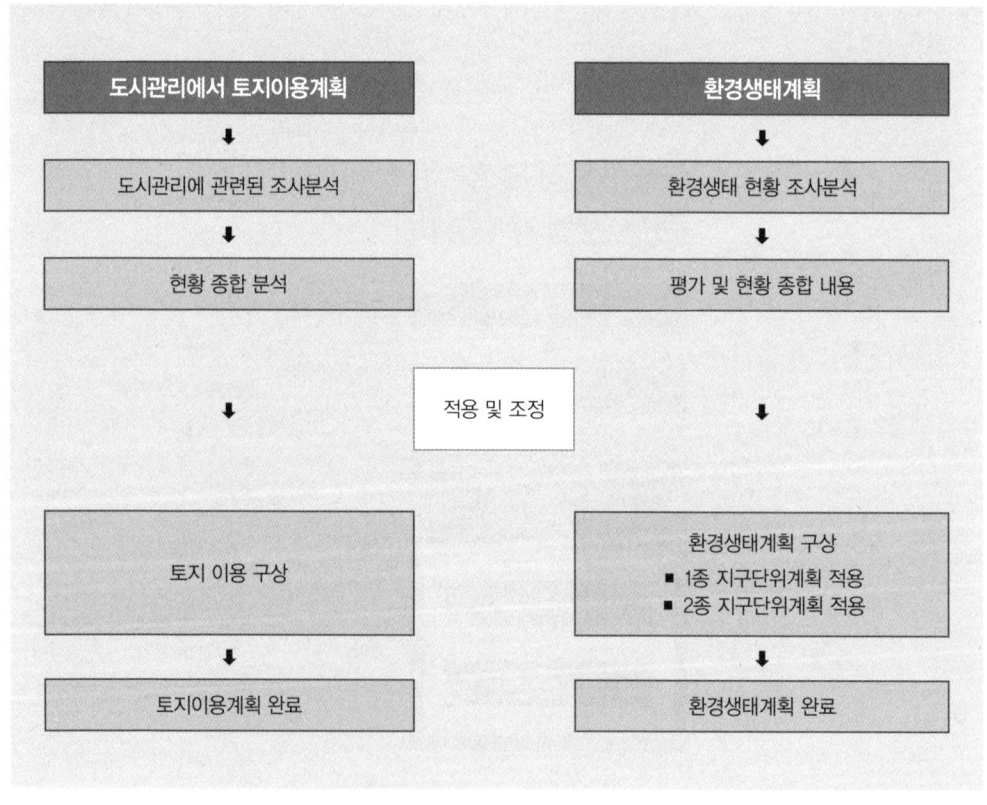

[그림 2-7] 생태적 도시관리를 위한 환경생태계획 관계 설정도

는데 계획 수립 내용은 개발 예정지 환경계획에서는 비오톱 보존 및 발전지역 구분, 생물종 및 서식처 보존계획, 생태계복원 및 서식처 보존계획, 생태계 복원 및 향상계획, 생태계 네트워크계획, 공원녹지 배치계획, 에너지 흐름계획 등을 수립한다(앞의 [그림 2-7] 참조).

## 2) 생태도시의 관점에서 독일 도시계획 수립

생태도시는 환경생태계획을 통해 최종적으로 달성하고자는 하는 근대 도시의 대안적 도시 개념이다. 독일의 생태도시 조성에서 나타나는 두 가지 특징은 하나는 도시계획과 환경계획이 연계돼 있다는 것이고, 다른 하나는 도시계획 수립 과정에 시민 참여가 형식적이고 통과의례로 끝나는 것이 아니라 자발적이고 주체적인 참여라는 점이다.

독일은 1960년 이후부터 도시계획을 수립할 때 도시계획과 환경계획과의 연계성을 가장 중시하면서 생태도시의 개념을 수용하고 있다. 특히 도시계획에서 가장 중시되는 공간·환경계획을 환경결정론 입장에서 자연생태적 요소에 중점을 둔 환경생태계획을 해왔다는 점에서는 생태도시의 근접성을 갖추고 있다. 또한, 도시계획 수립을 상위부터 아래로 국토계획과 환경계획의 계층적 연계 체계 안에서 동시에 수립하고 있다는 점에서도 도시환경의 생태적 문제를 현실적으로 해결해 나가고 있다고 볼 수 있다. 생태적 도시관리를 위한 환경생태계획에서 공간적 토지이용계획에 대응하는 환경 생태 현황 조사·분석도 구체적으로 실시, 평가하고 있다는 점이 특이하다. 즉, 공간평가는 실질적인 사업지구의 공간 단위별로 평가하고 있다.

독일의 생태도시 조성에 대표할 만한 사례는 프라이부르크시의 '보봉(Vauban)생태주거단지계획'을 들 수 있다(제3장에서 생태도시 건설 사례를 더 깊이 소개함). 우리나라로 말하자면 도시관리계획에 따른 '지구단위계획'이고 독일은 자치 단위의 '도시개발계획'에 해당된다. 프라이부르크시는 교외로의 도시 확산을 막고 지역의 심각한 주택 부족 문제를 해결하기 위해 새로운 주거단지를 개발하기로 결정했다. 보봉지구개발에 가장 큰 특징은 '배우는 계획'이라는 개념으로 많은 유연성을 가지고 진행됐다. 보봉지구 개발의 특징은 생태도시라는 관점에서 도시계획과 환경계획의 연계와 주민 참여를 통해 생태지구단지가 개발됐다는 점이다. 그 일환으로 '포럼보봉'이라는 민간 법인단체가 만들어졌다. 포럼보봉은 시당국 및 다른 파트너들과 함께 생태적·사회적·경제적·문화적 요구를 만족시키는 지역사회 개발이라는 개념에 협력적이고 참여적인 방식의 실행전략을 세우기 위해 "지속 가능한 모델지구 보봉"이라는 프로젝트를 만들었다.

이 프로젝트는 에너지 절약, 교통난 저감, 사회 통합과 지속 가능한 근린 공동체 조성 등 생태주거단지계획에 초점을 두고, 시 공무원으로 구성된 보봉사업단(5~7인), 시의회(보봉특별위원회: 각 정당 대표, 보봉자문위원회), 다른 사회 분야의 도시계획 및 생태학자들과 유기적인 협력 관계를 갖고 진행됐다. 도시계획 기초 단계에서부터 지속 가능한 인간과 자연 간의 공생이라는 생태적 이념을 구현하기 위해서 포럼보봉과 자치단체 간의 정기적인 회의가 수시로 열렸고, 환경문제와 생태녹지계획 등 필요하다면 라운드 테이블이나 워크숍을 개최하기도 했다. 이런 과정에서 프라이부르크 마케팅 지침과 포럼보봉의 자문, 그리고 마스터 플랜에 계획된 비교적 '중범위 규정'에 따라 구속되기도 하고 지원받기도 했다. '중범위 규정' 개발 대상지의 전반적인 구조, 건물의 높이, 에너지 절감 기준, 교통 체계 구상, 빗물 침투, 건물 전면과 옥상 녹화와 같은 환경성 항목들이다. 또한. 보봉단지에서 건축을 하고자 했을 때 건축을 규정하는 요소들과 생활할 때 지켜야 할 생태적 규범 요소가 건축조례로 상세히 규정돼 있다. 즉, 태양광 에너지나 빗물 이용을 비롯한 생태주택 건설 요소, 녹지 면적 규정, 주차장 부지의 사용 문제, 주차장 이용에 관한 문제, 주거단지 내 주차 시간과 제한 사항 등이 모두 조례 속에 기술될 정도로 공동체 합의 수준이 매우 높음을 알 수 있다(박길용, 2005).

기존의 도시계획은 자치단체의 상의하달식의 일방적 계획이 되다 보니 지역 주민이 원하는 생태적 환경이 아니라 끼워맞추기 식의 요식행위 계획에 지나지 않는다. 생태도시의 조성은 기초조사 이전부터 주민이 민주적 의사결정 방식에 따라 지역의 환경용량에 대한 부하(負荷) 및 환경의 질(質)을 반영한다는 인식에 따라 주민의 생태적 이념과 원칙을 공유·확인하고, 도시계획 과정 전반에 걸쳐 주민 참여를 통해 이뤄진다는 점이 특징이다. 주민 참여는 생태도시 조성의 성패에 관건이다. 왜냐하면, 주택을 비롯한 제반 기반시설의 생태공간계획과 생활할 때 지켜야 할 생태적 규범 요소를 주민의 합의에 따라 조례로 제정되기 때문이다. 이런 점에서 '보봉생태주거단지계획'은 성공적인 생태도시 지구계획의 좋은 사례가 될 수 있다.


## 제4절  독일 생태도시계획의 시사점과 우리의 과제

 생태도시계획의 관점에서 독일과 우리나라가 가지고 있는 한계점을 살펴보고, 독일 생태도시계획의 시사점을 토대로 우리나라 생태도시 조성을 위한 몇 가지 과제를 제시해 본다.


### 1 생태도시계획의 관점에서 양국의 한계점

 생태도시계획의 관점에서 독일이나 우리나라 모두 한계성을 갖고 있다. 생태도시 건설에 전범(典範)으로 알려진 독일의 경우, 생태도시계획에서 지향하는 이념적 가치가 아직도 서구의 합리성과 인간중심주의 이념을 크게 벗어나고 있지 못하다는 점이다. 또한, 기존의 구(舊)도시들은 이미 수백 년 전에 건설됐기 때문에 생태적 이념이나 생태적 도시계획 요소들이 반영돼 있지 않다. 특히 도심의 역사와 특색을 보존·유지하는 데 큰 가치를 두고 있어 임의로 도시공간 및 구성물을 재구성할 수 없다는 점에서도 한계가 있다. 그러나 현재 기존 구도시도 가능한 한 생태도시에 근접하는 계획 내용을 건축조례로 점차 제정해 주의 깊게 접근하고 있다. 신도시나 도시재개발의 경우는 도시계획과 환경계획 간의 연계성의 토대 위에 생태 원칙에 충실한 도시 개발을 지향하려는 것 같다. 다만 지구단위계획에 대응하는 환경계획을 녹지정비계획으로 본 것은 환경계획을 지나치게 협소하게 해석한 것이 아닌가 싶다.

 1990년 이후, 우리나라는 생태도시계획을 새로운 도시 개발 패러다임으로 관심을 보이고 있지만, 아직도 기존의 개발 지향적인 도시계획 개념을 크게 벗어나지 못한 명목적 생태도시 계획에 머물고 있다. 특히 생태도시 조성에 가장 핵심적인 내용이라 할 수 있는 도시계획과 환경계획 간의 연계성이 미약하고, 자치 환경보전계획과 지방의제 21, 시·군정계획 등, 내용이 유사하고 중복되는 개념이 너무 많아 상충 또는 혼란을 초래하고 있다. 또한, 생태도시계획 과정과 방법에 대한 모형의 개발이 잘 연구되지 않아서 생태도시계획 이념에 대한 올바른 인식 및 주민의 공감대 형성에 어려움이 많다. 생태도시계획 수립 과정에서도 도시생태학 전문가의 결여로, 중구난방식의 도시계획이 생태도시의 본질을 훼손하고 있다. 주민 참여도 대부분 형식적이고 의례적이라는 점이 생태도시 조성의 근본적인 한계라고 볼 수 있다.

## 2 생태도시 조성을 위한 우리의 과제

생태도시 조성을 위한 독일 도시계획에서 볼 수 있는 시사점은 크게 두 가지임을 앞에서 밝혔다. 이들의 시사점을 통해서 향후 우리나라의 생태도시 건설을 위한 도시계획적 접근에서 나아가야 할 방향 및 과제를 몇 가지 제시해 보면 다음과 같다.

첫째, 도시계획과 환경계획과의 연계성을 통한 생태도시 건설을 지향해야 한다. 우리나라의 생태도시 조성에서 가장 큰 한계점은 앞에서도 지적한 바와 같이 양자가 괴리돼 있다는 점이다. 환경정책기본법에 따르면, 환경계획 체계는 국가환경종합계획, 시·도환경보전계획, 시·군·구환경보전계획의 3단계로 구축돼 있어 국토계획 체계와 상호 연계될 수 있는 외형적인 틀을 갖췄다고 볼 수 있다. 그러나 실제로 양자 간의 연계된 도시계획 수립이 되지 않고 따로따로 놀고 있다. 이와 더불어 도시계획상 생태도시의 범위가 도시계획, 단지계획, 지구계획 중 어느 수준에서 검토해야 할지에 대한 연구도 필요하지만, 현행 우리의 도시관리계획은 대부분 지구단위계획을 수단으로 수립되고 있다. 도시계획과 환경계획과의 연계는 지구단위계획 단계에서 이뤄지는 것이 합당한데, 그 이유는 지구단위계획을 통해 유형화된 개별 개발사업의 계획에서 각 상황에 맞는 환경 영향에 대한 대응이 가능해지기 때문이다.

현실적으로 지구단위계획 자체 내에서 실시하는 환경성 검토 내용이 도시계획에 반영하는 방식이지만 환경성 검토 항목이 지역과 관련 없이 획일적으로 정해져 있고 형식적으로 운영되고 있어 큰 의미가 없다. 지구단위계획에 대응하는 환경관리계획을 생각해 볼 수 있지만, 지구단위계획에 상응하는 환경계획이 구체화돼 있지 않아서 문제가 된다. 따라서 장기적인 관점에서 양 계획 간의 통합관리를 위해서는 도시계획 상위법의 테두리 안에서 환경계획이 동시에 수립되고, 특히 지구단위계획에서 지속 가능한 생태적 원칙과 평가 기준에 부합한 환경 관련 항목들을 포함시키고 도시계획조례에서도 반영해 관리할 필요가 있다.

둘째, 생태도시계획 과정과 방법에 대한 다양한 가시적인 생태도시 모형 개발이 이뤄져 기존 도시와의 차별성이 제시돼야 한다. 특히 우리나라는 대부분 근대화 과정에서 급성장한 도시들이기 때문에 새로운 도시 개발이라기보다는 재생이 많아 생태도시 조성에 어려움이 많다. 따라서 도시계획과 환경계획 간의 직접적인 연계 없이 생태계획적 요소를 도시계획에 반영하는 방법이 될 것이다. 기존 도시를 어떻게 생태도시에 근접하게 재생할 것인가에 대한 모형 개발이 조속히 지역에 따라 이뤄져야 한다. 이 과정에서 많은 사회적 갈등을 유발할 수 있다. 성장주의에 익숙한 도시민들은 생태도시의 조성이, 혹 지역경제의 낙후로 이어지지 않을까 염려돼 반대가 커질 수 있고, 민간기업의 경제적 효율성 저하에 대한 반발도 예상할 수 있다. 경제적 요인 이외에 정치·사회·문화 등의 측면에서 요구되는 과제들을 충분히 검토해야 생태도시의 모형 개발에 성공할 수 있다. 따라서 이들을 극복할 수 있는 방안은 우선 기존 도시계획과 생태도시계획과 비교 논의를 통해 생태도시가 가져다주는 이점과 이에 따른 공감대 형성이 이뤄지도록 해야 한다. 다음으로 생태도시계획 과정과 방법([그림 2-3 참조])에서 '공간·환경계획'뿐만 아니라, '사회부문계획'도 함께 고려하는 지역 현황 조사분석을 통해 과제 도출이 이뤄져야 한다.

셋째, 생태도시 조성을 촉진하려면 중앙정부와 지방정부와의 역할 분담에 대한 연구가 있어야 한다. 여기엔 크게 하향식과 상향식이 있을 수 있는데, 생태적 이념을 충실히 반영해 도시를 계획하는 데는 상향식이 중심이 돼야 한다. 왜냐하면, 생태도시 조성 추진 주체는 해당 자치단체이기 때문에 필요한 기술 검토, 소요 예산 확보, 지역 주민 및 관계 전문가의 의견 수렴, 세부 시행계획 수립 등이 필요하기 때문이다. 다만 국민 전체의 삶의 질을 높이고 이러한 새로운 시책 개념을 확산시키기 위해 중앙정부 차원에서 권장하고 지원하는 방안 모색이 필요하다.

넷째, 독일의 프라부르크시의 '보봉생태주거단지계획' 사례에서 본 바와 같이 생태도시 조성의 관건은 '주민 참여'다. 현재 우리나라의 도시계획 수립은 대부분 자치단체가 일방적으로 수립한 후, 주민공청회(설명회), 주민 공람 및 시의회 청취, 시·도도시계획위원회 자문 등 모두 형식적이고 의례적인 경우가 많다. 생태도시계획은 지속가능성의 5대 원칙(미래성·자연성·참여성·형평성·자급성)이 구현되는 유기체적이고 생태적 원칙(순환성·다양성·자립성·안정성)을 가진 인간과 자연이 조화되는 공생의 도시계획이다. 따라서 주민 참여를 통한 생태도시계획은 이들 원칙을 실현하는 데 가장 적합한 절차라고 볼 수 있다. 자치 조례에서 특정 지역 개발행위는 대부분 도시계획 중 지구단위계획을 통해 행해진다. 지구단위계획은 도시계획 수립 시에 환경계획을 동시에 수립하지 않기 때문에 계획 수립 단계에 인접 지역과의 환경적 상관 관계와 사업 시행으로 인해 환경 영향과 지역 환경용량을 충분하게 고려하지 못하고 있다. 이에 대한 방안으로 주민 참여를 통해서 지구단위계획을 만들 때 적극적인 역할이 필요하다. 지역 주민이 주체가 돼서 생태도시 조성에 비전과 방향을 제시하고, 구체적인 목표에 따라 생태도시계획을 작성하며, 계획 실행에 따른 주기적인 모니터링 및 평가가 지속적으로 이뤄졌을 때 생태도시 건설이 가능하다.

## 제5절 결론

생태도시계획은 단순히 도시 환경문제를 해결하는 데 멈추지 않고, 생명과 지속성을 바탕으로 한 도시 내의 정치·경제·사회·문화의 전반에 걸쳐 미래 세대의 이익을 고려하는 도시계획을 말한다. 이 장에서는 생태도시 조성을 위한 한국과 독일의 도시계획적 관점에서 비교·분석해, 향후 우리가 지향해야 할 바람직한 생태도시계획에 필요한 과제를 도출해 보고자 했다. 생태도시는 기존 근대 도시가 추구한 이념을 극복하고 녹색 성장의 가치를 실현하는 대안적 도시 개발 패러다임이라 할 수 있다. 기존의 도시가 요소·투입형의 경제 구조를 지닌 양적 성장과 경쟁과 경제적 효율에 바탕을 둔 신자유주의, 인간과 자연이 분리된 이원적이고 기계적인 공간구조를 가진 인간중심주의 도시였다면, 생태도시는 인간과 자연의 공생과 순환, 생태적 효율성을 중시하는 전일적이고 유기체적인 생태중심주의 도시라고 할 수 있다. 좀 더 넓은 의미에서 도시가 경제와 기후변화, 에너지의 선순환이 유지되는 생태적 원칙이 녹아 있는 지속 가능한 녹색 성장 도시라고 할 수 있다. 우리나라는 현재 대부분 도시가 압축 성장 과정에서 형성된 환경이 전혀 배려되지 않은 전형적인 인간중심주의 도시다. 도시로부터 삶의 행복과 공간의 녹지복지를 기대할 수 없는 아파트 도시가 됐다. 주민의 자연복지와 공간의 인권을 찾을 수 있는 생태도시 복원이, 우리 앞에 놓인 풀어야 할 최대의 시급한 과제다. 이 시급한 과제를 무거운 책무로 받아들이고 현재 우리가 안고 있는 도시계획과 환경계획 간의 괴리와 상충을 메울 수 있는 대안을 마련해야 한다.

즉, 상위 국토계획 체계와 서로 연계성을 갖고 도시계획과 환경계획이 장기적으로 통합관리되는 방향으로 나가야 할 것이다. 이와 더불어 기존의 팽창주의 도시 개발의 악순환을 밟지 않고, 21세기 새로운 생태문명의 패러다임에 부합한 생태도시 건설이 우리의 담론이 돼야 할 것이다. 생태도시 조성의 공감대 형성을 위해 모든 주민이 생태도시 철학을 학습하고, 생태도시 건설에 적극적 참여를 통해 지역의 생태자본을 발전시켜야 한다. 또한, 성공적인 생태도시 구현을 위해서 외국 선진 입법과 사례 연구를 통해 참조할 만한 것은 수용해야 하겠지만, 무턱대고 모방하거나 도입해 예산 낭비를 초래해서는 안 된다. 우리나라가 안고 있는 현 기존 도시의 상황과 지역 형편을 충분히 고려해 '사회부문계획'과 '공간·환경계획'을 과학적인 조사분석을 통해 우리 실정에 적합한 생태도시 개발 과제를 도출해 실행했을 때 성공할 수 있다. 결론적으로 향후 우리나라의 생태도시 건설은 생명과 지속성의 가치에 바탕을 둔 생태적 원칙이 주민 참여를 통해 도시계획 과정에서 도시계획과 환경계획이 연계되도록 구체적으로 설계돼야 할 것이다.

## 제1편 참고 문헌

김귀곤(1993). 『생태도시 계획론: 에코폴리스계획의 이론과 실제』. 대한교과서주식회사.
김균진(1989). 자연은 하나님이 주신 것이다. 『신앙세계』. 7월.
김수봉(2002). 『인간과 도시환경』. 대영문화사.
김일태(2005). 생태도시 조성을 위한 추진 전략.
김창길·정학균(2008). 농업부문 녹색성장의 개념과 추진과제. 『녹색성장심포지엄 발제자료』. 한국농촌개발연구원.
김해창(2003). 『환경수도 프라이부르크에서 배운다』. 이후.
노춘희(1987). 『도시학개론』. 형설출판사.
노춘희·김일태(1993). 『도시학개론』. 형설출판사.
녹색사회연구소(2007). 『생태도시 길잡이』.
뉴 톰슨(1988). 『관주 주석성경(The New Thompson, Annotated-Chain Reference Bible)』. 성서교재 간행사.
도널드 휴즈(Donald Hughes) 지음, 표정훈 옮김(1998). 『고대문명의 환경사』. 사이언스북스.
문순홍(2006). 『생태학의 담론』. 아르케.
박길용(1997). 환경문제와 노장사상. 『환경정책논집』. 5(2).
_____(2003). 지속가능한 도시공원 녹지정책. 한독사회과학회.
_____(2005). 『독일환경수도 Freiburg Vauban 생태주거단지 연구보고서』.
_____(2005). 생태도시 조성방안. 2005년 제천시 지역혁신기획심포지엄, 세명대 인문사회과학연구소.
_____(2009). 『현대환경학』. 대영문화사.
_____(2014). 『현대환경학』. 대영문화사.
_____(2019). 『생태자본과 공생행복』. 커뮤니케이션북스.
박종화(1995). 생태도시 조성의 필요성과 방안. 서울시정개발연구원 개원 3주년 기념세미나. 「서울시정의 당면과제와 정책방향」.
서울대학교·UNDP·과학기술처·(주)대우(1996). 『생태도시계획지침』.
송상용(1997). 『서양과학의 흐름』. 강원대학교출판부.
시민사회연구소(2001). 『생태도시로 가는 길』.
양병이(1992). 환경보존도시 조성을 위한 계획 방향. 「지속가능한 개발과 생태계 복원」. 한국조경학회 심포지엄 초록집.
유진 하그로브(Eugene C. Hargrove) 지음, 김형철 옮김(1994). 『환경윤리학』. 철학과현실사.
이강수(1996). 老莊哲學의 自然觀. 『동양사상과 환경문제』(공저). 모색.
이창우(2005). 도시계획과 환경계획 간의 연계성 제고 방안. 한국환경정책학회학술대회.

이태구·한영애(2006). 한국과 독일의 분산식 빗물관리를 위한 제도 비교 연구. 한국조경학회.
이필렬·이중원(2002). 『인간과 과학』. 한국방송통신대학교출판부.
장춘익(1999). 생태문제와 인문학적 상상력. 『생태철학: 과학과 실천 사이의 지적 상상력』. 나남.
제프리 힐(Geoffrey M. Heal)(2014)지음, 이동구 옮김(2018). 『자연자본』. 여문책.
전헌호(1994). 환경문제에 관한 신학적 소고. 『신학전망』. 제106호.
정수복(1998). 21세기 대안사회의 구성 원리와 패러다임 전환. 『환경과 생명』.
진교훈(1988). 『환경윤리』. 민음사.
조용훈(1996). 개발문제와 기독교 사회윤리. 『신학사상』. 봄호. 한국신학연구소.
조셉 에드워드 드 스타이거(Joseph Edward de Steiguer)(2006)지음, 박길용 옮김(2008). 『현대 환경사상의 기원』. 성균관대학교출판부.
최상철(1985). 서울 도시 기능과 구조의 개편 방향. 『도시문제』. 대한지방행정공제회.
최영국 외(2002). 「국토계획과 환경계획체계의 연계방안 연구」.
피터 싱어(Peter Singer)지음, 황경식·김성동 옮김(1993). 『실천윤리학』. 철학과현실사.
피터 싱어 지음, 김성한 옮김(1999). 『동물해방』. 인간사랑.
한국도시연구소(2004). 『생태도시론』. 박영사.
한봉호(2007). 도시의 미래 환경생태계획. 『생태도시 길잡이』. 녹색사회연구소.
환경부(1996). 『생태도시 조성 기본계획 수립을 위한 용역사업』.

老子. 『道德經』.
『孟子』. 〈梁惠王〉上
朱熹·呂祖謙. 『近思錄』 〈道體編〉

Atkinson, Adrian(1991). *Principles of Political Ecology*. London: Belhaven Press.
Beatley, Timothy(2000). *Green Urbanism: Learning from European Cities*. Washington D.C: Island Press.
Boughey, A. S.(1975). *Man and the Environment*. 2nd ed. Macmillan.
Brabazon, James(1975). *Albert Schweitzer: A biography*. G. P. Putnam's Sons.
Breheny, Michael. J.(1992).(ed.). *Sustainable Development and Urban Form*. London: Pion Limited.
Burtt, E. A.(1950). *The Metaphysical Foundation of Modern Physical Science*.
Capra, Fritjof(1982). *The Turning Point*. Simon and Schuster.
Carter, Alan(1993). Towards a Green Political Theory, in Andrew Dobson & Paul Lucardie. *The Journal of Applied Philosophy*.

Devall, B. & Sessions G.(1985). *Deep Ecology*. Salt Lake City: Peregrine Smith Books.

Dobson, Andrew(1990). *Green Political Thought*. London: Unwin Hyman Ltd.

Gordon, David(1990). *Green-Ecologically Sound Approaches to Urban Space*. New York: Black Rose Books.

Hough, Michael(1984). *City Form and Natural Process*, London: Croom Helm.

_____(2005). What is Green City. D. Gordon (ed.). *Green City*. Black Rose Books.

Howard. Ebenezer(1986). *Introduction to the Garden City*. MIT Press.

Kelman, Steven(1993). Moral Domains, Economic Instrumentalism, and the Roots of Environmental Values, in John Martin Gillroy, *Environmental Risk, Environmental Values and Political Choices*, Boulder: Westview Press.

Luke, Tim(1988). The dreams of deep ecology. *Telos*. 76: 05-92.

Milbrath, Lester(1984). *Environmentalists: Vanguard for a New Society*, Albany: State University of New York Press.

Moltmann, Jürgen(1985) *Gott in der Schöpfung. ökologische Schopfungsglaube*, München.

Morris, David(1982). *Self-Reliant Cities-Energy and the Transformation of Urban America*, San Francisco: Sierra Club Books.

Naess, Arne(1973). The Shallow and the Deep, Longrange Ecology Movement, *Inquiry*, 16.

_____(1990). Sustainable Development and Deep Ecology, in J. Ronald Engel & Joan Gibb Engel(ed.), *Ethics of Environment and Development*, Tuscon: The University of Arizona Press.

Pepper, David(1984). *The Roots of Modern Environmentalism*. London: Groom Helm Ltd.

Sorrell, Roger D.(1998). *St. Francis of Assisi and Nature*, Oxford University Press.

Sterling, Stephen(1992). Towards an Ecological World View, in J. Ronald England & Joan Wadebridge, Cornwall: The Wadebridge Press.

Urban Ecology Australia Inc.(1994). The Halifax Eco-City Project.

White Jr., Lynn(1967). The Historical Roots of Our Ecological Crisis, in *Science*, March 10.

Zimmerman, Michael E.(1993). General Introduction, in M. E. Zimmerman. etc.(eds). *Environmental Philosophy: From Animal Rights to Radical Ecology*, Englewood Cliffs: Prentice-Hall.

Ecocity Studies

# 02편

# 생태도시 접근 연구

# 03장 생태도시 건설 사례

## 제1절 '보봉생태주거단지' 개발 : 협력적 거버넌스 참여 과정 분석

### 1 서론

1980년대 세계화·정보화·지방화에 따라, 특정 국가나 사회의 부분에 국한되지 않고 통치구조 환경은 급격한 변화를 맞이하게 됐다. 행정혁신뿐만 아니라 도시관리의 패러다임에서도 그간의 불도저식 개발주의 시대의 이념인 효율성보다는 형평성, 개발보다는 환경 보전 등 인간의 삶의 가치에 비중을 두는 방향으로 전환되고 있다. 따라서 미래의 도시 모습을 결정하고 관리해 가는 문제가 정부뿐만 아니라 시민의 몫으로 돌아가기 시작했다. 즉, 공공 개발사업이나 도시문제 해결에 대해 다양한 집단의 공통된 이해관계가 확보되지 않고서는 저항과 갈등이 증폭되고 사회적 비용을 증대시키는 환경이 되면서, '협력적 거버넌스(collaborative governance)'의 중요성이 전면에 부각되기 시작했다.

이는 향후 크고 작은 국책사업이나 지역 도시관리사업을 시행할 때 새로운 접근 방식이 될 수 있다. 즉, 공공 개발사업에 성공적인 협력적 거버넌스를 통해 사회적 갈등과 비용을 최소화하고 합리적인 문제 해결을 유도할 수 있는 방향을 찾는 데 기여할 수 있다. 우리나라도 그간 많은 학자가 협력적 거버넌스의 관점에서 다양한 정부 정책사업의 성패를 평가해 왔지만, 참여의 실효성 확보 방안에 대한 구체적 적용의 유용성이 매우 미흡하다는 점을 알 수 있다. 이는 이론을 바탕에 둔 사업의 계획화가 아니라 사업 결과에 따른 이론의 적합성을 평가했기 때문이다. 오늘날 모든 공공사업이나 도시 개발에서 우선시해야 할 점은 실질적 실효성 측면과 형식적 절차 측면의 양자 모두에서 참여와 협력을 이끌어 낼 수 있는 협력적 거버넌스의 구축이라는 점이다. 양자 모두 고려하는 전반적인 참여 과정을 검토함으로써 사업의 성패를 판단해야 한다(공동성 외, 2015: 44). 따라서 이 연구의 목적은 협력적 거버넌스의 관점에서 세계적으로 주목받고 있는 프라이부르크 '보봉(Vauban)생태주거단지' 개발 과정을 대중의 수용성 측면과 과정의 효율성 측면을 로우와 프리워(Rowe & Frewer, 2000)의 시민 참여 과정 평가 기준에 따라 분석하고, 성공적인 협력적 거버넌스의 모델을 제시하면서 이론적·정책적 함의를 찾는 데 있다. 연구의 진행은 우선 협력적 거버넌스의 이론적 논의를 통해 국내외 선행 연구와 도시개발정책과 관련해서 유의미성을 살피고, 연구 방법은 관련 문헌 자료(보봉 주민연대 홈페이지, 지역신문, 프라이부르크시 발간 자료 등), 현지 방문을 통한 주민 면담 등으로 이뤄졌다.

## 2 협력적 거버넌스의 이론적 논의

### 1) 협력적 거버넌스 선행 연구

거버넌스(governance)의 개념은 1980년대에 민간과 정부 간 파트너십을 강조하면서 자리를 잡기 시작해, 1990년대에는 정부 개입의 축소에 따른 공공 부문의 민간 부문 도입, 2000년대 들어와서는 공공문제를 해결하는 행정혁신 방안으로 변화해 왔다(김광구,

2009). 이 같은 역할의 변화에도 거버넌스의 본질적 개념은 공공문제를 기존의 공식적인 정부의 계층제적 관료조직에 의존해 독점적으로 해결하려고 하기보다는 계층제 외에 새로운 행정 방식인 정부와 민간 부문 및 비영리 부문 간의 협력적 네트워크를 통한 시민 참여와 상호작용을 중시한다(이종수 외, 2014). 제숍(Jessop, 2000: 15)은 거버넌스를 논의하면서 정부실패와 시장실패에 대한 대응으로서 시장과 정부라는 이분법적 사고방식에서 탈피하고 시장, 사회, 시민사회 등 상호 의존적 행위 주체들 간의 수평적이고 협력적인 조직이라고 설명하고 있다. 이는 정부와 시장, 다양한 시민사회 공동체 간 신뢰를 토대로 자율적이고 자발적인 협력 네트워크를 통해서 대화, 협상, 조정 등의 방식에 따라 문제 해결 방안을 모색하는 것이다. 제3의 조정 양식으로 거버넌스는 강제력에 의존하지 않는 정치적 권위(political authority)의 존재라고 할 수 있다. 즉, 시장과는 달리 정치적 권위에 의한 법적 강제력이 아닌 자발적 협력을 바탕으로 한 사회적·규범적 강제력에 의존해 조정된다는 점이다. 이러한 의미에서 거버넌스는 '보이는 협력의 손(visible handshake)'이다. 피터스와 피에르(Peters & Pierre, 1998)에 따르면, 정책결정을 할 때 정부 주도의 통제와 관리에서 벗어나 다양한 이해관계자(stakeholders)가 주체적인 행위자로 협의와 합의 과정을 통해 정책을 결정하고 집행해 나가는 사회적 통치 시스템으로 정의한다. 거버넌스의 시각은 이러한 참여적·분권적 조종 방식이 기존의 관료제에 비해 전문성, 책임성, 효율성 등의 측면에서 좀 더 효과적으로 문제를 해결할 수 있는 방식이라 주장한다.

최근 거버넌스에서 '참여'가 가장 중요하게 부각되고 있기 때문에 다양한 유형의 거버넌스 중 하나인 협력적 거버넌스가 각종 국가 공공정책사업을 추진할 때 많이 논의된다. 협력적 거버넌스는 정부 주도의 일방적인 정책결정과 집행에서 벗어나 공적이나 사적인 이해당사자가 공적 포럼에서 소통과 의견 조율을 통해 의사결정에 합의점을 도출하는 과정을 의미한다. 이 과정은 의견 수렴과 심의의 집합 의사결정 과정을 통한 공공정책이나 프로그램의 수행을 목적으로 한다. 여기서 중요한 부분은 사적인 이해당사자가 단지 정부기관의 상담 대상이 아니라 직접적인 의사결정 참여자로 공적·사적 참여자들의 합의를 통한 의사결정의 주체다. 사적 참여자의 의사결정에서의 참여는 정책 결과에 대한 실질적인 책임을 전제한다. 이명석(2010)에 따르면, 협력적 거버넌스는 몇 가지의 특성을 지닌다. 즉, 공공기관이 주도하는 공공문제의 해결과 관련된 상호작용, 비정부조직이나 사회구성원의 참여, 이해관계자들의 단순한 의견 제시나 상담 이상의 직접적인 참여, 공식적으로 조직되는 집합적인 행동, 상호 의견 일치의 추구 등이다. 이상의 특징을 종합해 보면 다양한 이해관계자의 참여가 협력적 거버넌스의 핵심 요소다.

그간 국내에서 협력적 거버넌스에 대한 선행 연구들을 살펴보면 박현준·이인원(2009)은 "지역개발정책 수단으로서 협력적 지역 거버넌스의 형성"에 관해 논의하고 있으며, 채종헌·김재근(2009)은 "공공갈등에서 협력적 거버넌스의 구성과 효과"에 관해 연구하고 있다. 그 밖에 정문기(2009)는 "지역 개발의 협력 거버넌스," 손동욱(2008)은 "도시재생사업과 주민 참여," 이영아(2010)는 "영국의 사회경제적 도시재생," 김선아·정문기(2012)는 "지자체장의 교체와 비선호시설 입지정책 결정 변화," 박영주(2000)는 "뉴거버넌스와 사회계약, 시민, 정부, 시장 간 역할과 책임의 모색," 김정렬(2000)은 "정부의 미래와 거버넌스, 신공공관리와 네트워크," 문성진(2013)은 앤셀과 개시(Ansell & Gash)의 협력적 거버넌스를 모델을 통한 "서울역 고가도로 공원화 사례분석" 등 거버넌스 적용에 관한 국내 연구가 지속적으로 이뤄지고 있다.

국외에서도 공공 부문의 변화를 가장 잘 나타내는 용어 중의 하나는 거버넌스다. 제솝(Jessop, 2000)은 기존의 행정이나 정책의 독점과 계층제를 넘어 새로운 행정 방식으로서 참여와 상호작용을 논의하고, 앤셀과 개시(Ansell & Gash, 2007)는 공식적이고 상호적인 집합적 정책결정 과정에 공공기관과 비공식적인 이해관계자들의 의미를 연구했다. 또한 로우와 프리워(Rowe & Frewer, 2000)는 참여 과정을 평가하는 아홉 가지 기준을 제시하면서 협력적 거버넌스의 이론화에 크게 기여했다. 이외 버제스와 클라크(Burgess & Clark, 2009)는 환경정책 결정 과정에서의 참여 과정의 평가, 블래켈리와 에칸스(Blakeley & Ecans, 2009)의 도시재생 프로젝트에서의 참여 방법 등 다양한 공공정책 집행에 적용되는 이론들이 해외에서도 활발하게 연구되고 있다.

## 2) 도시개발정책과 협력적 로컬 거버넌스

오늘날 도시정책의 수립, 도시 개발과 각종 도시문제에 대해 과거에는 정부가 독자적으로 하던 일을 지금은 시장이나 시민사회과 함께 추진하는 다양한 틀과 관리 방식, 협상, 네트워크 등이 필요하게 됐다. 그리고 이러한 다양한 집단의 공통된 이해관계가 확보되지 않고서는 사업의 지속성을 유지하기가 어려운 환경으로 변했으며, 다양한 이해당사자 중 일방을 배제하고서는 성공적인 정책이라고 평가받기 힘들다(공동성 외, 2015: 47). 시민이 배제된 정부 주도적 개발은 저항이 크고, 정책 집행을 지연시킴으로써 행정비용뿐만 아니라 추후 사회적 비용을 증대시킬 수 있다. 특히, 특정 지역 단지 개발과 도시재생에서는 도시의 물리적 재생뿐만 아니라 환경적·경제적·사회문화적으로 개선해 활력이 저하된 기능을 회복시키고 경쟁력 있는 정주환경으로 재창조하는 것을 목적으로 하므로 주민의 참여는 더욱더 필수적이라고 할 수 있다(주택도시연구원, 2006). 또한 상시적으로 일반 시민과 전문가들이 참여하는 시민 포럼과 시민위원회라는 새로운 의사결정 시스템을 구축해 도시계획 입안 과정에서도 시민의 의견이 충분히 반영되도록 해야 한다. 시민 포럼과 시민위원회는 시민단체들이 사안별로 연대하는 모임이며 동시에 도시정부와 접촉해 문제를 함께 풀어가며 일반 시민들의 참여를 유도하는 시민 참여의 장(場)이 될 수 있도록 해야 한다(박병식 외, 2009).

도시 개발에서 사업의 성격과 특징에 따라 기본 방향, 개발 목표, 개발 상세 전략 및 개발 수단이 다를 수 있다. 특히 친환경적인 도시 개발의 경우는 오픈 스페이스(open space)와 더불어 경관계획, 에너지, 사회경제적 요건이 까다롭기 때문에 지역 주민의 참여가 매우 중요하다. 따라서 지역 도시개발정책과 관련해 협력적 로컬 거버넌스(local governance)의 중요성이 부각된다. 이 연구는 프라이부르크시의 보봉(Vauban)지역 도시개발 과정에서 이해관계자들의 참여와 협력에 모형이 될 수 있는 사례를 분석하기 때문에 더욱 로컬 거버넌스의 필요성이 제기되고 있다.

로컬 거버넌스의 개념은 분석 공간 및 분석 내용에 따라 분류된 거버넌스의 한 유형이다. 이 용어는 영국 지방정부의 목적과 역할이 변화되기 시작하는 초기의 개념을 이해하기 위해 스토커(Gerry Stoker)가 사용하면서 비롯됐다. 그는 로컬 거버넌스의 개념은 서비스 전달이라는 측면보다는 지방정부의 정치적 활동공간으로 이해하려는 입장이다(Stoker, 1998: 10-11). 즉, 지역에서는 분화되고 자율성 있는 비정부조직 단위들이 지속적으로 증가하고 있으며, 지방정부와 자율적 비정부조직 간의 상호 협력을 통해 정부나 비정부조직이 독자적으로 수행했을 경우 얻지 못하는 편익을 공동으로 달성하려는 것이다. 따라서 로컬 거버넌스의 핵심 개념은 정부 부문과 비정부 부문 간의 지속적 상호작용을 전제로 하며, 이들 간의 공유된 목적과 가치 체계를 바탕으로 지역적으로 발생하는 다양한 사회문제를 해결하려는 특징을 지니고 있다(Stoker, 1998 : 40-41). 또한 분석적 시각이 초국가적·국가적 의미보다는 지역적 의미를 가지고 있다는 데 특색이 있다.

로컬 거버넌스는 거버넌스 현상이 일국 내의 특정 지역에서 이뤄지고 있다는 공간적 차원의 의미를 넘어 해당 지역에 거주하는 주민들의 직접적인 참여와 권한 행사를 중시하는 개념이다. 즉, 지방자치 차원에서 이해관계자와 주민이 직접 정책 또는 공동문제 해결의 모든 과정에 주도적으로 참여하는 거버넌스 모델을 상정하고 있다. 상당수의 로컬 거버넌스 연구는 해당 지역의 문제를 지역 주민과 지방정부가 함께 해결하는 협력적 로컬 거버넌스 모델을 제시하면서 이를 실현하기 위한 정부와 지역 주민사회의 역량과 역할을 주목하고 있다. 각종 지역 정책, 지역개발사업, 도시재생사업, 생태주거단지 개발, 마을 만들기 등 다양한 사례에 협력적 로컬 거버넌스 개념을 적용하면서 네트워크 구축, 참여 및 협력의 유도, 조종(steering), 성과 지향적 모니터링 등 다양한 정부의 역할에 주목하고 있다(김의영, 2016).

## ❸ 협력적 거버넌스의 참여 과정 '분석의 틀'

이 연구에서는 로컬 거버넌스를 협력적 거버넌스의 개념 범주 안에서 분석하고자 한다. 이론적 논의에서 확인할 수 있듯이 협력적 거버넌스는 다양한 이해관계자들의 자발적 참여를 전제로 하지만 외견상으로 보는 것과 실질과는 차이가 있으므로 참여 과정의 평가를 통해서 판단될 수 있다. 협력적 거버넌스의 핵심이라 할 수 있는 주민 참여는 정도와 분야에 따라 다양하게 논의된다. 여기에서는 로우와 프리워(Rowe & Frewer, 2000)의 분석 틀에서 크게 '대중의 수용성'과 '과정의 효율성'으로 구분하고, 이에 따라 아홉 가지 구체적인 기준에 따라 구분한다.

우선 분석 수준에 따라서 대중의 수용성 측면에서는 다섯 가지 분석 기준을 제시하는데, 그중 대표성, 독립성, 초기 참여, 그리고 투명성은 과정의 문제를 다루고 마지막 영향력은 결과를 다루는 기준이다. 다음으로 과정의 효율성 측면에서는 자원 접근성, 과업 정의, 비용 효과성은 결정 맥락 및 투입 단계와 관련돼 있으며, 구조화된 의사결정은 과정 특정적인 기준이다. 크게 이 두 가지의 분석 기준을 갖고 협력적 거버넌스의 참여 과정을 평가한다. 각 세부적인 기준의 내용 설명은 〈표 3-1〉의 참여 과정 '분석의 틀'에서 설명하고 있다. 이 연구에서 제시한 분석의 틀은 거버넌스 핵심이라 할 수 있는 의사결정의 참여 과정을 아홉 가지의 분석 기준에 따라 평가함으로써 협력적 거버넌스의 가치와 유용성을 탐구하는 데 있다.

〈표 3-1〉 협력적 거버넌스의 참여 과정 '분석의 틀'

| | 분석 기준 | 내용 |
|---|---|---|
| 대중의 수용성 | 대표성 | 참여자들의 대표성을 가져야 함. |
| | 독립성 | 참여 과정은 독립적으로 시행 |
| | 초기 참여 | 과정에 가능한 초기 참여 |
| | 영향력 | 참여 과정이 정책에 가시적인 영향을 미쳐야 함. |
| | 투명성 | 결정 과정을 알 수 있어야 함. |
| 과정의 효율성 | 자원 접근성 | 적절한 자원에 접근할 수 있어야 함. |
| | 과업 정의 | 영향력 행사의 범위와 기대된 결과, 그리고 절차의 메커니즘이 명확하게 정의돼야 함. |
| | 구조화된 의사결정 | 의사결정 과정을 구조화하기 위한 적절한 메커니즘이 제공돼야 함. |
| | 비용효과성 | 시간과 비용의 관점에서 결정의 중요성과 규모가 적절해야 함. |

출처: Rowe & Frewer(2000).

## 4 '보봉생태주거단지'의 협력적 거버넌스 참여 과정 분석

### 1) 사례의 개요와 사례 선정 이유

'보봉생태주거단지(Vauban Eco-Housing Complex)'는 프라이부르크 도심에서 남동쪽으로 약 3km 정도 떨어진 쇤베르크(Schönberg) 언덕 근처에 위치한다. 보봉생태주거단지 조성사업의 개요 및 사례 선정 이유를 좀 더 구체적으로 살펴보면 다음과 같이 요약할 수 있다. 보봉지역은 1989년 베를린 장벽(Berlin Wall)이 무너지고 1990년 독일 통일이 있은 후, 연합군인 프랑스군(軍)이 제2차 세계대전이 끝난 이후 1992년 프라이부르크시 안에 점유했던 일부의 땅(병영지)으로부터 철수했다. 그들이 그 주둔지를 떠나면서 '보봉(Vauban)'이라고 새 이름이 붙었다. 프랑스군의 철수 결정에 따라 이 지역은 독일 정부로 반환돼 프라이부르크시는 '연합군 철군지역의 새로운 활용 방안에 대한 공청회'를 열었고 신도시 개발이 추진됐다. 이 과정에서 1993년 '보봉포럼(Forum Vauban : 이후 보봉포럼은 해체되고 새롭게 '보봉주민연대[1]: Der Stadtteilverein Vauban')'와 S.U.S.I가 설립됐고, 수년간의 주민 협의 끝에 나온 '지속 가능한 도시 개발'이란 모토 아래 새로운 도시계획에 따라 1998년부터 3단계에 걸쳐 2009년 보봉생태주거단지 38만ha가 완성됐다. 그 결과 보봉생태주거단지는 1996년 이스탄불에서 열린 유엔 인간 정주 프로그램의 해비타트Ⅱ 회의(the United Nations Human Settlements Programme's HabitatⅡ Conference)에서 '시민 참여를 통한 도시 개발의 가장 실천적인 대표의 예(例)'로 소개됐고, 2002년에는 유엔 인간 정주 프로그램에서 업무 처리 모범 사례로 두바이 국제 상(賞)을 수상했다. 또한 2010년 중국 상하이에서 "더 좋은 도시 - 더 좋은 삶(Better City - Better Life)"이라는 주제로 개최된 세계 도시 엑스포에서 프라이부르크시의 대표로 초청받아

---

[1] 보봉주민연대는 지역 주민의 상담원이자 주민 이익단체다. 주민연대는 할당 업무(Quartiersarbeit)를 조직하고 지역축제나 벼룩시장 등을 거행한다. 또한 공공 업무와 미디어를 통해 노동공동체나 이니시어티브를 지원한다. 주민연대는 시(행정관청)나 다른 시민연대와 함께 정보 교환에 힘쓴다. 또한 지역마을과도 협력 관계를 구축하고, 인터넷-지역신문(info vauban)을 정기적으로 발행하며, 그들이 하고 있는 일에 대해 '최신보봉' 파트에서 정보를 제공한다. 즉, 생태와 사회, 경제, 문화의 통합은 지역공동체 가치를 실현하기 위한 네트워크 기제로 통한다(www.stadtteilverein-vauban.de).

다시 한번 시민 참여를 통한 지속 가능한 도시 모형으로 세계적인 자리매김을 한다. 이러한 유명세 탓에 오늘날 보봉에는 하루 평균 약 6천여 명의 방문객으로 민원이 제기될 정도라고 한다. 이처럼 보봉생태주거단지는 다양한 이해관계자들인 시민 참여를 통해 지역공동체의 활성화와 가능한 자연 원형을 훼손시키지 않은 가운데 생명과 지속성을 유지한 친환경적으로 개발됐다는 상징성을 갖고 있어 우수한 생태도시 개발 사례로 평가받고 있다. 특히 '보봉포럼'이라는 마을 자치조직체를 통해 다양한 이해관계자들의 확대형 참여를 통해 만들어졌다는 점에서 협력적 거버넌스의 좋은 사례 모형으로 선정된 이유가 여기에 있다.

## 2) 보봉생태주거단지의 사례 일지

보봉은 1937년경부터 나치 군대가 주둔했던 지역으로, 제2차 세계대전 중에는 나치스 독일인의 이름이었던 슐라게터(Schlageter)라는 이름의 병영기지에서 1945년 독일의 패전과 함께 1992년 연합군이 철수하기 전까지는 프랑스군이 주둔하고 관리했다. 이곳의 명칭은 과거 성곽도시 시절 프라이부르크의 요새화를 담당했던 루이 14세의 병영기지 축성 기술자인 세바스티엥 르 프로스르트 보봉(General Sebastien Le Prestre Marquis de Vauban)의 이름을 따서 '보봉(Vauban)'이라고 명명했다고 한다.

보봉생태주거단지가 형성된 것은 1989년 베를린 장벽이 무너지고 독일 통일이 있은 후 1990년대로, 학생과 젊은이들이 프라이부르크에 살고 싶어 했는데 집값이 너무 비싸 외곽에 거주하기 시작했다. 출퇴근 거리가 도심에서 30~40km에 달하는 사람도 많았다. 특히 1990년대 초에 많은 젊은 가족이 경제 사정이 어려워 저렴한 주택을 찾고 있었다. 당시 보봉 인근 지역인 리젤펠트(Riselfeld)라는 친환경적인 주거단지를 조성하고 있었지만, 도시민의 수요를 충족하는 데는 충분하지 못했다. 시는 주변 공동체로 탈출을 막기 위해 개발 목적으로 도시 경계 내의 땅을 구입하는 데 관심을 갖게 됐다. 다양한 토론 과정을 거친 후인 1993년 프라이부르크 시의회(City Council)는 그 대안으로 새로운 도시지역 안에 보봉 부지를 개발하는 데 찬성 결정을 내렸다. 프라이부르크시는 어림잡아 2천만 유로의 가격으로 독일 연방정부로부터 대부분의 땅(84 에이커)을 획득

했다. 도시는 개발과 계획에 대해 책임을 가졌다. 도시에 의해 채택된 "계획하면서 배운다(Learning while Planning)"라는 원칙이 새로운 개발에 반응하는 유연성을 허락했다. 본격적인 단지 개발은 1994년에 시작해서 3단계 개발 과정을 거쳐 2009년 보봉생태 주거단지가 완성됐다(〈표 3-2〉 참조). 현재 38만ha의 부지에 2,000여 세대가 입주한 약 5,500명의 수용 인구를 구성하며, 600여 개의 일자리를 갖춘 친환경 생태 주거단지로 사회, 경제, 문화적인 요소를 두루 갖춘 주거단지의 지속 가능한 발전 모델로서 각광받고 있다.

보봉 상업건물 '솔라십(Solarship): 파시브하우스 – 옥상 에너지 플러스하우스

보봉 생태마을 노면전차: 선로에 잔디를 깔아 공간 소음을 제거함.

옥상 녹화와 태양 집열판

보봉 건물 녹화를 통한 에너지 절약

헬리오트롭(Heliotrop, 태양을 향함): 태양 건축으로 해를 따라 회전함. 1994년에 지은, 지름 11m의 3층짜리 원통형 집으로 건축 재료는 나무와 단열재로 짓고 난방을 최대화하기 위해 겨울에는 유리 쪽이 해를 향하면서 회전을 하고, 여름에는 반대로 단열재로 된 벽면이 해를 향함.

생태건축: 남향에 태양전지판, 태양열 집열판, 에너지 손실을 최소화하는 단열벽으로 지어졌고 빗물 집수장치가 있어 정원, 세탁, 화장실 등에 이용함(차 없는 생태주택단지).

[왼쪽: 잉여에너지주택(Plusenergiehaus)으로 단열과 열교환기를 통한 열 손실을 최소화하고 통풍이 잘 되도록 설계된 파시브하우스(Passivehaus). 오른쪽: 자연 지형을 유지하면서 톱밥과 모래를 바닥에 깔아 안전과 환경을 동시에 고려한 오픈 스페이스(놀이터)]

〈표 3-2〉 보봉생태주거단지의 사례 일지

| 연도 | 내용 |
|---|---|
| 1937 | • '슐라게터(Schlageter) 병영기지(주둔병 숙사) 건설' – 독일 나치 군대 주둔함. |
| 1945 | • 독일의 제2차 세계대전 패망 후 프랑스군이 지속적으로 병영을 점유함(냉전 초기).<br>– 프랑스 축성 기술자인 세바스티엥 르 프로스트 보봉의 이름을 따서 '보봉(Vauban)'이라 명명함. |
| 1972~1975 | • 프라이부르크 카이저스툴(Kaiserstuhl) 산맥 내 뷜(Wyhl) 마을에 핵발전소 건립계획에 따른 대규모 반핵 시위(28,000명) |
| 1977 | • 원자력발전소 건립계획을 포기함. 생태연구소(öko-Institut)가 설립됨. |
| 1985~1986 | • 프라이부르크시는 체르노빌(Chernobyl) 핵 재난에 따른 환경적으로 건전한 대안으로 바뀜.<br>• 1986년 프라이부르크 시의회(City Council)는 3대 에너지 콘셉트를 결의(에너지 자립도시 선언) |
| 1989 | • 베를린 장벽(Berlin Wall)이 붕괴됨. |
| 1990 | • 프랑스 군대가 떠나기로 하자, 생태를 생각하는 지역의 창조를 위한 아이디어가 표면화됨.<br>• 시민으로 조직화된 독립적 프로젝트(S.U.S.I)가 창설됨. |

| 연도 | 내용 |
|---|---|
| 1992 | • 연합군인 프랑스 군대가 병영기지에서 철수함.<br>• 시의회는 프라이부르크시의 저에너지 소비 주택 기준(low-energy consumption housing standards)에 대한 결정을 함. |
| 1993 | • 시의회는 시민 참여를 통해 새로운 지역을 개발하기로 결정함.<br>• '시민으로 조직화된 독립된 주택 프로젝트 LLC(S.U.S.I GmbH)'와 '보봉포럼(Forum Vauban)' 창설 |
| 1994 | • 최초의 주민들이 S.U.S.I와 학생연합에 가입<br>• 보봉과 관련된 도시개발계획의 수립을 위한 아이디어 공모가 시행되고, 도시계획 경쟁(city planning competition)이 시작됨. |
| 1995 | • 보봉 주민을 위한 '확장된 참여권' 및 시의회 실무그룹인 '지역위원회 팀(GRAG)' 구성<br>• 보봉 해체작업을 시작함. |
| 1996 | • 보봉지역이 '유엔 인간 정주 프로그램의 해비타트 II 회의(the United Nations Human Settlements Programme's Habitat II conference)'에서 'Best Practice'(시민 참여를 통한 도시 개발의 가장 실천적인 모범 사례)상을 수상함. |
| 1998 | • 최초 주거 개발 건설이 시작되고, 길이 건설됨. 보봉 주민들에게 '확장된 참여권'의 조직화와 더불어 보봉포럼이 연구 프로젝트(Kleehäuser)를 수행함. |
| 1999 | • 최초의 보봉 주민들이 새집으로 이사함. |
| 2000 | • 보봉포럼이 '도시 비전(Stadt Visionen)' 협의회에 참여함. |
| 2001 | • 두 번째 건설 단계가 시작됨. |
| 2002 | • 병영지 개조작업이 근린센터 내에 House037(프랑스 장교들의 카지노로 상용된 건물)로 시작함.<br>• 보봉은 유엔 인간 정주 프로그램에서 '업무 처리 모범 규준'으로 두바이 국제상을 받음. |
| 2004 | • 부가적인 병영지의 철거 논란이 지속됨.<br>• 현대적이고 생태적 목재로 열병합발전 "Holz-BHKW"(Energiezentrale)을 시작함.<br>• EU는 보봉포럼을 강제로 파산시킴. |
| 2006 | • 시내 전차(Tram) 노선이 보봉지역으로 확장됨. |
| 2009 | • 그 지역은 고도의 효율적인 가스로 열과 발전을 획득함.<br>• '보봉생태주거단지'기 완성됨. |
| 2010 | • 중국 상하이(上海)에서 "더 좋은 도시- 더 좋은 삶(Better City-Better Life)"이라는 주제로 개최된 세계 도시 엑스포에서 프라이부르크시의 대표로 초청받아 다시 한번 시민 참여를 통한 지속 가능한 도시 개발 모형으로서 세계적으로 인정받음. |
| 2013 | • '호텔 보봉(Hotel Vauban)'이 오픈함. |

출처: www.vauban.de(Zeitachse)

## 3) 사례분석

이 연구는 '보봉생태주단지' 개발에 관한 협력적 거버넌스의 참여 과정을 분석하는 것을 목적으로 한다. 단지 개발 과정에는 프라이부르크시와 시의회, 지역단체 및 주민들이 이해당사자가 되고 이들의 의사결정과 집행 과정의 참여는 협력적 거버넌스에서 매우 중요한 변인으로 볼 수 있다. 이 과정에서 참여와 영향을 평가하기 위해 앞의 〈표 3-1〉의 '협력적 거버넌스의 참여 과정 분석의 틀'에 제시한 아홉 가지의 기준을 통해 주민의 수용성과 과정의 효율성 측면을 구분해 평가하고자 한다. 다만 사례 분석 기준에 따른 내용은 〈표 3-2〉의 사례 일지에 따라 분석한다. 사례 일지에 나타나지 않는 구체적인 내용은 관련 문헌 자료와 면담 등을 통해 이뤄졌다.

### (1) 주민 수용성 측면

'보봉생태주거단지' 개발사업에는 다양한 이해당사자가 관계돼 있다. 프라이부르크시와 시민 및 지역 주민들이다. 협력적 거버넌스 측면의 참여에 대한 노력과 그 성과를 살펴보고자 한다. 이해관계자들의 참여와 영향력을 평가하기 위해 '분석의 틀'에서 제시한 대표성, 독립성, 초기 참여 영향력, 그리고 투명성을 기준에 따라 분석한다. 단지는 1998년부터 본격적으로 개발됐지만, 주거단지가 갖고 있는 콘셉트는 1972년 프라이부르크 인근 마을 빌(Wyhl)의 원자력발전소 건립계획에 따른 대규모 반핵 시위와 1986년 체르노빌 원전 사고에 따른 재난으로부터 환경적으로 건전한 대안으로 바뀌면서 시작된다. 특히 체르노빌사고 이후 엄청난 방사능 공포와 피해를 겪으면서 프라이부르크 시의회는 원자력 의존으로부터 벗어나기 위해 에너지 자립도시를 선언한다.

당시 반핵운동에 참여한 시민과 시당국, 시의회가 협력해 프라이부르크를 인간과 자연이 공존하는 생태도시의 가치 실현이라는 도시 비전을 설정했다. 마침 이 과정에서 1989년 베를린 장벽이 무너지고 독일 통일이 있은 후, 1992년 연합군인 프랑스 군대가 병영에서 철수를 결정함에 따라 프라이부르크시는 '연합군 철군 지역의 활용 방안에 대한 공청회'를 열었고, 주택난에 허덕이던 학생들과 가난한 도시민의 주택 수요의 부응과 시 주변 지역의 탈출을 막기 위해 시의회가 새로운 도시지역 내에 보봉 부지를 개발하는 데 찬성 결정을 내렸다. 따라서 지방의회는 1993년 주민의 자발적 참여를 통해 새로운 지역을 창출하기로 결정하면서, '시민으로 조직화된 독립된 주택 프로젝트'와 '보봉포럼'이 구성됐다. 보봉포럼은 후에 해체되고 새롭게 만든 '보봉주민연대

(Der Stadtteilverein Vauban)'로 됐다. 이 프로젝트의 핵심 가치는 생명의 원천인 녹색과 주민 참여로서 지속성(Nachhaltigkeit)을 창조하는 새로운 생태마을을 만들자는 시민의 주창과 아이디어로부터 시작되었다. 단지 개발에 초창기 시작 멤버였던 슈스터(Almüt Schster; 보봉시민자치조합 이사) 씨의 말을 빌리면 "주민 참여로 만드는 차 없는 마을, 자원 순환 마을, 태양에너지 주택과 에너지 효율 주거단지로 에너지 자립 생태마을을 실현하는 것이 핵심"이라고 소개한다. '보봉생태주거단지'의 실질적인 형성 주체는 지자체나 기업이 아니라 주민 참여 모임인 시민이었다. 즉, 보봉포럼, S.U.S.I 등의 주민 참여모임과 주민은 서로 '계획하면서 배운다'라는 원칙에 따라 협력하고 동참해 오늘날 '보봉생태주거단지'를 탄생시킨 것이다. 물론 이 과정에서 지방의회와 정부 역시 자발적인 시민 대중의 기획을 뒷받침하기 위해 도심 연장 트램(Tram)을 조기에 개통시켜 주는 등 적극적인 지원을 아끼지 않았다.

보봉단지의 개발 과정에서 주민 참여의 특징은 다음과 같이 요약할 수 있다. 주민들의 모임과 시청과 시의회 그리고 환경운동가들의 협업체로 계획하고 실행했다. 주민모임의 자체교육, 주민들의 요구 사항 관철을 위한 시위, 시장 초청 토론회 등 주민 회의를 자주 개최해 '확대형 주민 참여 방식'을 채택했다. 주민 참여 로드맵을 짜서 소수의 의견도 수용하도록 이해당사자들과 원탁회의를 열었다. 개발계획에 대한 시민의 의견을 수렴하기 위해 충분히 협의하고 주민, 시, 개발사업자들이 공동으로 계획을 확정지었다. 설명회나 토론회가 열리면 코디네이터가 초빙돼 논의가 좌우로 치우칠 우려를 막았다. 처음부터 주민들이 참여해 비전과 목표를 설정하고 건물을 짓고 마을을 만들었기에 보봉의 삶은 특별했다. 인간과 자연의 공생이라는 가치를 기반으로 생태와 사회, 문화적 측면을 통합하면서 주민의 능동적이고 자발적인 참여와 권한이 이뤄졌다. 이러한 자발적인 시민 대중의 기획을 뒷받침하는 지방정부의 적극적인 지원이 관과 민이 협치(協治)를 통한 문제 해결의 새로운 행정 패러다임이라 할 수 있다.

이상의 보봉 행사 스케줄에 따른 전반적인 개발 과정을 살펴봤다. 주민 수용성 측면에서 이해당사자들 간의 협력적 거버넌스 차원에서 분석 기준에 따른 내용을 살펴보기로 한다.

첫째, 대표성과 초기 참여다. 도시계획 단계에서부터 이해관계자들은 그 지역의 개발에 적극적이었다. 보봉 개발에는 그 주체는 지역 주민이었지만 공무원들과 도시계획가, 환경운동가들 그리고 확실한 비전의 소유자들로 대표되는 사람들이 모였다. 사업의 진행 과정에서 다양한 이해관계자들 사이에 종종 갈등은 있었다고 한다. 당시 프라이부르크 도시계획 국장인 스테른게르크(Sven von Ungern Sterngerg)는 "더 좋은 결과를 낳기 위한 갈등(one of tension that gave rise to much good)"으로 그 과정을 설명한다. 그러나 이런 갈등 과정은 동일한 비전과 가치를 공유하고 출발했기 때문에 문제가 되지 않았다고 한다. 초기 참여에서도 주민들이 자발적으로 '시민으로 조직화된 독립된 주택 프로젝트'와 '보봉포럼'이 구성하면서 적극적으로 참여해 생태마을을 만들자는 주창과 아이디어로부터 시작됐다. 이는 지역 개발의 주체자로서 대표성을 갖고 참여했기 때문에 개발의 정당성이 매우 높다고 할 수 있다.

둘째, 독립성이다. 프라이부르크 지방정부의 도시계획국과 시의회는 환경도시 프라이부르크라는 지속 가능한 도시 개발의 콘셉트에 맞게 개발계획 단계에서부터 보봉 개발에 적극적인 후원자로 참여해 최대한 주민의 의사를 토대로 정책의 조정자로서(coordinator) 방향잡기(steering) 역할을 했다. 즉, 협력 체제(partnership)의 원리로 작동했다. 이는 참여자로서 주체적이면서 임무 중심의 관리 방식을 지향하므로 상호 독립적이면서 협력하는 전형적인 협력적 거버넌스라고 볼 수 있다.

셋째, 정책의 영향력과 투명성이다. 주민 의견 수렴과 이해관계자들의 정책 갈등 해결의 방법으로 각종 토론회, 공청회, 원탁회의, 설명회 등을 통해 소수 의견과 다양한 의견을 수렴하고 조정해 결론을 도출했다. 즉, 투명성이 확보되면서 참여 과정이 정책에 가시적인 영향을 미쳤다. 이 같은 방법은 의사결정 과정에서도 투명성이 확보돼 대중의 수용성이 매우 높게 나타났다. 결론적으로 이해당사자의 수용성 관점에서 초기 참여를 통한 대표성과 독립성이 매우 높고, 이해당사자의 참여가 의사결정에 직접적인 영향력을 미쳤을 뿐만 아니라 의사결정 과정의 투명성도 확보됐음을 확인할 수 있다. 이는 주민의 수용성 측면에서 참여의 실효성이 매우 높다고 평가할 수 있다.

### (2) 과정의 효율성 측면

이 연구는 협력적 거버넌스의 참여 과정을 분석하는 것이다. 협력적 거버넌스 과정 측면의 기준으로 결정 맥락 및 투입과 관련된 네 가지 기준, 즉 자원의 접근성, 과업의 정의, 구조화된 의사결정 그리고 비용의 효율성 등을 평가한다. 이러한 기준은 이해당사자들의 참여를 이끌어 내고 협력을 하기 위해 선택한 협력적 거버넌스 과정 측면을 평가하는 것이다.

첫째, 자원 접근성이다. 이는 과업을 성공적으로 이행할 수 있게 하는 적절한 자원인 정보, 전문지식, 시간, 소재 등의 자원에 접근을 평가한다. 참여와 협력 과정에서 자원의 접근성을 용이하게 하는 것은 협력적 거버넌스의 핵심이라 할 수 있다. 왜냐하면, 이는 의사결정에 직접적인 영향을 미칠 뿐만 아니라 사업의 성패와도 밀접한 관련을 갖고 있기 때문이다. 여기서 자원의 접근성이란 접근성을 강조하는 것이 아니라 '적절한 자원(정보, 전문가, 시간, 소재 등)'에 접근할 수 있는가에 대한 문제다(공동성 외, 2015: 68). 물론 의사결정에 진입하는 자원이 제한적이거나 한쪽으로 편중되면 적절한 자원이라고 볼 수 없다.

자원의 접근성에서 각 이해관계자의 참여를 이끌어 내고 협력하기 위해 선택한 거버넌스 과정 측면의 전략은 우선 적극적인 이해관계자들과의 협상 테이블을 마련하는 것이고, 다음은 의사결정에 영향을 미치는 필요한 정보를 공유하는 것이다. '보봉생태주거단지' 개발은 입지 선정과 계획 단계에서부터 보봉포럼을 중심으로 입주 대상 주민을 대상으로 보봉단지의 가치를 알리고 다양한 정책홍보가 이뤄졌다. 이 같은 정책홍보 전략은 참여와 협력의 과정에서 자원 접근성을 용이하게 하는 긍정적인 요인으로 파악할 수 있다. 특히 주민 누임의 사체교육, 주민들의 요구 사항 관철을 위한 조치, 시장 초청 토론회, 설명회 등 주민 회의를 자주 개최해 전문가의 의견과 필요한 정보를 공유했다. 또한 현장에서 주민 참여 로드맵을 짜서 소수의 의견도 수용하도록 이해당사자들과 원탁회의도 열었다. 지속 가능한 단지 건설을 위한 첫 단계가 적합한 구조물이 이용될 수 있고 보존할 가치가 있는 범위를 결정하는 데 전문가와 주민들이 마주 앉아 상호 토론을 통해 결정했다. 이전의 보봉포럼에 의해 시작됐던 연구와 그리고 독일환경보호재단(Deutsche Bundesstiftung Umwelt)에서 제공한 기금으로 운영되는 생태연구소(öko-Institut)가 수행하는 연구는 이것이 의미하는 것을 잘 보여준다. 단지 개발에 참여한 세 개의 건축회사가 도시 개발 제안 콘테스트에서 건축가 콜호프(Kohlhoff), 경관건축가 러츠(Luz), 교통계획가 빌링거(Hans Billinger) 등의 전문가의 협력적 도움을 받아 성공적으로 개발을 유도할 수 있었다. 결론적으로 다양한 자원 접근 방식을 통해 이해당사자들의 참여를 이끌어 내는 데 성공했다고 할 수 있다.

둘째, 과업(task)의 정의와 구조화된 의사결정의 메커니즘에 대한 평가다. 이는 영향력 행사의 범위와 기대된 결과, 그리고 절차의 메커니즘이 명확하게 정의돼야 함과 의사결정 과정을 구조화하기 위한 적절한 메커니즘이 제공돼야 함을 평가하는 것이다. 이 둘은 밀접한 연관성을 가진다. 즉, 과업의 명확한 정의는 구조화된 의사결정의 조직화에 직접적인 영향을 미친다. 의사결정의 구조화를 위한 틀을 마련한다는 것은 협력적 거버넌스 과정에서 이해관계자들의 참여와 협력을 제고할 수 있다. 과업의 정의는 참여의 정의라고 볼 수 있다. '보봉생태주거단지' 개발은 최초 계획의 단계에서부터 주민으로 구성된 보봉포럼을 통해 단지 개발의 참여의 성격을 명확히 밝히고 개발 범위도 정립했다. 우선 주민 참여의 성격이라 할 수 있는 단지 개발의 비전과 가치를 분명히 했다. 보봉의 상징은 생명(생태 질서)과 지속 가능한 도시 개발을 의미한다. 확실한 비전의 소유자들에 의해 대표되는 사람들로 구성됐다. 당시 보봉 개발위원회 위원장인 바이트(Roland Veith)는 "우리는 비전을 갖고 열정으로 추진했다. 정말 적극적인 에너지의 근원이 무엇인가? 보봉지역은 어떻게 생겼는가?"라고 했다. 보봉포럼은 보봉생태주거단지는 "사회적·생태적 이유로, 비영리적이고 혁신적인 프로젝트를 위해서 저렴한 공간을 생태적으로 창조하는 동시에 가치 있는 자원을 보존하도록 가능한 한 많은 건물을 유지하는 것이 필수적이라고 정의하고 지속 가능한 건설을 위한 첫 단계가 적합한 구조물이 이용될 수 있고, 보존할 가치가 있는 범위를 결정하는 것"이라고 했다. 또한 보봉 토지(부지)의 현존하는 자연적 특징을 최대한 보전(preservation)하고 통합하는 데 필수적이라고 생각하고, 수십 년 된 나무와 그 지역의 작은 시내를 가진 경계의 소생물권(Biotope)은 개발과 자연환경을 통합하기 위해 건축가에게 기회를 제공했다. 프라이부르크 푸투어(Futour)[2] 공동대표자인 하트윅(Jürgen Hartwig)은 "주민들은 자기들의 가치(생태주거단

---

[2] 푸투어는 '미래로 가는 여행'이란 뜻으로 환경교육과 탐방객들의 그린투어를 제공하고 있다. 2020년에 세계 각국에서 3만여 명이 참가했다.

지)를 도시계획 전문가(도시계획가, 건축가, 시공자)들에게 많은 창의적인 여유를 부여해 주면서 참여의 범위를 명백히 함으로써" 협력적 거버넌스를 통한 소기의 목표를 달성했다고 볼 수 있다. 이 같은 결과는 의사결정의 구조화된 틀이 잘 조직화돼 작동했다는 것을 보여준다.

주민을 대표하는 '보봉포럼'을 비롯한 보봉개발위원회(Vauban Development Committee), 도시계획국(City Planning Agency) 시의회(City Council), 생태연구소(Öko-Institut) 등이 협력해서 각 이해관계자의 참여를 이끌어 내는 방식으로 조직화했다. 이는 처음부터 단지 개발의 주체가 주민이었고 다른 조직은 지원적인 입장에서 참여했기 때문에 큰 갈등 없이 협력적 거버넌스의 성공적인 모델로 평가받을 수 있다. 마지막으로 비용 효과적인 측면에서 비용 효율성은 시간과 돈의 투자와 관련해 결정의 중요성과 규모가 적절해야 함을 말한다. '보봉생태주거단지'는 주민들이 부지 및 건물의 용도나 공원의 환경을 의논해 설계하고 시가 이들 제안을 받아들이는 식으로 만들어진 주민 자치형 생태계획도시다. 개발 초기인 1990년 설립됐으며 학생들이 중심이 됐던 S.U.S.I the Self-organized Independent Neighborhood Initiative 그룹은 저소득 계층의 자족적인 주거환경을 구축하기 위해 비용과 에너지가 많이 소요되는 신규 건물 대신, 병영 건물을 개조해 분양하는 방법을 선택했다. S.U.S.I는 관련 행정부서와의 오랜 협상 끝에 병영 건물 4개동과 토지를 매입 또는 장기 임대해 4여 년에 걸친 개조 작업 끝에 45개 가구, 연면적 7,500m² 규모의 연립아파트로 탈바꿈시켰다. S.U.S.I는 이 과정을 민주적으로 추진하면서 생태적 건축 자재를 사용하고 우수한 난방설비를 공급하면서도 공사비를 절감했다고 한다(홍윤순, 2010: 192-193)

그 이후 계속적으로 개발된 단지들로 생태적 건축을 통해 에너지 비용 절감으로 비용 효과적인 측면에서 주민 참여의 동기가 크게 작용했다고 한다. 또한 초기부터 1999년까지 보봉포럼의 자원봉사자는 프라이부르크시의 자금 지원과 독일 정부의 환경기금, EU의 환경 프로그램 LIEF 등으로부터 행정적·물적 지원을 받았다. 이러한 뒷받침으로 보봉포럼은 보봉을 위한 시의회의 실무그룹인 GRAG에 참여함으로써 정책결정에 많은 영향력을 행사할 수 있었다(홍윤순, 2010: 164). 이상의 네 가지 기준인 자원의 접근성, 과업의 정의, 구조화된 의사결정 그리고 비용의 효율성 등은 이해당사자들의 참여를 이끌어 내고 협력을 하기 위해 선택한 협력적 거버넌스 과정 측면의 조직화를 성공적으로 이끌었다고 평가할 수 있다.

## 5 이론적·정책적 함의

이 연구는 독일 프라이부르크시의 '보봉생태주거단지' 개발사업을 대상 사례로 삼아 협력적 거버넌스의 핵심 요소인 참여에 관해 참여의 모든 과정을 검토함으로써, 이론적 의미와 몇 가지 정책적 함의를 도출할 수 있다.

첫째, 오늘날 국가의 대규모 공공정책이나 지역의 도시재생 정책들은 정책 시행에서 참여 과정에 문제가 있을 경우 그 사업은 저항에 부딪히게 돼 성공적으로 수행할 수 없다. 즉, 이론적 의미에서 실질적 실효성 측면과 형식적 절차적 측면의 양자 모두에서 참여와 협력을 이끌어 내는 협력적 거버넌스가 공공사업의 성패를 좌우한다는 것이다. 단순히 결과 측면에서 정책 목표를 달성했다고 해서 성공적인 사업이었다고 볼 수 없고, 또한 형식적인 절차적 정당성을 확보했다고 해서 성공한 사업이라고 볼 수도 없다. 사업의 계획 단계에서부터 모든 과정에 각 이해관계자의 형식적인 참여의 절차와 참여가 정책에 영향을 미칠 수 있는 실효성, 즉 양자 모두가 중요하게 고려돼야 한다. 이 같은 관점에서 이 연구는 참여 과정 전반을 평가하는 것에 분석 수준을 두면서, 협력적 거버넌스의 참여 과정 분석틀에 제시한 아홉 가지 기준을 통해 주민의 수용성과 과정의 효율성 측면을 평가했다. 평가 결과 도출된 참여의 실효성 측면과 절차적 측면에서의 이론적 의미는 매우 크게 나타났다. 즉, 이러한 협력적 거버넌스의 분석 틀은 향후 개발사업을 추진할 때 각 과정마다 이해당사자의 참여를 중요하게 고려하고 반영함으로써, 갈등을 사전에 방지하고 완화하는 역할뿐만 아니라 성공적인 정책 결과를 도출하는 데 그 의의가 크다고 판단된다.

둘째, 오늘날 개발사업의 패러다임 변화로 공공정책사업에서의 성공은 다양한 이해당사자들의 파트너십이 가장 중요함을 일깨워 준다. 특히 지역개발 사업이나 도시 문제 해결에 대해 다양한 집단의 공통된 이해관계가 확보되지 않고서는 갈등이 증폭되고 사회적 비용을 증대되는 환경이 되면서 협력적 거버넌스의 중요성이 전면에 부각되기 시작했다. 이 연구의 '보봉생태주거단지' 조성도 그간의 정부 주도적인 시스템을 벗어나 지역 주민이 주체가 돼 '보봉포럼'을 결성하고 상호 협력적 소통을 통해 자율적으로 지역 개발 참여에 앞장섰다는 점이다. 이 과정에서 시정부와 의회는 개발계획 단계에서부터 보봉 개발에 적극적인 후원자로 참여해 최대한 주민의 의사를 토대로 정책의 조정자(coordinator)로서 그리고 노젓기(rowing)가 아니라 방향잡기(steering) 역할을 했다. 즉, 파트너십의 원리로 작동됐다. 이는 참여자로서 주체적이면서 임무 중심의 관리 방식을 지향하므로 상호 독립적이면서 협력하는 전형적인 협력적 거버넌스라고 볼 수 있다. 이는 향후 도시나 지역 공공사업을 시행할 때 성공적인 자기 역할을 통해 사회적으로 갈등과 비용을 줄이고 바람직한 지역공동체 가치의 실현을 위한 방향을 제시해 줄 것이다.

셋째, 해외 성공 사례를 통해 우리가 참조해야 할 정책 과정의 참여 전략과 방향을 모색할 수 있다. 현재 국내의 다양한 사례에서 협력적 거버넌스 측면의 참여 과정 분석이 많이 이뤄지고 있다. 대부분 분석 결과를 보면 일부 성공적인 것도 있지만 대부분 성공적인 협력적 거버넌스로 볼 수 없는 것이 많다. 그 이유는 명백하다. 협력적 거버넌스의 외관을 갖고 있지만, 형식적이고 요식적인 것이 너무 많다. 우선 주민수용성 측면에서 보면 사업의 기본계획의 수립 단계부터 참여와 협의의 형성이 필수 조건인데 그렇지 못하다. 대부분 초기 참여가 배제되고 정부 주도적인 계획에 따라 설득하려는 입장이 농후하다. 특히 참여 주체로서 정체성과 독립성이 부족하다보니 대표성을 갖추고도 상호 파트너로서의 한계를 갖고 있다. 또한, 의사결정에 가장 중요한 정보의 비대칭으로 투명성이 떨어져 협력적 거버넌스의 실효성에 문제점으로 나타나고 있다. 다음으로 과정의 효율성 측면에서도 자원의 접근성 면에서 정책에 진입하는 자원이 제한적이고 한쪽으로 치우쳐 있어 적절한 자원이라고 볼 수 없다. 의사결정의 구조화를 위한 틀이 마련됐어도 실제로 작동하지 못하고 있다. 과업의 성격과 범위도 명확하게 정립돼 있지 않고, 비용 효과 측면에서도 효율적이지 못한 사례가 많다. 이 연구의 사례인 보봉생태주거단지 도시 개발은 사업의 기본계획 단계에서부터 모든 과정이 주민의 수용성 측면과 과정의 효율성 측면, 양자 모두 협력적 거버넌스의 관점에서 성공적인 사례로 평가할 수 있다.

넷째, '보봉생태주거단지' 개발은 미래형 도시 개발의 중요한 모델이 될 수 있다는 점이다. 특히 정책으로서 도시관리 및 지역 개발의 패러다임에서도 개발주의 시대의 효율성보다는 형평, 개발보다는 환경 보전 등 인간의 삶의 가치에 비중을 두는 방향으로 전환되고 있음을 보여준다. 따라서 보봉단지 개발은 생명과 지속성의 가치를 바탕으로 한 미래의 생태도시 개발 모습을 결정하고 지역을 관리해 가는 문제가 정부뿐만 아니라 시민의 몫으로 돌아가기 시작했다는 점을 시사해 준다. 보봉단지가 '유엔 인간 정주 프로그램의 해비타트Ⅱ 회의나 세계 도시 엑스포'에서 살기 좋은 지역으로 자리매김한 것은 인간과 자연의 공생이라는 가치를 기반으로 생태·사회·경제·문화적 측면을 통합하면서 '확대형 주민 참여에 의한 도시 만들기'라는 특성 때문이다. 이뿐만 아니라 사회·생태적 이유로 지속 가능한 저에너지 주택 건축(passive house)[3]정책과 탄소 감소라는 교통정책을 도입하고, 경제·문화적 측면에서도 철저한 생태적 내용을 고려한 주택 개발이었다는 점이다. 이는 21세기 기후변화와 저탄소 및 탄소 중립(carbon neutral) 정책에 부합한 도시 개발이라는 점에서 중요한 메시지를 우리에게 던져준다. 따라서 향후 수많은 공공사업이나 지역개발사업에서 '보봉생태주거단지' 개발이 보여준 협력적 거버넌스를 하나의 성공적인 모델로 삼아 활용성을 제고할 필요가 있다고 본다.

## 6 결론

우리나라는 압축 성장을 통한 근대화로 많은 후유증이 남아 있다. 산업화로 인해 이촌향도(離村向都) 현상이 농촌의 공동화(空洞化)를 초래했고 지역이 낙후되기 시작했다.

---

[3] 에너지 소모를 최소화할 수 있도록 설계된 주택. 파시브하우스는 집안의 열이 밖으로 새나가지 않도록 최대한 차단해 최소한의 냉난방으로 적정한 실내 온도를 유지할 수 있게 설계된 주택을 말한다. 건물 지붕과 벽·바닥 등을 두꺼운 단열재로 시공하고, 유리창은 가스가 들어간 3중 겹유리로 만들어 내부와 외부 사이의 열 이동을 최대한 차단한다. 또한, 파시브하우스는 폐열 회수형 환기 장치를 이용해 신선한 바깥 공기를 내부 공기와 교차시켜 온도 차를 최소화한 뒤 환기함으로써 열 손실을 막는다.

또한, 급속한 도시 인구 집중화로 급조되고 조악한 도시 건설은 도시의 기능을 떨어뜨렸다. 이는 한마디로 도시실패다. 정부는 이 양자의 문제를 해결하기 위해 근래 대안적 지역 발전 패러다임 모색과 도시재생에 활발한 관심을 보이고 있다. 종래의 정부 주도 개발 방식 패러다임이 새로운 개발 방식인 거버넌스 패러다임으로 전환하면서, 지역 주민 참여를 통한 협력적 거버넌스와 로컬 거버넌스가 주목받기 시작했다. 각종 공공정책이나 지역개발사업이 이해관계자들의 협력 없이는 어떠한 사업도 성공적으로 추진할 수 없게 됐다. 실질적 실효성 측면과 형식적 절차적 측면의 양자 모두에서 참여와 협력을 도출해 내는 협력적 거버넌스(collaborative governance)가 공공사업의 성패를 좌우한다는 것이다.

이 연구는 이 같은 관점에 착안해, 향후 우리에게 시민 참여의 가장 실천적 대표 모형으로 세계적으로 인정받고 영향을 미치고 있는 독일 프라이부르크시 '보봉생태주거단지' 개발사업을 협력적 거버넌스 관점에서 의의를 찾아봤다. 이는 보봉단지 개발 과정에서 어떠한 방식으로 거버넌스를 구축했고, 이해관계자들의 참여와 협력이 이뤄졌는지를 협력적 거버넌스 차원에서 분석하는 것이다. 주민 참여 과정의 분석 틀을 제시한 로우와 프리워(Rowe & Frewer, 2000)의 아홉 가지의 평가 기준을 통해 '주민의 수용성'과 '과정의 효율성' 측면을 구분해서 평가해 봤다. 보봉단지 개발 과정에는 프라이부르크시와 시의회, 전문가, 지역단체, 주민들이 이해당사자가 되고, 이들의 의사결정과 집행 과정의 참여는 협력적 거버넌스에서 매우 중요한 독립변수였다.

주민의 수용성 측면에서 인간과 자연이 공생하는 생태적 가치를 최우선시하는 비전을 갖고, 주민 스스로 조직화된 '보봉포럼'을 중심으로 '확대형 주민 참여' 방식을 채택했다. 개발계획 단계부터 주민이 주체가 돼 시작했다. 초기에는 이해관계자들 간의 병영지 토지 확보 및 개발 방식 등에서 약간의 갈등은 있었지만 지속적인 참여 토론을 통해 바로 극복할 수 있었다고 한다. 물론 보봉 개발에 그 주체는 지역 주민이었지만 지방공무원과 시의회, 도시계획가, 건축가, 환경운동가 등 참여 주체의 대표성이 분명했고, 이들이 지향하는 비전과 미션이 명확히 정의돼 있었다. 또한, 각 이해관계자들이 독립성을 갖고 주체적인 파트너십으로 참여했으며, 의사결정 과정에 영향을 미칠 수 있는 모든 정보를 공유하면서 각종 설명회나 토론회 및 공청회에서 다양한 의견을 수렴하고 조정해 결론을 도출했다는 점에서 매우 성공적인 협력적 거버넌스의 모델이라고 볼 수 있다. 결론적으로 이해당사자의 수용성 관점에서 초기 참여를 통한 대표성과 독립성이 매우 높고, 이해당사자의 참여가 의사결정에 직접적인 영향력을 미쳤을 뿐만 아니라 의사결정 과정의 투명성도 확보했음을 확인할 수 있다. 이는 주민의 수용성 측면에서 참여의 실효성이 매우 높다고 평가할 수 있다.

과정의 효율성 측면에서 우선 자원의 접근성이다. 참여와 협력 과정에서 자원의 접근성을 용이하게 하는 것은 협력적 거버넌스의 핵심이다. 이는 의사결정과 사업 성과에 직접적으로 영향을 미치기 때문이다. 보봉단지 개발의 경우 계획 단계에서부터 '보봉포럼'을 중심으로 정책홍보가 잘 이뤄져 자원의 접근성을 쉽도록 했다. 각종 주민모임과 원탁회의, 자체교육, 전문가 초청 토론회, 설명회 등을 통해 단지 개발의 가치를 공유하고 분야별 전문가들로부터 도움을 받아 이해당사자들의 참여를 이끌어 내는 데 성공했다.

다음으로 과업의 정의와 의사결정의 구조화된 틀이 잘 조직화돼 작동했다. 단지 개발은 '보봉포럼'을 통해 단지 개발의 과업과 참여의 성격을 명확히 밝히고 개발 목표와 범위도 정립했다. 주민들이 지속 가능한 생태단지 개발이라는 비전과 목표를 갖고 부지 및 건물의 용도나 공원의 환경을 의논해 설계하고 시정부가 그 제안을 검토해 지원하는 방식으로 진행됐다. 또한, 3단계 공사가 완료될 때까지 생태적 건축을 통해 에너지 비용 절감으로 비용 효과적인 측면에서 주민 참여의 동기가 크게 작용했다고 평가할 수 있다.

이상의 네 가지 기준인 자원의 접근성, 업무의 정의, 구조화된 의사결정 그리고 비용의 효율성 등은 이해당사자들의 참여를 이끌어 내고 협력을 하기 위해 선택한 협력적 거버넌스 과정 측면의 조직화에 성공적이었다고 평가할 수 있다.

결론적으로 '보봉생태주거단지' 개발 과정에서 지역적 차원에서 협력적 거버넌스의 성공적인 모델을 제시하면서 세계적인 '시민 참여를 통한 도시 개발의 가장 실천적인 대표의 예'로 소개됐고, 2002년에는 유엔 인간 정주 프로그램에서 두바이 국제상을 수상했다. 향후 우리나라에서의 각종 도시재생사업과 공공정책 결정 과정에서 '보봉생태주거단지' 개발이 협력적 거버넌스의 성공적인 모델로 활용돼, 사회적 갈등과 비용을 낮추고 지속 가능한 생태도시 개발 방향으로 발전했으면 한다.

## 제2절 '리젤펠트'의 생태신도시 건설

### 1 개발 개요

- 위치 : 독일 프라이부르크 서쪽
- 면적 : 320ha(97만 평-78ha 주거용도 개발, 240ha 자연보전지역으로 지정)
- 계획인구 : 4,500가구, 인구 11,000~12,000명
- 개발 기간 : 1991~2010년(1991년 시의회에서 신도시 개발로 결정)
- 개발 주체 : 프라이부르크 시정부와 KIOSK, 전문가 프로젝트그룹
  협력업체- LBBW Immobilen Komunalentwicklung GmbH

리젤펠트 전경(2020년)

## ❷ 개발 배경

리젤펠트(Rieselfeld) 신(新)도시지역이 프라이부르크에서 개발된 사실은 그 도시의 최근 역사와 밀접한 관련이 있다. 프라이부르크는 독일의 다른 지역 도시보다 친환경 정주 여건을 잘 갖추고 있어, 독일 국민들이 가장 선호하는 도시이므로 인구가 점점 증가하는 추세에 있었다. 1980년대 후반에 들어서면서 도시 확장으로 인한 알맞은 가격에 살 수 있는 집에 대한 시의 긴급한 필요성이 제기되면서 주택 부족 문제가 중요한 이슈로 떠올랐다. 당시 신청된 도시의 긴급 주택 수요량은 6,000명을 넘는 약 2,500가구 정도였고, 증가하는 수요에 대응할 것을 고려해서 약 4,500가구, 최대 12,000명(아이가 있는 가족이 약 34%)을 수용할 택지가 필요했다. 이를 도심에서 해결할 수 없게 되자 도시 외곽지역에서 수용할 대상지를 물색했다. 특히 기존 도심지역의 혼잡과 친환경적 이유를 중시하는 시민들의 요구가 도시 외곽지역인 리젤펠트에 눈을 돌리게 했다. 시가 소유한 개발되지 않은 가장 큰 토지인 레젤펠트는 그동안 종종 산업단지, 전시장, 대학 캠퍼스 등으로 개발 제안이 있었다. 아이러니하게도 프라이부르크시는 거의 100년 동안 60km의 운하의 망을 통해 이 깨끗한 목초지에 폐수를 흘러보냈다. 영어로 '여과 들판(leach field)'을 의미하는 것으로, 하수 처리를 위해 리젤펠트의 사용이 1980년대 중반에 멈추게 된다. 이후로 재(再)자연화된 거대한 인공적 조경으로 탄생했고, 물이 공급돼 희귀한 식물들과 새들의 서식지로서 아름다운 자연녹지로 남아 있었다(Frey, 2013: 69).

이 같은 이유로 리젤펠트를 신도시 개발지로 승인하는 결정은 시작부터 매우 논쟁적이었고, 도시의 사회적·생태적 책임 사이의 문제가 쟁점이 되기도 했다. 시민행동단체들은 특별한 비오톱(Biotope: 소생물 생활권)으로서의 전체의 목초지를 보전(保全)할 것을 강력히 주장했다. 특히 프라이부르크는 녹색 정당정치의 요새였고 환경운동을 위한 홈베이스 역할을 하고 있었기 때문에 시정부는 개발에 대한 신중한 접근을 모색하고 있었다. 개발과 보전에 대한 쟁점이 심화됐지만, 시정부와 시민 간의 토론을 통해 자연녹지에 대한 최대한의 보전과 함께, 1991년 시의회는 가까스로 새로운 도시지역의 개발을 위한 초지의 193에이커를 해제 조치를 승인했다. 지정된 토지의 나머지는 자연 보전지역으로 지정해 개발 제한구역이 됐다. 618에이커 이상을 포괄하는 지금 리젤펠트의 미개발 부문은 바덴뷔르템베르크(Baden-Württemberg)주에서 가장 큰 보전지역 중에 속하게 됐고, EU에 의해 인정된 가장 수준 높은 보호의 수준인 'NATURA 2000' 상태를 유지하고 있다(Frey, 2013: 70).

## 3 개발 목표와 방향

리젤펠트 프로젝트는 단순한 주택 공급의 문제가 아니라, 1970년대 도시개발정책의 실패를 반면교사 삼아 질적으로 우수한 생태도시 모형의 주거환경을 조성하는 것이 목표였다. 리젤펠트 개발위원회의 의장인 시글(Klaus Siegl)은 "우리의 도시계획은 사람들이 그들의 삶을 즐기는 지역을 만드는 것이다." 또한, 도시계획에 참여한 셸크스(Reinhard Schelkes)는 "사람의 지역을 원하지, 어떤 투자자의 지역을 원하지 않는다"라고 말했다(Frey, 2013: 72). 리젤펠트는 높은 밀도를 유지하면서도 도시의 삶의 질을 확보하는 도시, 즉 '생명과 지속성'을 가치로 삼아 생태환경과 에너지 절약형의 생태도시 건설이 목표였다. 이와 더불어 가정, 여자, 노약자, 어린이, 장애인 등 사회적 약자를 중시하는 '공간의 인권(human rights of space)'을 중시하는 도시 개발이다. 또한, 대규모 주거단지를 지양하고 소규모 주거와 생태공간을 창출하고 주거와 직장이 공존하는 직주 근접의 개념도 도입했다.

## 4 개발 방식

첫째, 리젤펠트는 프라이부르크 시정부가 소유한 습지 형태의 미개발지였으나, 시정부와 민간 업체가 프로젝트그룹을 결성해 사업을 진행했다. 개발 비용은 시정부 예산과 별도로 부동산 시장의 영향을 받아 프로젝트그룹에서 토지 판매와 개발부담금 등의 조달 방식을 선택했다.

둘째, 도시설계의 주요 특징은 개발지의 소규모 배분, 계획과 투자의 안전을 위해 1

단계, 건설 시기의 지역에는 각 대상지가 언제 어떤 용도로 개발될지를 문서상으로 기록했다. 이것은 일부만이 시행됐는데, 어떤 투자자가 리젤펠트에 관심을 보이면 곧 대화가 이뤄지고 이런 바탕 위에서 한 개 또는 여러 개의 대상지 개발이 권장됐다.

셋째, 투자기업은 대기업 외에도 건설대리인, 건축주들의 여러 소규모 단체, 건축가 등도 신청했다. 물론 투자자가 항상 시정부의 의도를 따르는 것은 아니므로 문제가 되는 것은 소규모의 개발지, 시의 의도된 건축 형태 등이었으며, 에너지 절약형 건설 방식과 대로변의 건물 1층 상점 건축을 중심으로 개별적인 세세한 항목에 대해서는 설득과 협상의 작업이 필수적이었다. 건설회사와 시당국 간의 중재가 어려워지면 지구단위 계획에 의한 구속력(건축의 다양성 고려: 전경-1, 2, 3)이 우선시됐다.

전경-1   전경-2   전경-3

## 5 개발 과정에서의 세부적 특징

개발 목표와 방향에 부합한 개발 과정에서의 세부적 특징은 한마디로 '생태도시' 건설이다. 리젤펠트는 생태도시가 지향하는 가치를 고스란히 담고 있다. 즉, 도시를 하나의 유기체로 보고 다양한 도시 활동과 공간구조가 자연의 생태계의 속성인 다양성, 자립성, 순환성, 안정성에 가깝도록 계획하고 설계해, 인간과 자연이 공존할 수 있는 친환경적 도시를 추구하는 특징을 갖고 있다. 좀 더 세부적인 특징을 몇 가지 확인해 볼 수 있다.

## 1) 친환경 기술을 활용한 다양한 저에너지 건축 지향

리젤펠트는 친환경 기술을 활용한 다양한 건축을 지향하고 있다. 좀 더 세부적으로 살펴보면, 건물(주택과 여타 건물) 관련 공간계획에는 크게 두 가지 특징을 갖고 있음을 확인할 수 있다. 하나는 에너지 절약형 건축에 가치를 부여하고, 다른 하나는 건물 자체의 다양성뿐만 아니라 이와 연계된 녹지를 통해 도시의 정체성과 쾌적성을 지향한다는 점이다.

우선 에너지 절약형 건축 측면에서 보면, 시정부는 1992년 저에너지 건축만을 허가하는 조례를 시행해 단순히 부족한 주택 수요정책에 맞춰진 것이 아닌 거주민과 환경이 살아 숨 쉬는 새로운 생태공동체를 조성하는 것으로 출발했다.

이에 따라 전체 4,500여 주택을 에너지 절약형 건물로 설계해 "행함으로 배운다"라는 가치 구호 아래, 65kwh/m² 이하의 에너지 사용을 권장하고 있다. 그뿐만 아니라 건축 시 친환경 건축 자재를 최대한 사용하고 파시브하우스를 적극 활용해 건물 실내 에너지 효율을 최대화하도록 설계했다. 또한, 옥상 녹화와 옥상 태양광 전지나 솔라 집열판을 통해 태양 에너지를 이용하고 경관뿐만 아니라 쾌적성을 갖춘 친환경 주택에 적합한 생태도시 구현에 적극성을 보여주고 있다.

다음으로 건물 자체의 다양성과 어메니티(amenity)를 추구하고 있다는 점이다. 주거용 건축물 계획에 다양성을 확보하기 위해 기본적으로 40채 이상을 시공할 때에는 각기 다른 건축가를 활용해 주택의 차별성을 줬다. 건설은 4단계로 이뤄졌으며 개발 초기에는 저렴한 주택을 공급하기 위해 3~5층의 블록형 연립주택 건물군을 짓도록 유도함으로써 전체 지역에 대해 상대적으로 높은 밀도가 적용돼 용적률이 60~260%를 보이고 있다. 1990년대 후반부터는 주택 건설에 대한 지원과 개발사업자에 대한 세금 수혜가 줄어들어 이후 단독주택과 업무용 빌딩이 주로 많이 건설됐다.

또한, 생태도시를 실현하고자 다양한 생태 기법을 적용했다. 가급적 하나의 블록을 여러 건설업자에게 개발하게 만들어 다양한 친환경 건축 양식이 이뤄지도록 했다. 즉, 가급적 소규모의 가구계획을 나눠 다양한 건축가를 모집해 설계했으며, 주거와 직장이 함께 하는 직주 근접의 개념을 도입해 건물 1층에 상업·업무 및 공공시설물을 배치해

생태적 기술기법에 따른 다양성과 쾌적성을 추가한 건물들

1천여 개의 일자리를 창출했으며, 공공 및 개별 주택단지는 녹지와 연계하도록 했다.

다양한 공간 창출을 위해 대지에 18m의 폭을 정했고, 건물의 배치는 배후 면에 녹지 공간을 갖고 도로를 따라 건물을 배치하면서 중정식 구조를 가진다. 고층의 건물과 다세대주택은 일자형 배치를 하거나 독립적으로 배치하고 시 주택은 복층 구조형도 도입해 연립과 대칭 주택도 다양하게 배치했다. 이처럼 전체 도시 건축물이 주변 녹지환경과 자연스럽게 조화를 이루면서 다양성과 쾌적성이 그대로 녹아 있는 느낌이 들게 했다.

## 2) 빗물 활용과 비오톱을 통한 자연생태계 보전

리젤펠트는 생태도시의 관점에서 도시 전체가 빗물 관리의 중요성을 고려해 인간과 자연이 공생, 순환하는 살아 있는 유기체 도시가 되도록 설계했다.

도시 전체가 빗물 처리 시스템을 완벽하게 갖추고 있어 지표면과 지붕의 빗물은 우수관을 통해 수집된다. 가정용 우수관으로 모은 물은 일차적으로 정원 녹화나 세차등 다른 용도로 사용하고 재활용된 빗물과 모든 지표수(地表水)는 다시 개수로(開水路, open chnnel)를 통해 자연보호지역의 우수정화시설로 모인다. 이를 다시 생물학적 정화 과정을 거쳐 서쪽 지역 240ha에 달하는 습지에 공급돼 다양한 생물군이 서식하는 자연생태공원을 이룬다.

지구 내를 통과하는 하천의 전경

주거지는 자연보전지역과 직접 연결하지 않고 외곽 쪽으로 연결했으며, 약 25m의 완충지대(buffer zone)를 뒀고, 도랑과 녹지 방어벽으로 자연보전지역의 접근을 제한하고 있다. 도심에 존재하는 인공적인 생물 서식 공간인 비오톱을 조성해 사람과 자연이 어울리도록 하였고, 도시 주변의 자연보전지역은 어린이의 자연학습장으로 이용하기도 한다.

또한, 주거와 근접해 충분한 오픈 스페이스(open space) 확보와 개인 정원의 개방을 통해 대기 정화의 순환 통로 기능으로 쾌적성을 최대한 유지하고 있다. 오픈 스페이스에 마을 자연체험 공원을 조성해 자유로운 옥외 레크리에이션 활동과 높은 수준의 여가 시설을 주민들에게 제공하고 있다.

### 3) 녹색 교통 시스템과 약자를 배려한 무장애 도시공간 구성

리젤펠트는 도시 전체를 녹색 교통 체계를 갖춰 저탄소 생태도시를 실현하고 있다. 1994년 프라이부르크 도심과 연결하는 노면전차 트램 3번 노선을 1997년에 완공했다. 몇 가지 특징을 확인할 수 있다.

첫째, 노선을 지구 중앙에 설치해 정거장 400m 이내에 주거단지 및 공공건물이 구성돼 자동차 통행을 최대한 억제함으로써 대중교통 중심의 교통 체계를 구축하고 있다. 특히 자동차는 모든 지역에 제한 속도(30km/h Zone)를 적용해 적극적인 교통정온화 기법(traffic calming techiques)을 사용해 보행자와 자전거 중심의 녹색교통 체계를 갖추고, 조도(照度)를 조정해 밤길 안전을 확보하고 있다.

둘째, 사회적 약자 배려와 주민의 소통을 위해 도시 전체가 무장애 공간(barrier free)으로 시공돼 주택의 입구 1층뿐만 아니라 건널목, 경사 램프, 주차장, 광폭의 문, 엘리베이터 등에서 자전거, 유모차, 휠체어 등의 이동을 자유롭게 했다.

무장애 도시공간 구성

셋째, 또한 리젤펠트 전 지구에 노변 생태 블록으로 조성된 별도의 공간에 차량을 주차하도록 하고, 저탄소 정책으로 모든 주택에 한 개의 주차장을 마련하도록 하고 있다. 트램 노선에도 녹지를 조성해 소음과 쾌적성을 최대한 확보하고 있다.

노변 생태 블록에 조성된 주차공간

소음과 쾌적성을 추구한 트램 노선에 녹지 조성

### 4) 확장된 다양한 시민 참여 프로그램 실시

지속 가능한 생태공동체를 건설하기 위해 다양한 주민 참여 프로그램과 이를 활용해 주민 의견을 도시 관리에 반영하고 있다는 것도 특징이라고 볼 수 있다. 즉, 도시계획 분야별 전문가(건축, 교통, 에너지, 환경생태, 사회복지 등), 시민단체와 대표, 지역 주민의 참여 등을 통해 환경친화적인 계획 및 발전 기준을 마련해 투입과 산출, 피드백을 통해 도시민이 행복한 생태도시 혁신을 지향하고 있다. K.I.O.S.K(접속·정보·조직·자조·문화)로 알려진 협회는 도시 개발 과정과 이후에도 지속적으로 그 역할을 하고 있다.

## 6 리젤펠트의 생태도시 성공 요인과 시사점

사회학자 드릴링(Matthias Drilling)은 '리젤펠트'를 유럽의 지속 가능한 도시 개발의 모델로 언급한다. 하나의 도시주택 공동체로서 그것은 잠재적인 거주자와 투자자들 양자에게 매력적인 것으로 입증됐다고 찬사를 보냈다. 여기에서는 리젤펠트의 생태도시 성공 요인을 세 가지 측면에서 확인하기로 한다.

## 1) 생태도시 철학에 입각한 도시계획과 환경계획의 연계 수립

리젤트펠트 신도시 개발에서 먼저 생태도시 철학(ecocity philosophy)이 정립됐다는 점이다. 이는 '생명'과 '지속성'을 가치로 삼아 도시민의 삶의 질을 확보하는 것이다. 도시 전체를 생명체를 중시하는 생태환경과 지속성을 강조하는 기후변화에 대응하는 저탄소, 저에너지 생태도시 건설이 목표였다. 이를 위해 도시의 공간복지를 어떻게 구현할 것인가에 주목했다. 따라서 도시계획 수립 초기 단계부터 환경계획을 연계 수립하는 데 초점을 뒀다. 총면적 320ha 중 70ha만 개발하고, 나머지는 자연보전지역으로 지정해 그 지역을 위해 환경청에 위탁해 외부 환경 전문 컨설팅회사에 계획안을 만들도록 했다. 이에 따라 구체적인 주거환경과 건물의 생태 개념이 도입됐고, 빗물 처리 및 비오톱 관리 등 자연생태계 보전을 위한 지침이 적용됐다.

## 2) 도시계획 수립 초기 단계에서부터 시민단체와 다양한 협의체의 참여

1970년대 프라이부르크시는 도시 개발의 시행착오를 성찰하면서 이해관계자들의 참여가 도시 개발에 성공의 관건임을 인지했다. 이에 따라 도시계획 수립 초기 단계부터 공무원, 프로젝트 전문행정가, 분야별 도시계획가, 시민단체 및 시민대표 등 다양한 협의체가 참여할 수 있도록 했다. 특히 열린 기획 과정(open planning process)을 도입하면서, '확장된 시민참여위원회(Expanded Citizen Participation Committee)'가 있었다. 이 위원회는 건축, 교통, 에너지, 환경생태, 사회복지 그리고 여성들의 주택 관련 관심과 같은 문제를 다루는 7인의 작업조직으로서 지역 시민단체들을 포함한다. 이 위원회의 아이디어와 제안된 많은 것이 계획의 다양한 단계에서 받아들여졌다. 특히 환경친화적 계획 기준을 만들고 사회적 약자를 배려한 공간계획지침을 제공해 주거환경의 질을 제고했다(Frey, 2013: 77-78).

### 3) 공간적 인권을 확보하기 위한 건축의 다양화와 무장애 공간 창출

도시 전체가 사회적 약자인 노약자, 어린이, 장애인, 여성 등을 고려한 무장애 공간으로 시공돼 공간적 인권을 확립했고, 건물과 자연녹지로 직결되는 오픈 스페이스의 확대로 공간복지가 향상됐다. 즉, 공원녹지의 확보와 개인 정원의 개방을 통해 풍부한 녹지공간을 공유하고 자연 체험 공원을 조성해 질 높은 생태 서비스를 주민에게 제공하고 있다. 자연이 인간을 배려하고 인간이 자연을 배려하는 유기체적이고 전일적인 생태공동체의 전형(典型)이라고 볼 수 있다. 또한, 기존의 권위적이고 물질적인 도시를 극복하기 위해 각 건설 시공자에게 40채의 건설량을 부여해 건물의 다양성을 통해 특색 있는 주거공간을 건설했다. 소규모 주거와 생태공간을 창출하고 주거와 직장이 공존하는 직주 근접도 매력적인 공간생태계 확보라 할 수 있다.

## 7 결론

리젤펠트 신도시 개발 또한 제1절의 보봉생태주거단지 건설처럼 "행하면서 배운다"라는 가치 구호 아래 개발 목표와 방향이 유사하다. 눈에 띄는 특징은 '생명(Leben)'과 '지속성(Nachhaltigkeit)'을 바탕으로 한 인간과 자연의 유기적 조화다. 특히 인간중심주의를 극복하고 자연과 공진학하는 관점에서 개발계획과 환경계획의 연계 수립을 중시했다. 세부적인 특징으로 보이는 생명공간 확보를 주목하면서 비오톱 관리, 빗물 이용 및 공간 인권 배려로 도시가 하나의 생명체로 승화됐다는 점이다. 이와 더불어 확장된 다양한 시민 참여 프로그램 실시, 친환경 기술을 활용한 저에너지 건축의 다양화, 신재생 에너지 활용 등 저탄소 녹색정책에 부합한 생태도시 건설이었다는 점에 시사점이 크다.

# 04장 생태도시와 도시재생

## 제1절 서론

우리나라는 1960년대부터 근대화가 시작되면서 이촌향도(離村向都)로 도시화가 시작됐다. 그간 빠른 속도로 산업화가 진행되면서 각 도시는 이에 대응한 체계적인 도시 개발이 이뤄지지 못해 도시의 여러 문제점을 낳았다. 지속적인 인구 집중은 과밀지구의 발생, 실업, 건물의 불량 및 노후화, 교통난, 각종 도시기반시설의 부족에 따른 무질서한 도시의 평면적 확대와 기능 저하를 유발했다. 이뿐만 아니라 무분별한 도시의 외연적 팽창으로 수도권 중심으로 많은 위성도시의 생성, 도심에서 교외로의 이동으로 인한 교통난, 구도심 쇠퇴로 '공동화(空洞化) 현상' 등이 나타났다. 이에 따라 도시의 형태나 구조에 대한 기존 공간 질서의 재구조화가 시급했다. 특히 1980년 이후 산업 및 첨단 정보기술의 발달로 도시 기능이 고도화됨으로써 기존 도시환경에서 계획적이고 미래 지향적인 도시환경으로의 변화가 요구됐다. 이러한 시대 및 도시의 변화에 부응하는 가장 효율적이고 적극적인 도시계획 수단으로 '도시재개발(urban redevelopment)' 및 '도시정비사업'이 대두됐다. 이는 기존 도시환경을 새로운 기술 및 환경 변화에 적응할 수 있도록 하는 것이었다. 국외적 추세는 20세기 중반 이후부터 유럽 등에서 도시 전체의 경기 침체로 도심의 쇠퇴를 가져왔고, 미국에서의 교외화 및 도심 인구 감소 등에 따른 도심 공동화는 기존 시가지 전체 성장의 침체로 나타났다. 따라서 기존의 재개발 개념과는 달리, 도심 특정 지역에 대한 전략적 재활성화 방안 마련을 통해 도시 전체의 균형 발전을 이루는 좀 더 적극적인 '도시재생(urban regeneration)' 방안이 모색됐다. 21세기에 들어서면서 과거의 도시재개발이 도시재생이라는 개념으로 새로운 도시 발전 패러다임의 변화를 맞고 있다.

오늘날 세계적으로 진행되고 있는 도시재생의 대두 요인은 공통으로 도시 간 경쟁의 심화, 도시의 외연적 성장의 한계 인식, 산업구조 변화로 인한 정보화 사회의 도래, 환경에 대한 지대한 관심, 라이프 스타일과 인구 구조의 변화 등을 그 배경으로 하고 있다(이주형, 2010: 29-32). 그간 우리나라도 도시재개발이 물리적 환경 개선을 위한 도시계획 수단으로 제도화됨에 따라, 주로 공공기관의 주도하에 악화된 도시환경을 개선하는 계획사업으로 노후화된 시가지를 현대 도시에 맞게 개선해 도시 기능이 더욱 효과적으로 발휘될 수 있도록 하는 사업이라 할 수 있다. 이는 도시의 물리적 환경과 사회구조, 경제 기반, 문화, 환경 상태를 동시에 개선하는 데는 한계를 갖고 있다. 그동안 도시재개발이라는 미명으로 노력해 온 결과는 되레 도시경제와 환경에 악영향을 미치는 경우가 다반사였다. 이 같은 부작용으로 기존의 도시재개발이라는 사고에서 도시재생 및 관리 등 지속 가능한 개발로의 변화에 대한 요구가 점차 높아지고 있다. 이에 따라 국토교통부는 정부 차원에서 도시재생사업을 추진하기 위해 '도시재생사업단'을 2007년 1월에 출범시켰고, 2013년 「도시재생 활성화 및 지원에 관한 특별법」(이하 '도시재생특별법')의 제정으로 본격적인 도시재생사업에 착수했으나 특별법이 지니는 여러 문제점이 제기되기도 한다.[1] 이제 순차적으로 서울을 비롯한 인천, 대전 등 대도시에서는 구

---

[1] 그간 많은 연구자가 「도시재생특별법」의 문제로 도시재생 전략계획·활성화 계획의 성격, 동 법과 관련 개별법과의 연계성 부족(이동수, 2014), 기존 도시재생 관련 추진기구 및 지원조직의 중복(김재광, 2014 : 강문수, 2013), 사업 방식과 지원 체계에 대한 명확한 규정 미비로 혼란 발생(이명훈, 2013 : 이재우 외, 2014), 기존 기금 및 특별회계

도심을 활성화하고 노후된 주거지를 정비하기 위해 다양한 사업이 전개되고 있다. 근래에 들어 중소 규모 이상의 도시에서도 지방 도시 육성을 위한 지역 균형 발전 차원에서 전국적으로 진행되고 있다. 그러나 이에 대한 법과 시행 제도가 아직 제대로 정비되지 않았을 뿐만 아니라 그 성과도 기대에 미치지 못해 성공 사례가 극히 미약하다. 이 같은 문제점에 착안해 이 연구의 목적은 세계적으로 도시재생 성공 사례라고 할 수 있는 함부르크 '하펜시티(HafenCity)'를 분석해, 우리나라 도시재생의 방향과 가치 제고를 위한 정책적 함의를 제시하는 데 있다. 연구의 방법은 하펜시티 도시재생 관련 문헌 자료를 수집·분석하고, 연구자의 직접 방문 조사를 통해 진행했다.

## 제2절 도시재생의 이론적 고찰

### 1 선행 연구의 검토

도시재생에 관한 선행 연구의 동향을 보면 도시재생의 필요성, 개념 규정, 도시재생 패러다임 변화, 유형별 재생 기법 개발, 재생 요소와 성능, 해외 도시재생 사례, 도시재생사업 관련 법과 제도 개선, 도시재생사업의 평가, 주민 참여 방안 그리고 정책과제 등, 다양한 분야에서 연구가 진행되고 있다. 우리나라는 2000년대에 들어서면서 기존의 도시재개발 방법에서 벗어나 물리적 환경 개선뿐만 아니라 경제·사회·문화적 측면에서 활력을 주고자 도시재생 정책이 등장했고, 2005년 「도시재정비 촉진을 위한 특별법」을 제정해 도시재생을 위한 법적·제도적 측면이 마련됐다(김준연·남영우, 2012: 168). 이후 2007년 도시재생사업단이 출범하고 2013년 「도시재생특별법」이 제정된 이

---

의 재원과 중복(두성규, 2013 : 김재광, 2014) 등을 지적했다. 즉, 공통으로 「도시재생특별법」을 비롯한 도시재생 법 체계에 다양한 문제점이 아직도 산재해 도시재생 정책의 효과적인 추진이 어렵다는 점을 지적하고 있다(이지현·남진, 2016: 38-39).

후 본격적으로 도시재생에 관한 학술적 연구가 집중되면서 실천 방안과 정책 형성에 관한 논의도 시작됐다.

도시재생의 본격화 이전에 개념적 논의로서 물리적·환경적 측면, 경제·사회적 측면, 그리고 정책 및 관리적 측면에서 연구가 이뤄졌다(김영환 외, 2002: 89-90 ; 윤용건 외, 2009: 224). 이에 따른 도시재생의 법·제도적 연구로는 "도시재생 관련 법제 및 지원체계 개발의 필요성"(김창석, 2008), "도시재생 활성화를 위한 공법적 연구"(최웅림, 2012) 등이 있었다. 특히 이지현·남진(2016)은 "도시재생 특별법과 도시재생 관련 법의 정합성 분석 연구"를 통해 학자들의 「도시재생특별법」의 문제점을 밝히고 도시재생의 효율적인 추진에 현실적 어려움이 있음을 분석하고 있다. 구체적인 정책 과제에 관한 연구로는 "도시재생 정책의 패러다임 변화와 대응 과제"(김용웅, 2008), "도시재생의 공공성과 공공의 역할"(조한진, 2009), "도시재생의 활성화 방안에 관한 연구"(김병준, 2009), 그리고 "도시재생에 따른 그린 도시의 인프라 구축에 대한 기본 방안"(최창규 외, 2008) 등이 있다. 도시재생 계획 요소와 관련된 연구를 살펴보면, 박대근 외(2009)는 도심 재생 사업을 평가하기 위한 계획 요소를 도출하고 전문가 설문을 통해 도출된 요소에 대한 중요도를 파악했다. 이후 일반인을 대상으로 설문을 실시해 도시재생사업에 대한 만족도를 평가했다. 재생 요소의 가중치 결과는 물리 환경, 산업경제, 정책관리, 사회·문화의 순으로 분석됐다. 김영 외(2010)는 도시재생의 요인을 파악하고 이를 토대로 창원시의 도시별 도시재생 요인의 중요도를 분석했다. 각 요인의 중요도는 사회·경제·문화적 요인, 물리적 요인, 법·제도 요인의 순이었다. 그 밖에 지속가능성을 위한 도시재생 계획 요소에 관한 연구(이일희·이주형, 2011: 113)가 있다.

국내 사례 연구로 김혜천(2003)은 '대전시 도시재생 사례', 김영 외(2008)는 '마산시 도시재생 사례', 윤정란(2007)는 '전주시 도시재생 사례' 등을 연구하면서 공통적인 문제점은 과거의 도시재개발과 같이 여전히 물리적 환경 개선에 치우쳐 있다는 것이다. 즉, 비물리적 부분의 재생도 매우 중요하다고 강조한다. 한편, 국외 도시재생 사례 연구로 김영환 외(2003)는 '미국, 영국, 일본 등의 사례'를 토대로 도시재생 방식을 검토하고 성장관리형 도시재생의 기본 전략 및 계획 요소, 관련 제도 등을 종합적으로 제시했다. 이금진(2008)은 '영국, 버밍엄 브린들리플레이스(Birmingham Brindleyplace)'의 도시재생 사례를 중심으로 개발 배경, 계획안 그리고 지역 활성화 방안 등을 분석했다. 양은경 외(2008)는 '일본, 미나토 미라이(港未來) 지구' 도시재생 사례를 분석해 향후 국내 적용 가능한 도시개발 시스템과 설계지침을 제안했다.

서구에서는 나라마다 처한 도시환경에 따라 도시재생의 연구 시작과 경향이 조금씩 차이는 있지만 대체로 1970년 중반 이후로 시작해 1980~90년대에 와서 본격적인 연구가 시작됐다. 전반적인 도시 개발의 역사를 살펴보면, 1950년대 전후 도시재건설(urban reconstruction)을 통한 물리적 환경 개선으로부터 시작해, 1960년대 도시 활성화(urban revitalization), 1970년대의 도시 회복(urban renewal), 1980년대의 도시재개발(urban redevelopment)의 접근 방법으로 이어져 왔다. 1990년대에 와서는 기존의 물리적 환경 개선의 틀에서 벗어나, 지역경제와 환경, 사회복지 향상 등 종합적인 도시 부흥을 통한 삶의 질 향상과 도시경쟁력 확보에 초점을 둔, 도시재생(urban regeneration)이라는 좀 더 포괄적인 의미에서 접근했다. 특히 1990년대 이후의 도시재생 프로그램에서는 '환경적 지속가능성'과 '참여자 간의 파트너십'이 중요한 요소로 대두되고 있다(Roberts & Sykes, 2000: 14-16).

## ❷ 도시재개발과 도시재생

도시재개발과 도시재생은 모두 기존 도시지역에서 발생하는 문제를 해결하기 위한 도시개발 방식이라는 점에서 공통분모를 가지고 있다. 하지만 1990년대 이후 오늘날 세계적으로 진행되고 있는 도시개발 방식으로 '도시재생'이란 이름으로 부각되고 있다. 따라서 이들 양자의 차이가 어디에 있는가를 확인하는 것은, 도시재생의 의미와 가치를 더욱 분명하게 한다는 점과 변화하는 도시를 이해하는 데 매우 중요한 문제 중 하나라 하겠다. '도시재개발'의 실질적 기원은 19세기 산업혁명 기간 중에 급속히 도시화가 진전된 영국의 슬럼 철거재개발(slum redevelopment)로 생각하기도 한다(서양도시계획사, 2004). 도시재개발이란 용어는 미국의 경제학자인 콜린(Miels Colean)이 처음으로 사용했고, 1958년 네덜란드의 헤이그(Hague)에서 개최된 '제1회 도시재개발에 대한 국제 세미나'에서 정의됐다(김재석·도영준, 2005). 이 국제 세미나에서는 "도시 주민들은 자신이 거주하는 건물과 환경에 대해 희망이나 불만을 가지며, 자기가 사는 집의 수리 및 개조를 통해 도로·공원·녹지의 정비, 슬럼의 재개발 등이 신속하게 이뤄지기를 바라고 있다. 그리고 토지 이용 형태나 지역구의 개선, 대규모 도시계획을 해서 살기 좋은 곳으로 만들고자 하는 강한 기대를 가지고 있는데, 이러한 모든 행동을 포함한 도시 개선 작업을 도시재개발이라고 할 수 있다"고 정의내리고 있다. 도시재개발의 개념을 광의로 보면, 정태적인 기존 도시의 물리적 환경을 사회·경제적 환경에 적응시켜 나가는 도시의 지속적인 성장 및 발전 과정이라고 설명할 수 있다. 그러나 근래에 들어와서 도시재개발이 공공기관이 주도한 토지 이용의 효율화와 물리적 환경 개선을 위한 공간 개발이라는 도시계획의 수단으로 제도화됨에 따라 협의의 개념으로 이해되고 있다(김재석·도영준, 2005; 김용웅, 1996; 이주형, 2010).

도시재생은 국가와 도시마다 그 성격을 달리하지만, 영국 부총리실의 도시재생 보고서(Urban Task Force, 1999)를 바탕으로 현재 세계적으로 진행되고 있는 도시재생이 대두된 공통적인 배경을 '도시 간 경쟁의 심화' 등 다섯 가지 요인을 앞에서 언급했다. 이같은 배경을 토대로 유럽 대륙의 콤팩트 도시(Compact City)를 시작으로 북미의 뉴 어버니즘(New Urbanism), 영국의 커뮤니티 뉴딜(New Deal for Communities), 미국의 커뮤니티 운동, 일본의 마치츠쿠리(町作り, 마을 만들기) 등 다양한 도시재생 운동이 진행되고 있다. 따라서 도시재생의 개념 규정에 관한 연구도 국내·외에서 활발하게 이뤄져 왔다. 김영환 외(2003)는 "도시재생이란 대도시 지역의 무분별한 외부 확산을 억제하고 도심부 쇠퇴 현상을 방지하기 위해 도시지역에서의 인구 및 산업의 회귀를 촉진해 해당 지역의 경제적·사회적·환경적 상태를 지속적으로 개선함으로써 쇠퇴지역의 문제를 종합적인 시각에서 해결해 도심 재활성화를 모색하는 것"이라 했다. 임서환(2007)은 "산업구조의 변화 및 신도시, 신시가지 위주의 도시 확장으로 쇠퇴 또는 상대적으로 낙후하고 있는 기존 도시에 새로운 기능을 도입 또는 창출함으로써 경제적·사회적·물리적으로 부흥시키는 일이다"라고 정의했다. 김영(2007)은 "도시 공동화 현상을 방지하고 침체된 지역경제를 활성화하기 위한 주요한 수단으로서, 지역 내 산업구조 변화에 따른 다양한 공간구조의 변화, 지역 거주민의 커뮤니티 활성화가 주요한 개발 목적이다"라고

정의했다. 로버츠와 사이크스(Roberts & Sykes, 2000: 17-18)는 "대도시 지역의 무분별한 외부 확산을 억제하고 도심 쇠퇴 현상을 방지하며, 도심부의 재활성화를 도모함으로써 궁극적으로는 경제 성장과 환경 보존이 조화를 이루는 지속 가능한 도시 개발을 추진하고자 하는 전략으로 보고 있다." 랭(Lang, 2005)은 도시재생을 "도시의 쇠퇴, 노후화에 대응하기 위한 지방정책과 전략이라고 말한다. 즉, 사회적 · 환경적 · 문화적 · 경제적 영역 내에서 문제점, 잠재력, 전략, 계획들을 통합화라고 본다." 이같이 도시재생의 정의는 각 국가와 제반 사항과 특성에 따라 조금씩 차이를 보이지만, 주장하는 학자들의 연구 내용을 토대로 재정의해 보면, "산업구조의 변화로 인구 감소와 도심 쇠퇴에 따른 성장 침체를 극복하고자 지역 여건에 부합한 물리적 · 비물리적(사회 · 경제 · 문화) 재활성화를 통해 도시 전체의 유기적이고 지속 가능한 성장 발전을 촉진하는 것"이라고 할 수 있다. 〈표 4-1〉은 지금까지 선행 연구된 학자들의 연구 자료를 토대로 '도시재개발'과 '도시재생'의 차이점을 비교한 내용이다.

〈표 4-1〉 도시재개발과 도시재생의 비교

| 비교 기준 | 도시재개발(urban redevelopment) | 도시재생(urban regeneration) |
|---|---|---|
| 개발 주체 | 공공기관이 주도 | 협력적 거버넌스 |
| 개발 부문 | 물리적인 재개발과 주거환경의 정비 | 물리적(도시환경 등) · 비물리적(사회 · 경제 · 문화) 종합개발 |
| 개발 목표 및 규모 | 토지 이용의 효율화(개발 이익)를 위한 블록 단위의 공간 개발 | 특정 지역의 재활성화를 통한 도시 전체의 유기적 개발 |
| 개발 동인 | 급속한 도시화에 따른 주택 공급과 열악한 위생환경 개선 | 도심 쇠퇴와 교외화 및 인구 감소에 따른 도시 전체의 성장 침체 |
| 개발 인식과 방향 | 단기적 생산 기반 중시로 양적 추구에 기반을 둔 모더니즘 시각 | 장기적 질적 추구에 기반을 둔 포스트모더니즘 시각 |

## 제3절　도시재생 사례 '분석의 틀'

여기에서는 도시재생의 이론적 범위 안에서 도시재생 성공 사례를 분석한다. 도시전문가들이 공통으로 이야기하고 있는 도시재생의 성공 요소는 공공의 역할, 파트너십, 용도의 복합화, 공공성의 확보, 파급 효과 등을 제시하고 있다(Roberts & Sykes, 2000 ; 박영철, 2005: 9-10 ; Siebel, 2006: 176-178 ; 양재섭, 2006 ; 이주형, 2010: 397-403 ; 김혜천, 2013: 16-19). 사례분석을 위해 각각의 분석 기준과 평가 항목에 대해 좀 더 구체적으로 그 내용을 이해할 필요가 있다(〈표 4-2〉).

〈표 4-2〉 도시재생 성공 요소의 분석 기준과 평가 항목

| 분석 기준 | 평가 항목 |
|---|---|
| 공공의 역할 | 도시 재생철학의 확립, 공공의 신뢰를 바탕으로 재생사업의 촉진 및 조정자로서 정책적 참여 확보 |
| 파트너십 | 도시재생 과정의 민·관 파트너십이 확보되고 지속성을 갖고 운영돼야 함. |
| 용도의 복합화 | 효율적 토지 이용과 도시의 입체화를 통한 건물 용도의 복합화로 시너지 효과가 창출돼야 함. |
| 공공성의 확보 | 공공복리의 증진을 위한 공개된 이벤트 공간 및 친환경 오픈 스페이스(open space) 확보 |
| 파급 효과 | 도시재생 지역과 근린지역의 유기적 발전을 통한 도시경쟁력 제고의 정도 |

첫째, 공공의 역할이다. 여기서 공공은 시(市)정부(시의회 포함)이며, 공공은 도시재생의 과정에서 촉진 및 조정자로서 참여해야 한다. 우선, 도시 재생철학의 확립이 중요하다. 즉, 분명한 비전과 방향을 제시하고 이를 바탕으로 마스터 플랜을 수립해 재생정책의 형성과 집행 그리고 민간 투자 확보 등에 적극적으로 참여해야 성공할 수 있다.

둘째, 파트너십의 구성이다. 도시재생에서 공공의 역할이 촉진 및 조정자로서의 형태로 전환되면서, 가장 강화되는 부분이 파트너십의 역할이다. 민·관 파트너십이란 정부, 민간 사업자, 전문가, 지역 커뮤니티에 속하는 개개의 시민 등이 상호 지원하는 '협력적 거버넌스(collaborative governance)'다. 도시재생에서 이러한 파트너십이 필요한 이

유는 기반시설 정비 차원의 물리적 개발과 더불어 지역공동체의 개선과 고용 창출, 사회적 취약계층 개선, 역사·문화적 요소의 도입 등 소프트웨어 측면으로 확장되고, 지원도 다양한 형태로 이뤄져야 하기 때문이다. 또한, 이러한 부분을 실행하기 위해서는 지역 주민들의 요구 사항과 지역 특성을 정확히 파악하고 반영해야 도시재생이 성공적으로 추진될 수 있다. 이처럼 민·관 파트너십은 다양한 이해 주체들과의 협력을 통해서 이뤄지는 만큼 다양한 재생 효과를 나타낸다. 즉, 개발 방식 적용의 다양화, 재원 조달 방식, 신속한 법과 제도의 개선, 합리적인 행정관리 등이다. 파트너십은 도시재생사업 과정에서뿐만 아니라 재생 이후, 지역 활력의 연속성과 사회통합을 위한 다양한 프로그램이 지속성을 갖고 운영해야 도시재생의 본질적 가치를 달성할 수 있다.

셋째, 용도의 복합화다. 도시의 주거와 상업 및 업무 공간의 복합화는 오래전부터 이뤄져 왔으나 산업화로 인해 공업지역과 주거지역이 혼재되면서 도시환경에 문제가 많았다. 특히 자동차 교통의 발달로 산업지역으로부터 주거지역이 분리되는 용도 분리가 이뤄지면서, 도심 공동화의 급속화로 도시의 경쟁력이 떨어지기 시작했다. 이런 문제점들이 확인되면서 도시재생이 새로운 공간을 개발하는 것이 아니라 쇠퇴하고 공동화(空洞化)된 지구를 전략적인 재생정책을 통해 역사, 문화, 사회, 경제, 환경 등 다양한 요소를 내포한 용도의 복합화와 입체화를 통해 경쟁력 있는 도시를 창조하는 것이다. 따라서 용도의 복합화는 단순히 주거, 업무, 산업의 복합화가 아닌 포스터 모더니즘(post modernism)의 의미가 도시에 접목돼 시너지 효과를 창출하는 도시재생이다.

넷째, 공공성의 확보다. 도시재개발은 기반시설의 정비, 주거환경 개선 등 물리적 측면에 국한돼 있었다. 반면 도시재생은 물리적인 도시환경의 개선과 더불어 비물리적인 경제, 사회, 문화, 예술적 기능 제고를 통한 도시 활성화와 공공복리 증진을 목적으로 한다. 따라서 대부분의 도시재생에서 볼 수 있는 공공성은 도시민의 공공복리 증진을 위한 공개된 이벤트 공간 및 친환경 오픈 스페이스 확보가 매우 중요한 요소로 떠오르고 있다. 즉, 공공성의 확보 정도와 혜택의 파이가 얼마나 큰 것인가가 성공한 도시재생을 말하는 한 요소다.

다섯째, 파급 효과다. 도시재생의 최종적인 목적은 최초 기획한 목표의 파급 효과로 평가될 수 있다. 이는 도시재생을 통해 해당 지역뿐만 아니라 근린지역까지 미치는 파급 효과를 추구하는 것이다. 도시재생은 이전의 다른 개발 방식과는 달리 매우 다양한 용도가 복합적으로 유기적으로 연계돼 있으며 이들의 목적이 공공이 원하는 것을 제공해 주기 위함이라 할 때, 도시재생의 파급 효과의 정도가 도시재생의 성공 여부를 평가하는 또한 중요한 기준이 된다.

## 제4절 사례분석: 함부르크 '하펜시티 도시재생'

### 1. 사례 선정 이유

함부르크는 독일에서 두 번째로 큰 도시다. 한자동맹(Hanseatic League) 중심지역이었던 이곳은 19세기까지만 하더라도 런던과 북유럽, 그리고 동유럽을 연계하는 지리적 요충지로서, 대서양으로 진출하는 해안 관문으로 유럽 역사에 대단한 영향력을 행사한 관세 자유지역 항구도시였다. 그러나 제2차 세계대전으로 그 명성은 지속되지 못했다. 즉, 연합군과 독일군 양측 모두 물류 수송의 핵심이자 군사기지의 교두보인 이 항구도시를 최우선의 공격 목표로 삼았기 때문에 대부분 시설이 파괴됐다. 당시 물류창고 및 저장고가 70%, 선박용 창고 등이 약 90% 이상 파괴됐다(심우배, 2008: 74). 이후 1950~60년대 산업화에 힘입어 현대화된 항구로 재건을 도모했으나, 얕은 수심 조건으로 대형 컨테이너 화물선의 등장은 하펜시티(HafenCity) 개발구역의 경제적 침체를 가져다줬다. 또한, 1980년대 유럽에서 진행된 탈산업화에 따른 산업구조와 경제적 요건들의 변화로 인해 하펜시티 개발구역에 있던 많은 공장이 가동을 멈추게 됐다. 이러한 이유로 함부르크시의 전통적 도심지이며 산업 발전의 중심지였던 하펜시티 개발구역은 서서히 쇠퇴하게 되면서 1990년대까지 그 여파가 지속돼, 도심과 유기적인 단절로 공동화 현상이 나타났다. 이와 더불어 이곳은 과거 엘베(Elbe)강의 홍수 피해에 대한 적극적인 대책이 마련돼 있지 못해 주민이 거주하기에는 지리적 특성이 열악해 주로 선박용 창고나 물류 저장창고 위주의 장소로 이용돼 왔다. 시민은 새롭게 변모하고 있는 교통 및 물류 시스템에 적극적으로 대응하지 못한다는 지적이 잇따랐고, 이에 1980년대 최초로 하펜시티에 대한 재개발 논의가 이뤄졌다. 이는 엘베강이 흐르는 수변 도시공간을 새로운 기능 전환을 수용하는 도시공간으로 탈바꿈하는 도시재생사업의 장이 됐다. 즉, 수변도시 공간 기능을 회복하고 주변 지역과 연계된 미래형 도시로서의 경쟁력을 가지기 위한 기회를 마련하고자 도시재생이 시작됐다.

마침내 그동안 논의돼 온 내용을 바탕으로 1997년 '하펜시티 도시재생 프로젝트(Innerstädtische Stadtentwicklungsprojekt)'가 발표되고, 2000년 재개발에 대한 함부르크 시의회의 의결이 이뤄졌으며, 2001년에 착공했다. 장기적인 5단계 개발계획에 따라 대지의 서쪽에서 동쪽으로 순차적으로 개발해 2025년 개발 완료를 목표로 하고 있다. 현재, 서쪽 개발은 거의 완성돼 중요 핵심 부문은 끝난 상태다. 이제 함부르크 하펜시티는 21세기에 접어들면서 세계적으로 가장 주목받는 도시재생 중 하나로 떠올랐다. 왜냐하면, 낙후된 항구를 장기적인 도시재생 계획을 통해 모두가 부러워할 만한 장소로 탈바꿈시켰을 뿐만 아니라 그 파급 효과가 매우 컸기 때문이다. 특히 사례의 선정 이유는 도시 전문가들이 공통으로 이야기하고 있는 도시재생의 성공 요소라 할 수 있는 공공의 역할, 민관 파트너십을 통한 도시재생 추진, 용도의 복합화, 도시 내 필요한 공공성의 확보, 도시재생의 주변 지역으로의 파급 효과 등에서 매우 부합하게 재생됐다는 점이다. 이 같은 의미에서 전 세계의 도시 전문가들은 함부르크 하펜시티를 도시재생의 교과서로 칭송하는 데 주저하지 않을 정도다(https://www.hafencity.com). 이와 더불어 우리나라는 3면이 바다로 둘러싸인 지형을 갖추고 있어 수변 지역을 통한 도시재생에 많은 정책적 시사점을 줄 수 있다는 점에 착안했다.

## ❷ 사례의 개요

하펜시티 도시재생은 '하펜시티 마스터플랜([그림 4-1])'[2]과 도시설계 개념도([그림 4-2])에서 잘 보여준다. 하펜시티 도시재생의 목표와 방향의 핵심은 기존 도심과 구항

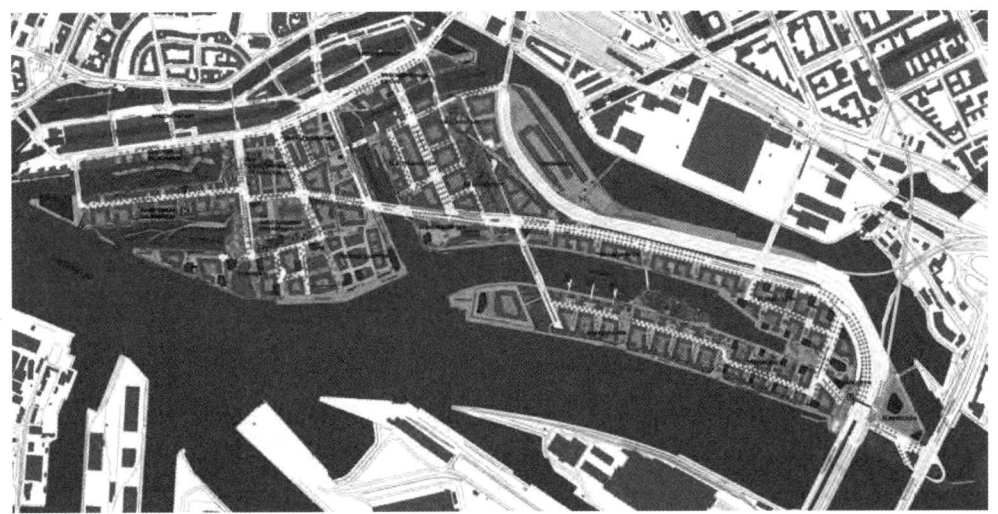

동부 하펜시티에 대한 2010 마스터플랜 도시계획 개념의 개정은 전체 지역 형태를 제공하고 엘베교량(Elbbrücken[201년 2월])을 통해 서부지역의 성공 사례를 계속 이어 나가고 있다(출처: www.hafencity.com).

[그림 4-1] 하펜시티 마스터플랜 : 개발을 위한 출발점

2) 1999년 하펜시티 마스터플랜을 위한 국제 도시설계 공모전이 개최돼, 전 세계에서 175개 팀이 참가해 1차 8개 팀을 선정한 후, 그해 10월 독일과 네델란드 연합팀인 Kees Christiaanse, Astoc Architects & Planners und Hamburgplan의 안이 최종 채택됐다. 이 응모작에 대한 2여 년간 전시회와 전문가들의 공청회 등을 거쳐 2000년 2월 29일, 함부르크 시의회의 의결을 거쳐 최종 확정됐다. 그 내용은 ① 항구, 저장창고 등 이 지역의 역사성을 특정짓는 자질을 이해하고 보존해 새로운 미래 발전의 자극적인 도시공간이 되도록 구성한다. ② 좀 더 합리적 도시공간이 되도록 주거, 서비스, 상업공간 등이 다양하게 공간상 혼합이 되도록 한다. ③ 높은 삶의 질을 보장하고 다양한 거주생활의 장소로서 발전되도록 문화, 교육, 체육시설 및 사회 기반시설을 확보하고 공원, 산책로, 광장 등을 조성한다. ④ 하펜시티는 쾌적하고 적절한 주거 및 상업지역 밀도를 구성하고 도시의 매력과 수용성을 담은 녹지공간을 갖추도록 한다. ⑤ 친환경적, 경제적 그리고 지속가능성 있는 미래 지향적 도시 개발이 되도록 저에너지, 저탄소 도시 공간을 구성하도록 한다. ⑥ 하펜시티는 매력적인 장소성과 문화·예술적 가치를 창출하기 위해 질 높은 디자인으로 건축물과 외부 공간이 구성되도록 한다. ⑦ 하펜시티는 기존 도심부와 미개발된 도시지역과 연계성을 강화해 도시 전체가 균형적인 발전과 조화를 이루도록 한다(출처 : Gesellschaft für Hafen-Standortentwicklung mbh, HafenCity Hamburg, Staedtebau, Freiraum und Architektur, Hamburg, p.21).

만의 10.5km 새로운 수변공간(waterfront) 산책로 지역의 접근성과 연결성을 강화해, 하펜시티 개발에서 발생되는 개발 활력을 구도심으로 불어넣어 구도심과 신도심의 통합과 동반 성장을 목표로 한다. 즉, 도시 개발 및 생태적 지속가능성, 사회적 호환성 및 혁신적인 개발 프로세스와 상호작용할 수 있는 기능의 세밀한 조합이다.

| 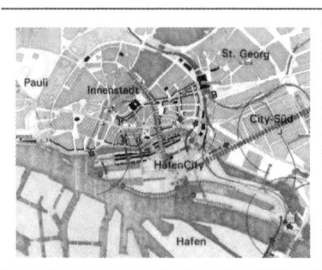 |  | 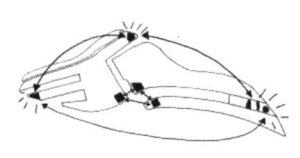 |
|---|---|---|
| 도심지와의 접근성과 연계성 : U4지하-Elbbrücken 급행 대중교통 교차점과 버스 정규 노선으로 보완됨. | 수변공간(waterfront)을 활용한 건물 배치 : 주거 + 일 + 여가 + 쾌적성 확보 | 도시 주요 지점에 공공성 확보: 사회문화 시설 및 오픈 스페이스(open space) 배치 |

출처 : HafenCity Hamburg, Staedtebau, Freiraum und Architektur(그림 순서대로, p.17, p.22, p.66)

[그림 4-2] 하펜시티 도시설계 개념도

하펜시티는 이 같은 구도심과 연계된 동반 및 균형 성장의 목표를 달성하기 위해 서쪽에서 동쪽, 북쪽에서 남쪽으로 총 10개 개발구역으로 나눠 개발되며, 2025년에 전체 도시재생이 완공될 예정이다. 구체적인 도시재생의 개발 과정과 그 내용은 〈표 4-3〉에서 밝히고 있다.

〈표 4-3〉 하펜시티 도시재생 개발 과정과 내용

| 분류 | 주요 내용 |
|---|---|
| 개발 목적 | - 수변 공간 개발을 통해 함부르크시의 도심 면적의 40% 확장해 부족한 도심 기능을 해결<br>- 최대 45,000여 개의 일자리 창출을 통한 고용 창출(이 중 35,000개 사무직 포함)과 침체된 경제 성장 촉진<br>- 주거 7,500개 이상, 15,000명의 주거 인구를 수용 가능한 주택 건설<br>- 친환경적 수변공간 개발을 통한 도시민의 삶의 질적 향상 도모 |

| | |
|---|---|
| 개발 방향 | 낙후된 도심 수변공간을 주거시설, 업무시설, 상업시설, 교육, 문화 및 레저, 관광시설 등의 고밀도 복합 개발을 통한 도시재생 |
| 부지 위치 | 하펜시티(10.5km 부두 산책로 / 3.1km 엘베 제방)에서 시청까지의 거리 800m, 중앙역까지 거리 1.1km로 함부르크시 중앙에 입지 |
| 부지 면적 | 총면적 : 구항구 및 산업지대 157ha(수변공간 55ha 포함) |
| 개발 과정 | – 부지를 총 10개의 개발구역으로 나누고 개발 단계를 5단계로 정해 부지의 서쪽에서 동쪽으로 순차적 개발<br>1997년 헤닝 보세라우(Henning Voscherau) 시장이 하펜시티 도시재생 프로젝트 발표(KCAP가 설계)<br>1999년 마스터플랜 경쟁(우승자 Kees Christiaanse/ASTOC)<br>2000년 기본 마스터플랜이 시의회에서 의결 확정됨.<br>2001년 8개 구역으로 나눠 개발 착공(SAP, 현재 KLU/MSH)<br>2003년 첫 번째 건물 완공 및 시작(Am Sandtorkai/Dalmannkai)<br>2005년 첫 번째 거주민 이동<br>2007년 수변 공공장소(마젤란 테라스 7800qm)/바스코다가마 광장 완공<br>2008년 국제해양박물관 개관/자동차박물관<br>2009년 각종 복합용의 건물이 대거 건설됨(Unilever본사 등)<br>2010년 동부 하펜시티 마스터플랜 개정<br>2010년 큐흐네 로지스텍대학교 및 국제경영학교 개교<br>2012년 U4(지하철 4호선)이 구도심과 하펜시티 연결 오픈<br>2014년 하펜시티대학교(HafenCity University: HCU) 개교<br>2015년 세계문화유산으로 등록됨.<br>2017년 Elbphilharmonie 콘서트 홀 개관<br>2018년 엘베교량(Elbbrücken) 지하철역 오픈<br>2019년 엘베교량 급행 대중교통역 오픈<br>2021/22년 엘브탑(Elbtower) 건설 시작<br>2022년 Überseequartier 및 새로운 크루즈 선박 터미널 개통<br>2025년 하펜시티 도시재생 완공 예정(2019년, 현재 68개 프로젝트 완공) |
| 개발 주체 | 함부르크시가 100% 출자한 자회사 함부르크 하펜시티 개발공사(Hafencity Hamburg Gmbh), 항구 및 부지개발공사(Gesellschaft für Hafen und Standortentwicklung GmbH: GHS) |
| 총 공사비 | 130억 유로(Euro) : 민간 투자(약 100억 유로), 공적 자금(30억 유로 : 주로 하펜시티의 부동산 자산 매각 자금으로 조달) |

출처 : HafenCity_Hamjburg_Fact_Sheet_October_2018.pdf(www.hafencity.com): 내용을 보완해 재구성함.

# 3 사례분석

사례분석은 앞의 〈표 4-2〉의 도시재생 성공 요소의 분석 기준과 평가 항목의 내용에 따라 진행했다(www.hafencity.com).

첫째, 공공의 역할이다. 공공은 도시재생의 과정에 다양한 형태를 통해 참여한다. 도시재생이 성공적으로 이뤄지기 위해서는 초기의 역할은 '도시재생 철학'이라 할 수 있는 분명한 비전과 방향을 제시하고, 이에 따른 구체적인 전략 수립, 지원 및 투자 유인 제도를 기획해야 한다. 이런 점에서 하펜시티 도시재생은 이들 역할을 매우 충실하게 반영하고 있다. 공공의 역할을 두 가지 측면에서 살펴보면 다음과 같다.

우선 하펜시티 도시재생은 분명한 비전과 전략을 제시해 도시재생의 철학과 정체성이 돋보인다. 하펜시티의 도시철학은 특히 '하펜시티 마스터플랜(HafenCity Masterplan)' ①, ⑤, ⑥에서 보여주듯이 공존의 가치를 추구하는 '역사와 문화', 그리고 '지속 가능한 생태도시 건설'이다. 하펜시티 계획의 정수는 단순히 물리적인 변화를 추구하는 것이 아니라 기존 항만의 '역사성'과 '장소성'을 살리고, 기존의 건축물을 최대한 보전하면서 새로운 기능을 부여해 전통과 현대의 공존을 도시 역사에 반영하고 있다. 가령, 함부르크에서 가장 오래된 창고를 개조한 '국제해양박물관(Internationalen Maritimen Museum)', 역시 창고를 개조한 '과학센터', 전기 보일러실(Kesselhaus)을 개조한 '정보센터' 등이다. 특히 과거 항만 하역 부두에 코코아와 커피 창고로 쓰던 카이슈파이허(Kaispeicher) A, B동을 없애지 않고 문화재로 지정하고, 그 위에 새로 개조한 하펜시티의 랜드마크인 '엘베 필하모니 콘서트홀(Elbe Philharmonie Concert Hall)'은 명실공히 하펜시티가 추구하는 도시 철학을 극명하게 드러낸 상징적인 건물이다. 이처럼 역사적인 항구도시의 기존 건물들에 도시의 필요와 환경에 부합한 새로운 기능을 부여함으로써 건축학적으로 신도시와 원도심을 이질적으로 대비되지 않게 도시의 이미지를 조화롭게 연결하고 있다.

또한, 하펜시티 도시재생은 21세기 미래 도시 모습을 구현하는 '지속가능성(Nachhaltigkeit)'을 추구하고 있다. 즉, 환경·경제·에너지 그리고 사회적 지속가능성이다. 시정부는 쾌적하고 적절한 주거, 충분한 녹지공간과 산책로, 저에너지, 저탄소 도시공간 구성을 통해 주민의 삶의 질을 확보하고 있다. 특히 에너지 효율성을 고려해 건축물, 난방 에너지 공급, 교통 체계 등을 생태학적인 측면을 충분히 고려해 개발했다. 가령, 혼합형 중앙 난방 시스템 도입과 고층건물에 대해 '생태건물 인증제' 도입이 압권이다. 즉, 설계 외, 시공 때 계획한 보온, 조명, 온수 공급, 에너지 경영 등 건물의 에너지 효율성을 명기한 '환경마크'를 건물에 부착하도록 하고 친환경 건축자재 이용 여부, 에너지 효율성, 건강과 안락함에 대한 고려 등의 항목에 대한 평가를 거쳐 환경적으로 우수한 건축물에 대해 황금색, 은색 인증마크를 부여한다. 또한, 특정 지역이 개발될 때마다 보행자와 자전거 도로가 동시에 건설되며, 보행자 도로의 70%는 차도와 구분되고, 30%는 수변에 위치하는데 그 길이가 약 10km다.

다음으로 하펜시티의 도시재생 접근 방식이다. 과거의 도시재개발처럼 관 주도적이 아니라 촉진적 역할자로서 사업을 총괄적으로 조정·관리하는 차원에서 접근하고 있다. 도시재생이 성공하려면 무엇보다도 개발 목적과 방향을 충실히 반영하는 마스터플랜이 잘 설계돼야 하며, 설계대로 시행되려면 투자 유치가 확보돼야 한다. 하펜시티 마스터플랜은 국제도시설계 공모전을 개최해 참가 팀의 경쟁을 통해 선발했고, 그 응모작에 대한 2여 년간 전시회와 전문가들의 공청회를 거쳐, 최종 시의회의 의결로 이뤄졌다. 이 같은 검증된 과정과 투명성을 통해 수립된 마스터플랜은 시정부와 개발 주최 기관에 대한 신뢰 제고를 통해 민간 투자자들의 투자를 유인하는 데 크게 성공했다. 총 공사비의 약 77%(100억 유로/130억 유로)가 민간 투자로 개발됐다.

둘째, 파트너십의 구성이다. 도시재생에서 공공의 역할이 노젓기(rowing)식이 아닌 촉진 및 조정관리자로서의 방향잡기(steering) 형태로 변화되면서 가장 강화되는 부분이 파트너십의 역할이다. 즉, '협력적 거버넌스'의 접근이다. 오늘날 경쟁력을 갖춘 도시재생은 물리적 하드웨어 개선보다 다양한 소프트웨어 측면으로 확장되고 지원도 다양한 형태로 도출돼야 하므로 민·관 파트너십은 도시재생 성공의 중요한 요소다. 함부르크시는 하펜시티 도시재생사업 시행에 앞서, 특정 대상지 자체만의 개발사업에 치중하던 기존의 개발정책을 벗어나 기존 도심부와 미개발 모든 지역과의 연계성과 지속성을 명확하게 했다. 이를 위해 시 정부는 건축학자와 도시계획가들과 함께 도시 내의 역사적·문화적 가치가 있는 건축물들을 사전 공동조사해 여러 차례 논의와 토론을 거치고, 지역 커뮤니티의 의견도 충분히 반영해 새로운 의미를 부여했다. 따라서 1991년 최종적으로 파트너십을 통한 함부르크시의 역사·문화 리스트를 재구성했다. 가령, 다이스토어 할레(DieStore Halle), 하머브루크 쉴로젠(Hammerbrook Schilogen), 그로스마크트 할레(Großmarkt Halle)가 역사적 가치가 있는 보존 건축물로 선정됐다. 이를 바탕으로 시의회는 1999년 '하펜시티 도시재생 마스터플랜'을 2여 년간 전시회와 전문가 및 자문위원회, 시민 등의 공청회를 통해 40여 건의 주요 논제를 공개 토론해 결정했다. 즉, 도시재생 마스터플랜부터 전 개발 과정에 이르기까지 정부 주도적인 접근을 철저히 배제하고 전문가와 자문위원,[3] 커뮤니티의 가치를 최대로 수용할 수 있는 조정자 자세로서 실질적인 민관 파트너십을 형성했다.

또한, 도시재생의 마스터플랜이 아무리 잘 계획됐다고 하더라도 투자가 이뤄지지 않으면 개발이 될 수 없다. 현재, 하펜시티 프로젝트를 책임지고 있는 기관이 '함부르크 하펜시티 개발공사(Hafencity Hamburg GmbH)'다. 그리고 항구 및 부지 개발공사인 GHS는 모든 건축 실행의 책임을 맡고 공공 공간계획 및 건설뿐만 아니라 새로운 인프라 구축, 부동산 개발자 및 사용자의 인수와 계약 약정, 홍보 및 시민들과의 소통을 담당한다. 즉, 기획 단계부터 마케팅, 시민들과의 소통 그리고 부동산의 매각도 책임진다. 함부르크 하펜시티 개발공사는 성공적인 도시재생을 위해 거주자, 사무직원, 학생, 잠재적 투자자 또는 언론 관계자와 상관없이 다양한 파트너와 지속적으로 대화를 한다

이처럼 하펜시티 도시재생에 참여하는 많은 민간 기업은 GHS를 신뢰하고 투자를 하고 있다. 현재 계획대로 차질없이 개발 투자가 이뤄지고 있고 민간 투자가 갈수록 늘어나고 있다고 한다. 그뿐만 아니라 개발 과정에서 지역 커뮤니티와 입주할 업체와 시민들의 의견을 철저히 반영해 협력적 파트너십으로서 성공적인 개발이 이뤄지고 있다. 이는 균형 있는 도시재개발 사업을 위해 건축가와 디자이너뿐 아니라, 문화인류학자, 생태학자, 사회학자 등이 참여해 이들의 다양한 의견을 각 분야에 반영해 종합한 결과라 하겠다. 즉, 역사성을 가진 건축물과 현대성을 보기 좋고 쓰임새 있게 융합함으로써 시민들에게 신도시 하펜시티의 역사적·문화적 정체성을 실용성 있게 드러내 보이고, 다른 도시민들과 관광객들에게는 매력적인 문화관광 공간을 선사하게 된 것이다. 아직도 공사가 진행 중이긴 하나, 이런 협력적 파트너십의 결과로 하펜시티는 도시가 가진 역사·문화적 자원을 최대로 활용해 시민들의 문화적 욕구 충족과 경제적 파급 효과를 유발하는 도시재생의 대표적인 사례로 이미 손꼽힌다.

셋째, 용도의 복합화다. 하펜시티의 도시재생은 새로운 공간을 개발하는 것이 아니라 쇠퇴한 지구를 효율적인 토지 이용과 보존 가치가 있는 기존 건물의 재이용을 통해

---

[3] 총 자문위원은 12명으로 구성돼 있고 하펜시티의 전반적인 도시재생 과정에 적극적으로 활동하고 있다(구성원 : 건축 및 도시계획, 생태학 교수 등 3명, 지리학 교수 1명, 교통 및 물류학 교수 1명, 사회학 교수 1명, 관광학 교수 1명, 부동산학 박사 1명, 하펜시티 네트워크 회장, 문화 및 큐레이터 박사 1명, 하펜시티 무역협회 회장, 함부르크 상공회의소 회장).

사회, 문화, 경제, 환경 등 다양한 요소를 내포한 용도의 복합화와 도시 입체화로 경쟁력 있는 도시를 창출하는 것이다. 이는 도시재생을 통한 시너지 효과를 최대한 창출해 고부가가치가 있는 차별화된 도시를 만드는 것이다. 하펜시티는 도시 안에 있는 새로운 항구도시로서 그 자체로 친수형 복합도시를 추구하면서 기존 도심과 유기적인 발전을 도모한다. 따라서 주거, 업무, 상업, 레저, 숙박, 관광, 교육 등 하나의 도시가 갖춰야 할 모든 기능을 자체적으로 해결한다. 즉, 좀 더 수월하고 유용한 도시공간이 되도록 주거와 서비스, 식당과 상업공간 등을 공공 영역과 다양하게 융합을 이루도록 토지 이용의 집중화를 도모했다. 하펜시티가 매력적인 이유는 기존 항구의 장점을 유지하며 새 시대에 필요한 다양한 기능을 접목했기 때문이다. 이 새로운 도시에는 독일은 물론이고 크고 작은 다국적 기업들이 계속 입주하고 있다. 현재 약 3,000가구의 아파트가 완공됐고, 730여 개 이상의 회사가 입주해 있는데 대부분 회사가 작업 및 주거공간의 복합을 이루고 있다. 무엇보다도 하펜시티는 주거와 근무지를 하나의 도시공간으로 묶어 짧은 통근 거리를 가능케 하고 수변에 다양한 문화, 교육 및 사회시설 같은 양질의 기반시설을 갖춰, 주거+일+여가+쾌적성을 동시에 만족할 수 있는 21세기 미래형 도시로 자리매김하고 있다. 그중 2009년 스트랜드카이(Strandkai)에 글로벌 생활용품회사인 유니레버(Unilever) 본사와 마르코폴로 타워(Marco Polo Tower)는 오피스 빌딩과 주거용 타워의 복합상을 수상한 최초의 건물이 됐다. 하펜시티의 랜드마크로, 2017년 기존의 대형 코코아 저장창고를 개조해 건립된 엘베 필하모니 콘서트홀은 마치 바다의 물결치는 모습을 형상화한 지붕과 그리고 내부구조는 독특한 디자인과 입체적 복합건물로 인정받고 있다. 2000석 규모의 대형 콘서트홀과 소형 콘서트홀, 250개의 객실을 보유한 호텔, 47세대가 거주할 수 있는 주거시설과 전망대 등 각종 편의시설로 채워져 있다. 또한, 2022년까지 유럽에서 가장 규모가 큰 통합 부동산 프로젝트 중 하나인 총 27만m²의 GAF 소매, 음식, 호텔, 엔터테인먼트, 사무실, 주거 및 크루즈 터미널로 완공을 앞두고 있다. 이같이 하펜시티는 '용도의 복합화'를 통해 공동화되고 쇠퇴된 도심을 재생하고 기존 도심과 연계해 도시 전체에 새로운 활기와 생명력을 불어넣고 있다.

넷째, 공공성의 확보다. 도시재생은 물리적인 개발과 정비에 초점을 둔 도시재개발과는 달리 이와 더불어 경제·사회·문화·예술적 활력의 제고를 통한 도시 활성화와 공공복리 증진을 목적으로 한다. 따라서 도시재생이 공공성의 확보와 이로 인한 시민 수혜의 정도가 도시재생의 또 하나의 성공 요인으로 꼽을 수 있다. 하펜시티는 수상택시를 이용할 수 있을 뿐만 아니라 산책로와 광장, 생태공원 등의 공공시설들을 엘베강과 연계시켜 수변공간을 자연스럽게 생활 일부로 끌어들이고, 수변 광장 등을 문화행사 및 이벤트 공간으로 활용하게끔 건설됐다. 그리고 또 사무실과 주거지가 같이 있는 주상복합건물의 경우 사무실은 도로 방향, 주택은 하천 쪽을 향하게끔 했다. 즉, 육지와 하천을 함께 공유하는 항구도시의 특성과 도심지의 조밀성을 바탕으로 한 사용 구조를 잘 살려 공공장소를 개발하고, 수변공간을 단순한 위락 관광시설이 아닌 사회·경제·문화적 만남과 소통의 장소로 만들어 낸 것이다. 또한, 단순한 물리적 공간이 아닌 유기체적 사회적 공간을 창출했다. 기존 항만의 '역사성'과 '지역성'을 융합한 공공성의 창출이 돋보인다. 사회 전체의 자산이며 공공의 장소인 수변공간이 특정 계층에만 혜택이 편중돼 이용되지 않고 사회구성원 전체가 향유할 수 있도록 조성돼 있다. 그뿐만 아니라 수변 지역 커뮤니티가 형성되도록 공공 교육시설, 박물관(해양, 과학, 역사, 미술 등) 그리고 수족관 등을 수변공간에 집중적으로 배치했다. 이는 수변에 조성된 광장(Magellan Terassen, Marco Polo Terassen)과 공원, 수변을 따라 조성된 총 11km 산책로에서 개최되는 다채로운 축제와 문화행사와 더불어 도시민의 화합과 만남이 일어나는 활기찬 공공공간으로 만들어 도시민의 사회적 네트워크 형성과 삶의 질 개선에 기여한다. 특히 하펜시티 그린 네트워크(육상공간의 20% 이상)는 동·식물에게 생태환경적 서식지를 제공하고 지역 주민을 위한 여가와 휴식공간의 제공뿐만 아니라 함부르크시 전체의 도시적 차원에서 그린 네트워크(Green Network)를 완성시켜 준다는 데 매우 의미가 있다. 이는 도시의 매력과 수용성을 담은 녹지공간을 갖도록 함으로써 함부르크만이 가진 전형적 도심지의 이미지를 살려내면서, 옛 항구의 공간을 좀 더 지속적이고 친환경적으로 개발하기 위해 노력한 흔적이 곳곳에 보인다.

다섯째, 파급 효과다. 도시재생의 최종적인 목적은 당초 기획한 목표의 파급 효과로 평가될 수 있다. 도시재생을 통해 전략지역과 기존 도심 및 미개발지역까지 미치는 파급 효과를 추구하는 것이다. 하펜시티의 도시재생 철학은 역사성과 지역성이라는 가치를 바탕으로 지속가능성을 추구하는 미래형 도시 건설이다. 하펜시티 도시재생을 통한 함부르크의 새로운 정체성 확보는 역사적 건축물을 재생하면서 총 157ha에 이르는 거대한 수변공간 위에 주거, 상업, 관광, 교육, 문화 및 레저시설 등의 다양한 복합 기능을 살려냈다. 하펜시티는 매력적인 장소성과 문화예술적 가치를 창출하기 위해 질 높은 디자인으로 다양한 건축물과 외부 공간이 구성됐고, 이 밖에 공원, 수변 산책로, 다양한 오픈 스페이스 등 도시민의 휴식처를 제공해 주는 공간을 조성해 포화 상태에 놓인 함부르크 도심의 기능을 보완 및 충족시키고 있다.

시정부는 기존 건물들을 없애지 않고 문화재로 지정함과 동시에 이 건물들을 현대적인 디자인으로 리모델링(remodeling)해서 2019년 현재 정보센터, 과학센터, 국제해양박물관, 대학교, 엘프 필하모니 콘서트홀 등 68개 프로젝트가 완료됐으며, 이곳을 찾는 관광객 수는 연간 약 백만 명에 이른다고 한다. 서쪽 지역에서는 하펜시티의 도시 품질이 이미 눈에 띄게 나타나고 그 파급 효과가 엄청나다. 현재 5,300가구의 고급 아파트와 상주 근로자 4만 명을 수용하는 상업과 오피스텔 건물이 들어섰고 730여 개 이상의 회사가 입주했다. 2009년 스트랜드카이에 글로벌 생활용품 회사인 유니레버 본사와 마르코폴로 타워는 오피스 빌딩과 주거용 타워의 복합상을 수상한 최초의 건물이 됐다. 또한, 14,000명의 주거 인구를 수용하고, 45,000개의 일자리를 창출함으로써 시 전체에 새로운 활기와 생명력을 불어넣고 있다. 연간 하펜시티 관광객은 수십만 명에 이르고 관광 수익도 매년 증가 추세에 있다. 그뿐만 아니라 2022년까지 유럽에서 가장 규모가 큰 통합 부동산 프로젝트 중 하나인 총 27만m²의 GAF 소매, 음식, 호텔, 엔터테인먼트, 사무실, 주거 및 새로운 크루즈 선박 터미널 완공을 앞두고 있다. 이렇듯 역사적인 건물들에 도시의 필요와 환경에 부합하는 역할을 다시 부여함으로써, 건축학적으로 원도심과 신도시를 조화롭게 도시의 이미지를 조화롭게 이어주고 있다. 도심지를 재개발한 세계 어느 도시에서나 콘서트홀이나 박물관 또는 크루즈 선박 터미널 등을 쉽게 볼 수 있다. 그러나 하펜시티는 이들 외에 시민들의 자긍심을 고양하기 위해 함부르크를 대표하는 역사적 기업 유치와 지식 공간의 확보에도 중점을 뒀다. 그리하여 슈피겔, 유니레버, 저먼 로이드, SAP, 큐흐네 물류센터 등 전통 있는 회사뿐만 아니라 하펜시티대학과 큐흐네 로지스틱대학, 세계 환경운동의 총본산 그린피스(Greenpeace)의 독일 본부, 디자인·음악·영화 등 지식창조 산업 분야의 작업공간과 주거공간이 하펜시티에 자리 잡고 있다. 또한, 하펜시티 재생사업에 따른 효과로 함부르크시 도심 면적이 40% 더 확장되고 인구 분산 효과도 크게 가져왔다. 무엇보다도 하펜시티의 경제적 특성은 도심의 버려지고 방치돼 쇠퇴한 옛 항만 구역의 부지를 재이용과 재활용을 통해 구도심과 미개발된 도시 근린지역과 연계성을 강화해 도시 전체가 균형적인 발전을 이뤘다는 점이다. 여기서 특이한 점은 도시의 콘셉트가 녹색성장의 토대 위에 친환경적, 경제적 그리고 사회적 지속가능성이 있는 미래 지향적 도시 개발이 되도록 저에너지, 저탄소 도시공간을 구성했다는 점이다.

## 제5절 분석 결과의 정책적 함의

앞의 분석 내용에서도 나타났듯이 도시재생의 성공 요소는 다양하게 설명될 수 있으나, 대부분 도시학자는 공공의 역할, 민·관 파트너십, 용도의 복합화, 공공성의 확보 및 파급 효과 등을 제시한다. 하펜시티의 도시재생은 최종 산물(outcome)의 파급 효과도 크지만, 과정적 산물(output), 즉 이들 요소를 충족시키는 재생 과정에서의 정책적 의미가 돋보인다.

첫째, 하펜시티의 도시재생은 분명한 재생철학이 정립돼 있다는 점이다. 이는 도시의 정체성을 확립해 도시의 경쟁력을 확보하는 것이다. 하펜시티 도시재생은 과거의 도시재개발처럼 단순히 물리적 변화를 추구하는 것이 아니라 지역의 '역사성'을 특정짓는 항만과 이와 관련된 기존 건축자원을 이해하고 보존해, '장소성'을 살리고 문화와 예술적 가치를 창출하기 위해 포스트 모던의 디자인을 입혀서 미래 발전의 자극적인 도시 건축과 문화공간을 구성했다는 점이다. 이는 역사와 문화적 고려 사항이 지역 발전 전략을 수립하는 데 중요한 역할을 한다는 것이다(심우배, 2012 : 76). 한마디로 하펜시티 도시재생의 정체성은 전통과 현대가 공존하는 역사 의식의 조화에 있다. 이 같은 철학을 담은 '하펜시티 마스터플랜'은 국제도시설계 공모전을 통해 전 세계 175개 팀이 참가해 경쟁한 최종 응모작에 대해서 2여 년간의 전시회와 전문가의 공청회를 거쳐 최종 확정됐다. 이는 도시재생이 추구하는 철학적 콘셉트를 어떻게 담아내어 개발할 것인가에 대한 고민이라고 해석할 수 있다. 이뿐만 아니라 마스터플랜이 도출되는 과정이 형식적이 아니고, 본질적인 내용을 궁구하는 모습이며, 또한 과정의 투명성이 확보된다는 점에서 부실 개발을 사전 예방하는 예방행정의 의미도 있어 보인다. 이에 비해 우리나라의 도시재생 마스터플랜의 도출 과정은 어떠한가. 지금까지 대부분 마스터플랜은 정부가 주도적으로 재생철학이 없이 천편일률적으로 급조하거나 그 과정 또한 불투명하고 형식적인 것이 태반이다. 그러다보니 당초 마스터플랜이 수차례 시공자에 따라 변경돼 개발비용도 증가하고 부실 개발이 이뤄져 추후 사건 사고가 비일비재하다. 이런 의미에서 우리나라는 우선 도시재생 철학을 무엇으로 할 것인지, 또 그 내용을 마스터플랜에 어떻게 담을 것인지를 깊이 고민해야 도시재생의 성공을 기대할 수 있다.

둘째, 하펜시티 도시재생은 도시 전체의 마스터플랜 안에서 지역적 발전전략이 하나의 구심적 역할을 한다는 점에서 특징적이다. 즉, 옛 항만 구역의 방치된 부지와 버려진 건물들을 재이용(reuse)과 재활용(recycle)을 통해 기존 도심과 근린 미개발 지역의 연계성을 강화함으로써 도시 전체가 균형적인 발전을 이뤘다는 점이다. 이는 하펜시티에서 시청까지의 800m, 그리고 중앙역까지 수변공간 개발을 통해 함부르크시의 도심 면적의 40%가 확장됐다. 특히 질 높고 밀도 있는 도시재생을 위해 낙후된 도심 수변공간을 업무 및 상업시설, 교육 및 문화시설, 관광 및 레저시설, 그리고 주거시설을 겸한 '용도의 복합화'를 도모해 기존의 부족한 도시 기능을 해결했다. 따라서 하펜시티 도시재생사업은 함부르크시의 점차 쇠퇴하고 노령화돼 가는 지역을 전략적으로 선택해 도시 전체의 재생으로 연계하는 거대한 지속 가능한 창조 프로젝트다. 이 같은 관점에서 우리의 도시재생은 도시 전체 맥락에 대한 고려 없이 추진하다 보니 전략 지역과 도심 전체가 연계되는 균형 발전 차원이 매우 빈약하다. 이 같은 결과로 물리적·사회적·경제적 종합적인 재생 처방이 되지 않는다.

셋째, 하펜시티의 도시재생은 참여를 통한 협력적 거버넌스가 실용화되고 있다는 점이다. 즉, 공공의 역할로서 민·관 파트너십이다. 하펜시티 도시재생의 마스터플랜부터 투자 및 시행에 이르기까지 모든 과정을 다양한 이해 주체와의 적극적 참여를 통해서 공조해 나간다는 점이다. 이를 뒷받침하는 논리는 보이는 손에 의한 협력적 파트너십이다. 함부르크 시정부는 다양한 이해 주체가 참여하는 것이, 다양한 개발 방식의 적용과 정치적 지지, 합리적이고 신속한 제도 개선을 통해 개발 프로젝트의 활성화를 촉진할 수 있다는 점을 잘 인식하고 있었다. 가령, 보존 가치가 있는 건물의 재이용 가능성에 대한 공동조사를 도시계획 전문가와 건축 전문가를 참여시켜 선정하고, 이를 토대로 도시재생 마스터플랜을 2여 년간 전시회와 전문가들의 시민 공청회 등을 거쳐 시의회의 최종 승인으로 확정됐다. 정부와 시의회는 개발계획 단계에서부터 적극적인 후원자로서 또는 촉진자로서 그 역할에 충실했다. 이 같은 장기간의 토론과 신중한 논의로 마스터플랜이 도출됐기 때문에 민간 사업자들이 정부를 신뢰하고 투자에 적극성을 보일 수 있었다. 또한, 시민들의 문화복지 욕구 충족을 위한 '공공성의 확보'에서도 지역 커뮤니티와 입주할 업체와 시민들의 의견을 반영해 지역공동체의 가치를 이루고 있다. 여기서 우리의 도시재생을 성찰해 볼 필요가 있다. 아직도 우리는 정부 주도적인 관료주의적인 시스템을 벗어나지 못하고 있다. 협력적 거버넌스의 외관을 갖고 있지만, 형식적이고 요식적인 것이 너무 많다. 도시재생이 재정 지원뿐만 아니라 사업결정권이 자치단체보다 중앙에 편중돼 있다. 우선 주민과 지역 커뮤니티의 수용성 측면에서 사업의 기본계획의 수립 단계부터 참여와 협의의 형성이 필수 조건인데 그렇지 못하다. 대부분 초기 참여가 배제되고 관 주도적인 계획하에 설득하려는 입장이 농후하다.

넷째, 3ES의 가치를 추구하는 미래 지향적인 도시재생을 하고 있다는 점이다. 3ES는 환경(Environment) + 경제(Economy) + 에너지(Energy)의 '지속가능성'이다. 즉, 저탄소 녹색성장을 지향하면서 자원순환형의 지속 가능한 생태도시를 추구하고 있다. 하펜시티 마스터플랜 ⑤에 "친환경적, 경제적 그리고 지속가능성이 있는 미래 지향적 도시개발이 되도록 저에너지, 저탄소 도시공간을 구성하도록 한다"고 명시하고 있다. 먼저 환경적 지속성은 자원 절약에 있다. 옛 항구 공간을 재생하는 기획이 외곽의 지역 개발보다 더 선호되는 이유도 자원의 절약이다. 함부르크는 2011년 유럽의 '녹색 수도(green capital)'로 선정된 이유가 하펜시티와 무관하지 않다. 21세기의 환경 보전이 가장 잘 됐고 녹색공간과 친환경적 건축물이 가장 많은 곳을 평가 기준으로 하는 이 상(賞)은 하펜시티의 지속가능성을 인정받고 있음을 증명한다. 또한, 시정부는 쾌적하고 적절한 주거 및 업무 건축물, 충분한 녹지공간, 생태적 교통 체계 등 저탄소, 저에너지 도시공간 구성을 통해 경제적 지속성을 끌어올려 주민의 삶의 질을 확보하고 있다. 우리의 도시재생은 지속가능성을 고민하고 있는지 궁금하다. 저탄소 녹색성장은 구호에 불과하고 여전히 물리적 환경의 변화를 추구하는 과거 도시재개발의 수준에 머물고 있지 않은지 반추해 봐야 할 것이다. 21세기 3ES의 가치가 구현되는 경쟁력을 갖춘 도시재생이 우리에게 시급한 과제로 놓여 있다.

## 제6절 결론

도시재생은 고도 산업화에 따른 도심 공동화와 기능 저하의 대안으로 추진해 온 새로운 도시개발 패러다임이다. 즉, 도시의 물리적 환경뿐만 아니라 사회구조, 문화, 경제 기반, 환경 상태를 동시에 개선하는 것이다. 우리나라는 2013년 「도시재생특별법」의 제정으로 본격적인 도시재생사업이 전국적으로 시행되고 있다. 서울을 중심으로 대도시에서부터, 근래에는 중소 규모 이상의 지방도시 육성과 국가 균형 발전 차원에서 진행되고 있다. 그러나 도시재생 철학의 미흡 및 관련 법과 시행 제도의 미비로 과거 도시재개발 개념을 크게 벗어나지 못하고 있어 많은 시행착오를 겪고 있다. 이 같은 문제점을 착안해, 이 연구는 독일의 도시재생 성공 사례라고 할 수 있는 '함부르크 하펜시티'를 중심으로 분석해, 우리나라 도시재생의 방향성 제고를 위한 정책적 함의를 제시하는 데 있다. 사례분석에 앞서서 기존의 도시재개발과 도시재생의 차이점이 무엇인지를 몇 가지 기준에 따라 비교 설명함으로써 도시재생의 명백한 개념화와 의미를 밝히고 있다. 또한, 사례분석을 위해 도시재생 성공 요소의 분석 기준과 평가 항목을 구체화해 분석했다.

분석에 따른 하펜시티 도시재생에서 도출된 정책적 함의를 요약하면, 첫째, 공공의 역할로서 민·관 파트너십이다. 무엇보다도 하펜시티는 도시재생의 철학을 분명히 설정하고 마스터플랜에서 개발 과정에 이르기까지 촉진자로서 다양한 이해 주체를 참여시켜 커뮤니티의 가치를 달성했다는 점이다.

둘째, 도시재생의 방향성이다. 도시 전체의 마스터플랜 안에서 하펜시티를 발전전략의 구심점으로 선택해 구(舊)도심부와 미개발된 도시지역과 연계성을 강화해, 도시 전체가 균형 발전을 추구하고 있다는 것이다. 특히 건물 '용도의 복합화'와 '공공성의 확보' 등을 통해 경쟁력 있고 차별화된 도시를 창출했다.

셋째, 도시 전체를 저탄소 녹색성장을 지향하면서 자원순환형의 지속 가능한 생태도시를 추구하고 있다는 점이다. 이 같은 점에서, 우리의 현실 적용 관점에서는 분명히 한계점이 있어 보인다. 즉, 도시재생의 철학 부재, 구심적 지역 발전이 도시 전체의 파급성 결여, 협력적 거버넌스의 실용성 빈곤 등이다. 이들 문제는 엄밀히 보면 민간 사업자의 투자와 직결돼 있다. 도시재생 성공의 관건은 정부 주도성의 극복과 개발 과정의 투명성에 대한 정부 신뢰가 확보되지 않은 상태에서는 민간 투자는 요원하다. 그 밖에 도시 쇠퇴에 대한 종합적 제도의 부재, 수도권과 비수도권 등 지역 간 격차, 지역의 자생력 부재, 공동체의 붕괴와 획일성의 문제 등이 지적되고 있다(이상훈·황지욱, 3013: 388-399). 또한, 우리나라는 도시재생 과정에서 공익과 사익의 조정이 쉽지 않다. 즉, 시민의 공공성 결여로 공유의 가치를 실현하는 데 타협 정신이 매우 부족하다. 현재 진행되고 있는 도시재생 과정에서 노출되는 가장 큰 문제이기도 하다. 우리의 도시재생이 무엇이 문제인지 다섯 가지 성공 요소의 관점에서 그 한계를 하펜시티 도시재생의 과정을 참조해 정책적 의미를 찾았으면 한다.

# 05장
# 미세먼지와 생태도시

## 제1절 서론

   대기는 물과 함께 생명을 유지하는 질료다. 오늘날 고도 산업화와 대기오염의 복합화로 나타난 기후변화, 오존층 파괴, 산성비, 미세먼지 등은 인류를 고통으로 몰아넣는 독감 바이러스가 됐다. 특히 지표면을 둘러싸고 있는 대기가 인위적인 인간의 행위로 심하게 오염돼 생명을 위협하고 있다. 최근 동북아시아를 중심으로 한 태국, 중국, 한국 등에서 발생하고 있는 미세먼지는 삶 자체를 통째로 무너뜨리고 있다. 미세먼지는 인간뿐만 아니라 동·식물의 활동에도 해를 주어 생명과 재산을 향유할 정당한 권리를 방해하고 있다.

   우리나라는 1960년대부터 경제 개발을 시작으로 오늘에 이르기까지 정도의 차이는 있지만, 성장제일주의 정책으로 일관하면서 환경문제에 대해서는 상대적으로 소홀했다. 그동안 분야별 환경정책을 통해 환경 개선에 큰 진전을 보여온 것은 사실이나 산업과 생활 방식의 다변화로 이에 적합한 과학적인 대응 능력이 부족한 점도 많다. 근데 최근에는 미세먼지로 인한 대기오염이 사회 이슈화돼 국가 최대 현안 중의 하나가 됐다. 미세먼지는 흔히 선진국형 오염으로 알려져 있다. 우리나라는 대기정책으로 1990년 「대기환경보전법」이 제정되고 대기 질 관리를 위해 2005년부터 「수도권대기질개선특별법」이 시행됐다. 또 정부는 2013년 '미세먼지종합대책,' 2015년 '제2차 대기환경개선종합계획'(2016~25), 2016년 '6·3미세먼지관리특별대책'을 발표했다. 2018년 8월에는 「미세먼지특별법」이 공포돼 2019년 2월에 「미세먼지저감특별법」까지 시행됐다.

하지만 자치단체는 아직 조례도 만들지 않았다. 초미세먼지(PM2.5)의 대기환경 기준은 다른 국가들보다 늦은 2015년에 만들어졌으나 기준이 느슨해 2018년 4월에야 1년 평균치 35㎍/㎥→15㎍/㎥ 이하, 1일 평균치가 100㎍/㎥→50㎍/㎥ 이하로 강화하게 됐다(환경부, 2018: 138). 그런데도 미세먼지 문제는 더욱 심각해졌다. 즉, 미세먼지 오염은 기하급수적으로 늘어남에 반해 정부 대기 질 개선은 산술급수보다 더 느리게 이뤄진다는 점이 하나의 큰 딜레마라고 본다.

지금 발생되는 미세먼지는 국내외 동시다발적으로 생성되기 때문에 정부 대기정책의 근본 접근 방식에 문제가 있음을 확인할 수 있다. 많은 국내외 연구자료에 따르면, 한국의 미세먼지 절반이 중국으로부터 전해 오고 있음이 밝혀졌다(국립환경과학원, 2016: 환경부, 2018). 중국은 1978년 개방·개혁 이후 근 40년간 급격한 경제 성장과 산업화로 세계 최대의 에너지 소비국이 됐다. 특히 세계에서 석탄을 가장 많이 소비하고 있다는 점이다. 중국의 석탄 발전은 전 세계 설비용량의 절반에 육박하고 2위인 인도의 4.5배나 된다(Fridley et al., 2016: 5-18). 지금도 계속해서 석탄발전소가 세워지고 있다. 향후 20년간 큰 변동이 없을 것이라는 전망이다. 이는 적어도 20년은 중국발 미세먼지의 위협이 지속화될 것이라는 끔찍한 시나리오다. 이처럼 미세먼지의 재앙은 국외로부터 오는 것뿐만 아니라 국내 사업장에서 배출되고 있는 오염, 자동차 배출, 발전소 난방, 가정 등으로 인해 발생하고 있는 것도 심각한 수준에 이른다.

글로벌 대기오염 조사기관인 에어비주얼(AirVisual)에 따르면, 2018년에 전 세계의 초미세먼지 오염도를 분석한 결과, 한국의 초미세먼지 오염도가 경제협력개발기구(OECD) 국가 중에서 칠레에 이어 두 번째로 높은 것으로 조사됐다(AirVisual, 2018). 특히 초미세먼지가 생명 파괴에 직접적인 영향을 미치고 있음이 보건 과학자들에 의해 밝혀졌고, 유아·임산부·노약자 등 보건환경의 취약계층에 노출이 크다는 점에서 더욱 심각하다. 그뿐만 아니라 국민 전체 중 82.5%가 미세먼지로 불안을 느낀다고 조사됐다(통계청, 2018).

심지어 인간의 존엄성과 행복추구권이 유린된다고 여긴다. 이는 단순한 선언적 조치로 국민에게 경각심을 일으키는 차원을 넘어, 생명권 회복이라는 인권의 문제로까지 논의되고 있다. 또한, 미세먼지는 국민 각자가 피해자이며 또한 가해자의 성격을 지니고 있다. 이 같은 관점에서 미세먼지로 인한 생명권 보장을 위한 개인·사회·국가적 책무성을 확인하는 것은, 환경권 차원에서 그 의미가 크다. 따라서 이 장의 연구 목적은 이 땅의 모든 생명체의 '생명권 회복'과 '생태계의 지속성 유지'를 위해서 미세먼지의 발생과 현황을 살펴보고, 국민 환경권의 차원에서 생명권과 어떤 관련이 있는지, 또한 생명권 보장을 위한 개인·사회·국가적 책무가 무엇인지를 모색하는 데 있다.

## 제2절 미세먼지의 발생과 현황

생명권 보장을 위한 책무성을 논의하기 위해서는 우선 미세먼지가 무엇인지, 그 발생 근원과 생성 과정, 배출원 기여도, 배출원과 배출량 규명의 문제점 등을 먼저 고찰할 필요성이 있다.

### 1 미세먼지의 정의

우리나라는 1990년 이후, 청정연료 및 저황유 공급 확대, 저공해 자동차 보급 등 대기오염 저감 정책으로 아황산가스와 일산화탄소 같은 후진국형 대기오염 상태는 개선

되는 추세다. 반면에 자동차의 급격한 증가로 인해 미세먼지, 이산화질소 및 오존의 오염도는 오히려 증가하고 있다. 이는 대기오염의 양상이 후진국형에서 선진국형으로 변화하고 있다는 것이다. 특히 근래에 와서 대기오염 물질 중에 건강과 생명 위험과 관련해서 가장 주목받고 있는 것이 대기 중의 미세먼지다. 「대기환경보전법」 제2조 제6호에 따르면 "먼지란, 대기 중에 떠다니거나 흩날려 내려오는 입자상 물질"로 규정하고 있다.

먼지는 입자의 크기 정도에 따라서 50㎛(1㎛=1000분의 1mm) 이하인 총 먼지(Total Suspended Particles: TSP)와 입자 크기가 매우 극미한 미세먼지(Particulate Matter: PM)로 분류된다. 미세먼지는 다시 '지름이 10㎛보다 작은 미세먼지(PM10)와 지름이 2.5㎛보다 작은 초미세먼지(PM2.5)'로 나뉜다(환경부, 2016: 5). 대기오염 물질은 모두 기체이거나 기체 혼합물인 데 반해 미세먼지는 고체 또는 액체 부유물이란 점이 특이하다. 미세먼지는 사람의 머리카락과 비교해 약 1/5~1/7 정도로 작은 크기이며, 초미세먼지는 머리카락의 약 1/20~1/30에 불과할 정도로 극미하다(환경부, 2016: 5).

이렇게 10㎛ 이하의 극미한 미세먼지는 과학기술의 발달에 따라, 분석이 가능하게 되면서 새로운 위험으로 등장하고 있다. 특히 세계보건기구(WHO)는 미세먼지(PM10, PM2.5)에 대한 대기질 가이드라인을 1987년부터 제시해 왔고, 2013년에는 산하의 국제암연구소(International Agency for Research on Cancer: IARC)가 미세먼지를 석면, 벤젠과 함께 1군 발암물질(Group 1)로 지정하면서(환경부, 2018: 121), 그 위험성에 대해 보건기관과 언론이 집중적으로 다루기 시작했다.

## 2 미세먼지 발생원과 생성 과정

미세먼지의 주요 발생원은 인위적 원인과 자연적인 원인으로 구분해 볼 수 있는데, 자연적 발생원은 산불, 암석과 토양의 풍화물, 사막 모래(황사), 화산재, 바닷물에서 생기는 꽃가루와 소금 등이 있다. 반면 인위적 발생원으로는 보일러나 발전시설, 공장 등에서 화석연료를 태울 때 발생하는 매연, 자동차나 선박에서 배출되는 배기가스, 자동차가 달릴 때 발생하는 마모된 타이어 가루, 소각장에서 발생하는 연기, 건설 현장에서 발생되는 먼지 등이 있다. 오늘날 우리가 겪고 있는 미세먼지는 대부분 인위적 요인으로 발생된다.

미세먼지 발생원은 생성 과정에 따라 1차 발생과 2차 발생으로 나뉜다. 〈표 5-1〉에서 보여주듯이 1차 주요 배출원에서 나오는 질소산화물(NOx), 황산화물(SOx), 휘발성 유기화합물(volatile organic compounds: VOCs), 암모니아($NH_3$) 등은 일명 전구(반응) 또는 생성물질이라 해서, 대기 중 다른 물질과 화학반응을 통해 미세먼지가 생성되기도 하는데 이것이 2차 발생원인 초미세먼지다. 여기서 2차 발생원에 더욱 주목해야 하는 이유는 전체 미세먼지 중에서 초미세먼지가 차지하는 비중이 2/3에 해당하기 때문이다. 초미세먼지가 다른 대기오염 물질과 다른 점은, 배출도 되지만 대기 중에 다른 물질들과 반응해 생성된다는 점이다. 특히 초미세먼지 농도가 높을 때는 대기에서 생성된 초미세먼지 비중이 매우 높다.

따라서 대기 관리정책은 초미세먼지 배출량만 아니라 1차 전구물질(반응물질)의 배출량까지 동시에 저감하는 정책이어야만 초미세먼지의 농도를 낮출 수 있다. 그 밖에도 초미세먼지는 햇빛을 흡수하거나 산란시키는 특성이 있어 스모그, 지구 냉각화 및 온난화 등 여러 대기오염과 지구환경 변화 현상을 일으킨다. 초미세먼지 농도가 높을 때 가까운 산이나 건물이 잘 보이지 않는 것은 이 때문이다.

〈표 5-1〉 초미세먼지 생성에 관여하는 전구물질과 이들의 주요 배출원

| 전구(반응) 오염물질 | 1차 주요 배출원 |
|---|---|
| 황산화물(SOx) | 석탄, 나무 등 황이 포함된 연료 연소 |
| 질소산화물(NOx) | 질소가 포함된 연료 연소, 공기의 질소가 연소 과정의 고온에서 분해해 생성(대표적인 예가 석탄 화력발전소, 자동차, 농기계, 선박, 집에서 사용하는 가스보일러 등) |
| 암모니아($NH_3$) | 가축 사육(분뇨), 퇴비 및 비료 시비 과정 등 |
| 휘발성 유기화합물(VOCs) | 용매 사용, 자동차 연료, 인쇄소, 화장품, 방향제(스프레이), 고기구이(가스레인지, 전기 그릴, 오븐 등을 사용하는 조리/요리) 등 |

# ❸ 우리나라의 미세먼지 현황

## 1) 미세먼지 배출 기여도와 발생 유형 분석

대기오염에 대한 지역별 배출 기여도와 국내 배출원 기여도를 2011년과 2016년 서울시 서울연구원(The Seoul Institute)에서 비교 연구한 결과를 보면([그림 5-1]), 서울이 2011년 21%에서 2016년에는 22% 증가했다. 또한, 중국으로부터 미세먼지를 포함한 국외적 요인에 의한 대기오염 기여도는 동일 기간에 49%에서 55%로 증가했다고 발표했다.

시정부에 따르면, PM2.5 오염의 연간 평균 농도는 2015년 공기 1㎥당 23㎍에서 2016년 26㎍으로 증가했다고 한다. 오염에 미치는 국외적 요인을 제외하면 난방 시스템과 발전소와 같은 지역 요인, 그리고 소위 비산먼지(fugitive dust) 또한 도시의 대기오염을 악화시키고 있다는 것이다. 특히 도시에서 비산먼지는 주로 마모된 타이어 고무와 매연, 콘크리트 제조 및 건설 현장에서의 작업으로 인해 발생된다는 것이다. 차량

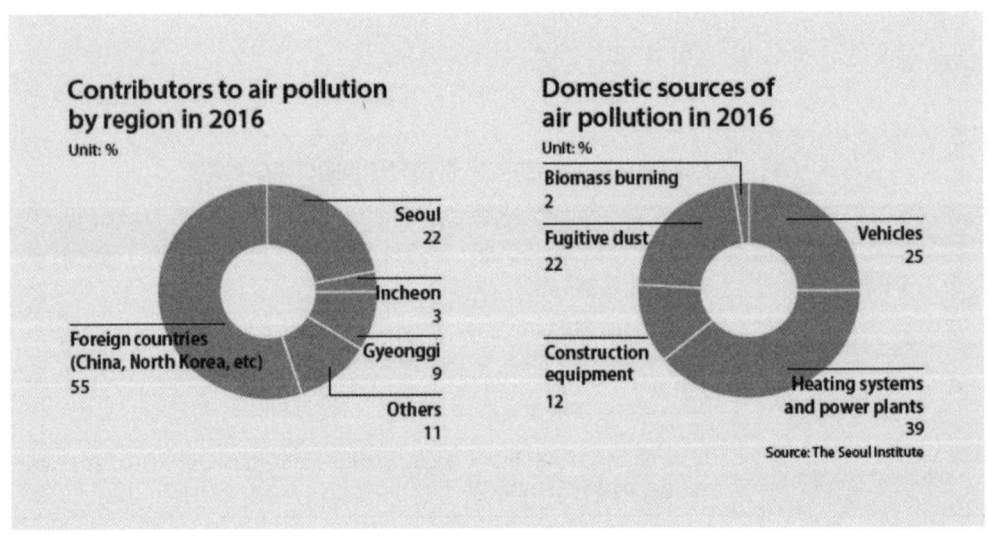

출처 : 서울연구원(2017).

[그림 5-1] 대기오염에 대한 지역별 및 국내 배출원 기여도

(vehicles)에 의한 대기오염 기여도는 실제로 35%에서 25%로 떨어졌다. 반면에 가열 시스템과 발전(heating system and power plants)의 기여도는 27%에서 39%로, 비산먼지의 기여도는 12%에서 22%로 증가했다는 것이다. 다른 참여자들은 도시 남서부의 화력발전소 수가 더 많아졌고, 서울 및 주변 지방정부에 등록된 디젤 차량 수는 2016년 1월에 약 340,000대에서 7월에 410,000대로 증가했다고 한다. 최근 정부에서 발표한 국내 배출원별 기여율을 보면, PM2.5는 1차 생성물인 직접 배출과 2차 생성물인 간접 배출이 약 1:2로 구성되며, 국내 배출원이 미세먼지 발생의 약 50% 정도를 차지하고 있다. 국내 배출원은 서울 등 수도권은 경유차(23%)가 가장 높고, 건설기계(16%), 사업장(14%), 냉난방(12%), 에너지 수송·저장(10%) 등 순이다. 전국적으로는 공장 등 사업장(38%)이 가장 높고, 다음으로 건설기계 등(16%), 발전소(15%), 경유차(11%), 냉난방(5%) 순으로 나타났다(환경부, 2018: 122-123).

우리나라에서 발생하는 미세먼지의 발생 유형은 대체로 네 가지 유형을 나타내고 있다. 최근 국립환경과학원 연구팀이 2015년에서 2017년까지 3년간, 고농도 미세먼지가 발생한 303일을 분석한 결과, 전국 5개 권역 이상에서 '나쁨' 이상으로 나왔다. 연구팀은 '고농도 미세먼지 정확도 향상을 위한 개념 모델 개발연구' 보고서에서 ① 국외 유입, ② 복합형, ③ 대기 정체, ④ 국지 순환 등 네 가지 유형으로 분류했다([그림 5-2] 참조). 이 중에서 '복합형'이 가장 큰 비중을 차지했다. 복합형은 중국발 미세먼지가 대기가 정체된 상황에서 들어오거나 미세먼지가 들어온 뒤 대기가 정체된 경우의 사례다.

'국외 유입'의 경우 중국과 대만, 몽골 등 동아시아 내륙에서 축적된 미세먼지가 편서풍을 따라 이동했다. 이 경우 한반도 서쪽 서해안과 수도권 등에서부터 농도가 치솟았다. '국지 순환'과 '대기 정체'는 국내 오염물질에 의해 발생했다. 특히 대부분의 고농도 사례는 복합형으로 조사됐다. 사상 최악의 대기질을 기록한 때는 중국 랴오둥(遼東)과 산둥(山東) 지역에서 대기오염 물질이 유입되고, 반복적으로 국내 정체가 형성되면서 복합형 고농도 미세먼지가 발생했다. 국외로부터 유입되는 유입 경로를 보면, 주로 'ㄴ'자 유형과 'ㅅ'자 유형 경로를 통해 한반도로 유입된다. 이는 중국발 미세먼지 도로가 존재하는 것이다. 'ㄴ'자형은 대륙 고기압이 세력을 남쪽으로 확장한 뒤 일부 고기압이 동진하면서 오염물질이 유입되는 경우를 말한다. 이렇게 되면 중국 내륙을 통해 축적된 미세먼지가 남쪽으로 이동하면서 편서풍을 따라 국내로 유입되기 때문에 고농도를 유발하게 된다. 반면 'ㅅ'자형은 중국 수도권인 베이징(北京)-텐진(天津)-허베이(河北)와 중국 동북부(산둥반도) 쪽의 오염물질이 남서풍을 따라 만주지역 쪽으로 이동한 뒤 다시 북서풍을 타고 국내로 들어오는 것이다. 문제는 두 유형 경로를 거쳐 유입되는 기류가 중국 내에서도 인구분포가 높거나 대기오염도가 극심한 지역을 경유한다는 것이다.

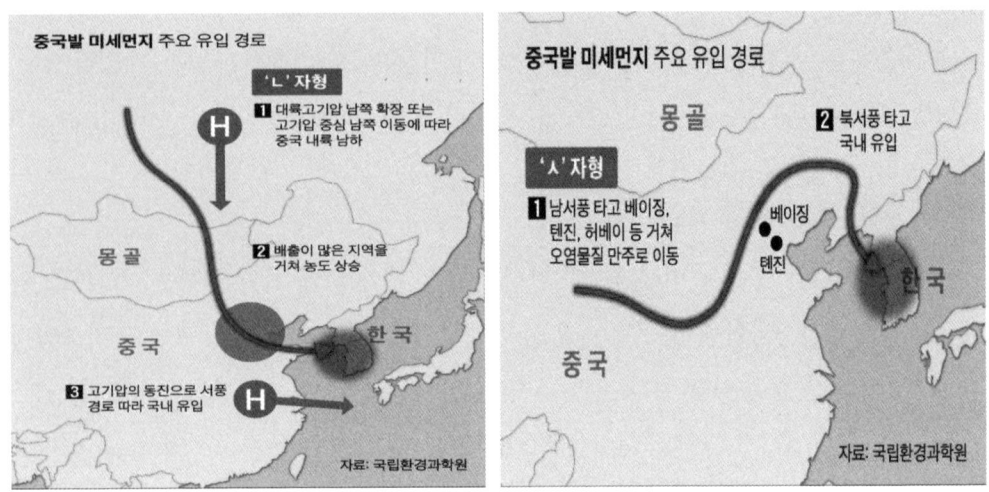

[그림 5-2] 중국발 미세먼지 'ㄴ'자형과 'ㅅ'자형 유입 경로

특히 'ㅅ'자형은 봄철 황사와 함께 유입될 가능성이 많을 것으로 보이므로 매우 치명적이라 할 수 있다. 초미세먼지 고농도 현상의 주요 원인으로 바람이 잔잔해지면서 대기 정체가 잦아져 중국발 미세먼지와 국내 오염물질이 합쳐져서 한반도를 빠져나가지 못한다는 분석이 나왔다. 기후 전문가들은 풍속 감소의 원인 중 하나가 기후변화를 꼽고 있다. 지구온난화로 극지방의 빙하가 녹으면 극지방과 유라시아 대륙의 온도 차가 감소하기 때문에 풍속 감소와 대기 정체를 유발한다는 것이다.

국립환경과학원 장임석 대기질 통합예보 센터장은 "2016년부터 우리나라의 대기 흐름이 느려지면서 대기오염에 불리한 조건이 형성됐으며, 국외 미세먼지가 편서풍을 따라 국내로 유입된 이후 천천히 국내에 머무르면서 고농도 미세먼지 현상이 자주 발생하고 있다"고 말했다. 또한, 연간 고농도 미세먼지 발생 시기를 2001년부터 2016년까지 연구한 자료를 보면, [그림 5-3]과 같다.

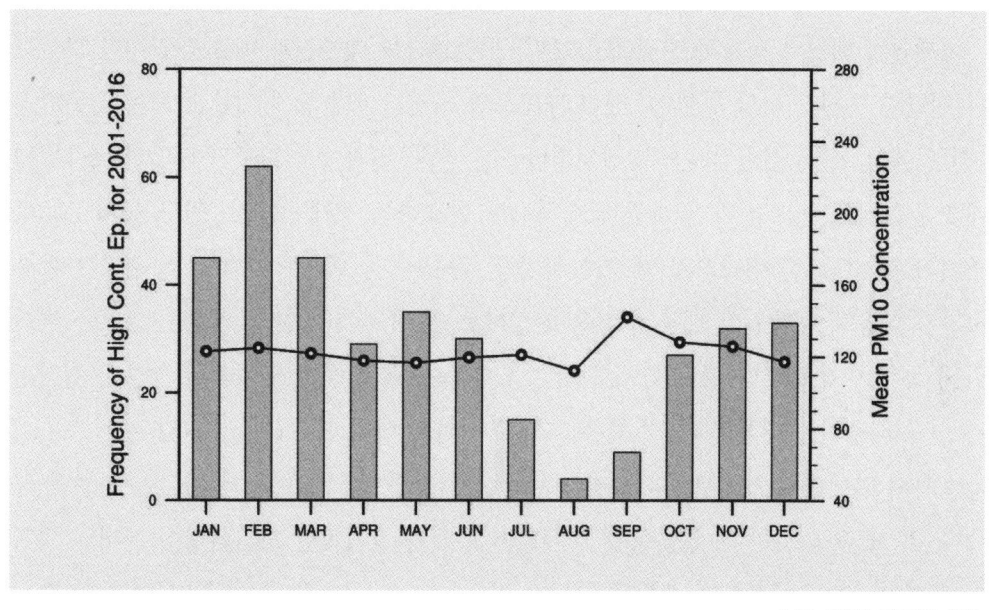

출처: 이현주 외(2018: 427).

[그림 5-3] 2001년부터 2016년까지 월별 PM10 고농도 빈도의 계절적 변화 및 월평균 PM10 농도(실선).

미세먼지는 월별(계절별)로 기후 조건(풍향/풍속/강수량 등)에 따라 다르게 나타난다(환경부, 2018). 이 기간, 월별 평균 서울지역 PM10 고농도 사례 일수와 평균 PM10 농도를 나타낸다. 월별로 살펴보면 가장 많은 발생 빈도는 2월로 62회 나타났으며, 그다음으로 1월, 3월, 5월, 12월 순으로 대체로 봄·겨울철에 고농도 미세먼지가 많이 발생했다. 특히 겨울철은 대기가 건조해 평균 강수량(23.4mm)이 여름철(809.2mm)보다 극도로 적어 대기오염 물질의 배출도 많다. 여름철에 미세먼지 고농도 사례가 상대적으로 적게 발생하는 이유는 강수에 의한 세정 효과 크기 때문이다. 한반도의 겨울철 대기 순환은 동아시아 겨울철 몬순과 관련된 북서풍과 한반도 상공의 기압계 위치에 따라 특정지어진다(이현주 외, 2018: 427). 미세먼지를 정체시키는 대기 조건이 형성되면 미세먼지의 농도는 급격히 증가하게 된다(Jo et al., 2017).

## 2) 미세먼지 배출원과 배출량 규명

미세먼지 해결의 정책적 관점에서 보면, 무엇보다도 배출원과 배출량에 대한 과학적인 진단과 통계가 나와야 한다. 매년 대기오염 물질의 배출량에 대한 발표는 국립환경과학원에서, 실제 실험실에서 측정되거나 기존 연구 결과에서 도출된 다양한 배출원별 배출계수(시간당 배출률)와 국가가 공식적으로 발표하는 경제·산업·인구 등의 200여 가지의 통계자료를 바탕으로 대규모 사업장, 자동차 등 이동오염원 등의 추정된 활동시간을 이용해 배출원별 배출 총량을 산정하고 있다(국립환경과학원, 2016). 그러나 이러한 분석은 문제 해결에 많은 한계를 갖고 있다. 즉, 국가 통계가 가지는 정보의 경직성과 신규 배출원에 대한 통계 및 활용도 자료 미비로 역시 불확실성이 크다(송창근, 2017: 34). 특히 미세먼지 2차 생성을 유발하는 숨은 미세먼지에 대한 실태 파악이 전무한 상태다. 또 일관성 있는 정책을 통해 미세먼지 상태를 장기적인 모니터링이 제대로 되지 않고 있고, 오염 발생원과 발생량에 대한 기초 데이터 구축을 통한 관련 기관 간 정보 공유도 미비한 것으로 나타나고 있다.

## 제3절 미세먼지와 생명권 논의

### 1 인체 영향평가에 대한 선행 연구

오늘날 우리의 삶에 가장 영향을 미치는 대류권, 특히 지표면을 둘러싸고 있는 대기가 인위적인 인간의 행위로 심하게 오염돼 기후변화와 미세먼지로 생명권이 위협받고 있다는 것이다. 이는 인간뿐만 아니라 동·식물의 활동과 생태계에도 피해를 주어 생명과 재산을 향유할 정당한 권리를 방해하고 있다. 우리에게 잘 알려진 1952년 12월 황산화물과 미세먼지로 인해 발생한 '런던 스모그'는 5일 만에 약 4,000여 명의 생명을 앗아갔고, 이듬해까지 호흡기 질환자 위주로 8,000명이 추가 사망했으며, 상당이 오랫동안 그 증후군으로 시민들이 고통을 겪어야 했다. 이 사건 이후로 대기오염에 관한 건강 위해성 연구 및 국가적 관리가 본격적으로 시작됐다. 특히 초미세먼지는 대기 중의 1차 오염 발생원과 결합돼 발생하기 때문에 인체 위해성이 매우 큰 것으로 알려지면서 이에 대한 건강 영향평가의 연구가 활발하게 가시화돼 왔다.

대기 중 초미세먼지의 발생원과 화학적 조성에 따른 인체 위해성 영향평가 연구 결과는 2000년대부터 발표되기 시작했다. 초미세먼지의 인체 위해성 연구에서 중요한 문제는 초미세먼지의 화학 조성이 위해성에 영향을 주는 것인가 하는 것이다(김용표, 2017: 193). 이는 초미세먼지 저감 정책의 우선순위 설정과 연관된 문제이기도 하다. 가령 어떤 배출원에서 초미세먼지 배출량은 많지만, 위해성이 상대적으로 낮은 성분의 초미세먼지인 경우, 배출량은 적지만 위해성이 상대적으로 큰 배출원에 비해 저감 우선순위가 떨어질 수도 있다는 것이다(김용표, 2017: 193-194).

라덴 외(Laden et al., 2000)는 초미세먼지의 화학적 성분에 따라 인체 위해성의 영향 정도가 크게 다르다는 연구 결과를 발표했다. 이들은 1979~88년까지 미국 6대 도시에서 사망한 거주자를 대상으로 초미세먼지 발생원별 노출과 총사망, 폐렴 사망, 허혈성 심질환, 만성 폐쇄성 심질환으로 인한 사망과의 관련성을 분석했다. 연구 결과 자동차로부터 배출된 초미세먼지 $10\mu g/m^3$ 증가는 3.4%의 일별 사망 증가와 관련이 있고, 석탄 연소에서 배출된 경우 1.1%의 일별 사망 증가와 관련이 있으나 흙먼지의 경우는 사망률 증가와 관련이 없음을 보여줬다(김용표, 2017: 194). 이 연구 이후 초미세먼지의 화학적 조성 및 발생원에 따른 인체 영향에 관한 연구들이 다수의 지역에서 수행되기 시작했다(NIER, 2009). 또한, 1988년부터 1997년까지 미국 워싱턴주, 워싱턴특별구(DC)에서 사망 거주자 2백 40만 명을 대상으로 초미세먼지 발생원별 노출에 따른 심혈관계 및 총사망률을 분석했다. 이 밖에도 황산염과 도로 이동 오염원에서의 배출 성분이 인체 위해성 영향(Maynard et al., 2007: 751-755), 초미세먼지의 농도와 호흡기, 심혈관계 질병과 사망률에 관한 연구 등도 진행됐다. 포프와 도커리(Pope & Dockery, 2006)는 미국에서 수행된 여러 질병 및 사망률과 초미세먼지의 농도 사이의 연구 결과를 종합적으로 분석·검토해 그 영향이 어느 정도인지를 보여줬다.

우리나라의 경우 1990년대 후반을 기점으로 미세먼지에 대한 중요성을 인지하고 미세먼지와 사망률 그리고 유병률에 관한 연구가 일부 역학자(疫學者)와 보건 의학자를 중심으로 진행됐다. 초미세먼지가 인체에 미치는 연구는 2000년대 중반부터 연구되고 있으나(Heo, 2010), 아직 선진국과 비교하면 연구 결과가 많지 않은 편이다.

최근 정부 차원에서 미세먼지 및 초미세먼지 중장기적인 영향평가를 위한 연구를 본격적으로 추진하고 있다. 2012년부터 환경부와 식약처에서 학령전기 및 학령기 환경 노출로 인한 건강 영향을 평가하기 위해 수도권에서 700명 규모의 추적 연구인 '환경과 어린이 발달 코호트(EDC)'를 활용해 역학조사 연구를 수행하고 있고, 2016년부터 환경부에서 전국적으로 5,000명 규모로 수행 중인 '어린이 환경 보건 출생 코호트(Ko-CHENS)' 연구가 진행되고 있다(MSIP, 2016; 김용표, 2017: 194). 이상의 선행 연구와 관련해 이 연구가 주는 의미는 지금까지 대부분의 선행 연구는 인체 위해성 평가에 국한된 것이라면, 이 연구는 이를 바탕으로 환경권으로서 생명권 차원에서 개인과 사회, 국가적 책무성을 밝히는 데 있다는 점이다.

## 2 생명권과 생태계 파괴

미세먼지가 인간 사회와 생태계에 어떠한 영향을 미치고 있는지에 대해서 생명권과 관련해 논의해 보기로 한다. 다음 [그림 5-4]는 초미세먼지가 인체와 생태계에 미치는 영향에 대한 도식이다(송창근, 2017: 34).

1980년대 이전까지는 대기오염 물질 배출 규제를 통해 인간의 건강 위협이 대기오염으로부터 자유로울 수 있다고 판단했지만, 1990년대에 들어오면서부터 다양한 과학적 역학 연구의 결과에서 이러한 결론에 문제를 제기하기 시작했다. 미국이나 유럽과 같이 대기오염 수준이 낮은 국가에서조차도 대기오염과 사망률 및 유병률 증가 사이에 유의한 관련성이 있는 것으로 보고했다(Pope & Dockery, 1999). 이러한 연구들로부터 미세먼

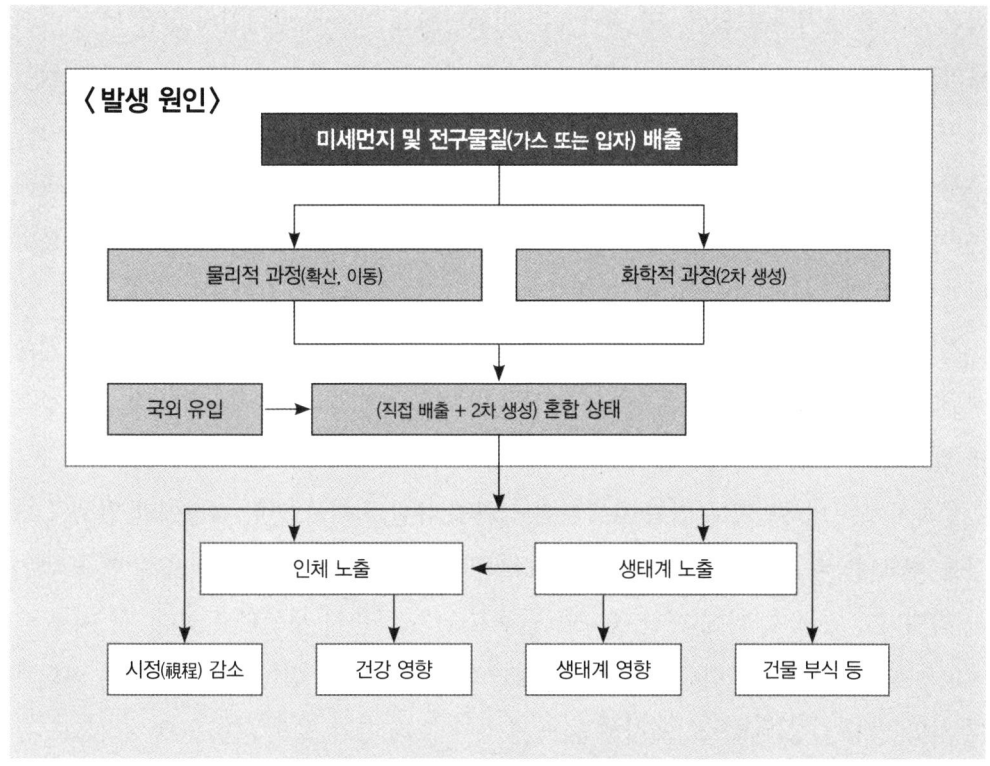

[그림 5-4] 초미세먼지 발생으로 인한 영향평가 체계

지 규제 기준 이하에서도 위험 영향이 발발할 수 있음을 제시한 것으로 국가 환경정책 수립에 큰 영향을 미쳤다. 미세먼지로 인한 질병은 수없이 많다.

미세먼지가 보건 및 생명 파괴(사망)에 미치는 영향은 어느 정도 심각한가. 특히 미세먼지가 어떤 기제(mechanism)로 질환을 일으키는 데 대한 연구 결과도 보고되고 있다. 즉, 미세먼지는 입자가 극미해 일반 먼지와는 달라 구강이나 코, 기관지에서 걸러지지 않고 우리 몸속으로 직접 스며들기 때문에, 우리 몸의 방어 기제(defense mechanism)의 부작용으로 염증 미세먼지는 유병률 및 사망률 증가뿐만 아니라 천식의 30~40%, 모든 호흡기 질환의 20~30% 정도가 미세먼지로 인해 발생하는 것으로 연구돼 있다. 또 미세먼지로 인한 영향은 노출 정도 및 노출된 개체군의 감수성에 따라 결정되기 때문에 호흡기 질환 및 심장 질환자, 유아, 임산부, 노인 등 보건환경의 취약계층에서 더욱 위험한 것으로 조사되고 있다. 또 최근에는 미세먼지가 기존에 알려지지 않은 먼지 알레르기의 발병, 당뇨병, 치매 등 다른 질환에도 영향을 끼친다고 밝혀졌다. 개인 차원에서 미세먼지로 인한 질환을 경험하기는 쉽지 않다. 그래서인지 미세먼지 위해성을 아예 무시하거나 반대로 과도하게 불안해하는 측면이 있다. 그렇다면 미세먼지의 건강 피해는 어떻게 이해해야 할까. 미세먼지의 건강 영향은 인구집단에 대한 역학조사에서 분명하게 드러난다. 미세먼지의 대표 질환은 호흡기 질환과 심혈관 질환으로 볼 수 있다.

질병관리본부에 따르면, 미세먼지 PM10의 농도가 10ug/㎥ 증가할 때마다 만성폐쇄성 폐질환으로 인한 사망률은 1.1% 증가하고, PM2.5에 장기간 노출될 경우 심근경색과 같은 허혈성 질환의 사망률이 30~80% 증가하는 것으로 나타났다(주현수, 2018 : 27-28). 과거에는 미세먼지로 인한 호흡기계 질환의 유발과 이로 인한 사망에만 연구의 초점을 뒀으나, 최근에는 뇌혈관 질환, 심장혈관 질환 등의 전신적 질환으로 연구 범위가 확대되고 있으며, 이에 대한 중요한 연구 결과가 꾸준히 생산되고 있다. 한 예로 배(Bae, 2014)는 서울시의 미세먼지와 초미세먼지 단기 노출로 인한 전체 원인 및 심혈관계 사망 영향을 통계적으로 조사해 농도 증가가 초과 사망 발생 위험을 통계적으로 유의미하게 높인 것을 파악했다(김용표, 2017: 194). 가령 농도 10㎍/㎥ 증가 시 초미세먼지와 미세먼지는 전체 원인을 각각 0.95%, 0.44% 증가시키고, 심혈관계 사망 영향을 각각 1.63%, 0.76% 증가시키는 것으로 나타났다.

최근 미세먼지의 위해성 영향 연구가 활발해지면서 그 피해 범위도 뇌, 태아 등으로 확대되고 있다. 미세먼지가 코점막이나 목구멍을 통과한 후, 뇌에 이르러 노년층의 인지 능력을 떨어뜨리고 임산부의 경우 고농도의 미세먼지에 노출되면 자폐아 출산 가능성이 높다는 연구 결과도 있다. 특히「국내 산모 영유아의 환경 유해인자 노출 및 건강 영향 연구」에 따르면, 산모가 대기오염에 많이 노출될수록 임신 기간이 단축되고, 출생 시 체중과 신장이 감소하며, 천식 및 아토피 등 질병 발생률이 높아지고, 영유아의 인지 점수와 동작 점수가 낮아진다고 한다(장임석 외, 2017: 7).

미세먼지가 각종 질환에 미치는 영향은 미세먼지에 대한 노출도(기간 및 농도), 체내 축적되는 미세먼지의 양, 체내 침투 시 신체의 미세먼지 제거 능력 정도 등에 따라 다르지만, 미세먼지가 체내 침투 시 DNA에 영향을 미치고 암을 유발한다는 것이 입증됐다(소병천, 2018: 221-247). 세계보건기구(WHO)는 2013년 초미세먼지를 1군 발암물질로 지정했다. 2군 발암물질은 발암성의 가능성이 큰 물질인 데 반해 1군은 발암물질로 과학적으로 확인된 물질이다. 따라서 미세먼지가 2군 발암물질인 코발트, DDT, 가솔린보다 더 유해하며 같은 1군 발암물질인 벤젠이나 석면 등과 같은 수준의 유해물질이라는 점에서 미세먼지가 건강에 미치는 영향을 심각하게 인식해야 한다. 미세먼지의 위해성은 인간이 기대수명을 못 채운 조기 사망의 원인이 된다고 밝혀졌다. 캘리포니아 환경청 대기국은 2009~11년까지 건강자료 분석을 근거로 캘리포니아주에서 연간 약 1,400여 명이 미세먼지로 인해 조기 사망한다는 자료를 발표했다. WHO는 2016년에 전 세계적으로 연간 650만 명이 미세먼지로 인해 조기 사망한다고 발표했다. 그리고 폐암 사망의 29%, 심장병 사망의 25%, 뇌졸중 사망의 24%가 미세먼지와 직접 관련이 있고, 심지어 자살 위험을 4배 높인다는 연구도 있다(서울대 의대 민경복 교수팀). 우리나라도 관련 자료에 따르면, 2010년 서울 등 수도권 거주 30세 이상 성인 중 15,000여 명이 미세먼지로 조기 사망하는데, 이는 수도권 거주 30대 이상 성인 연간 사망자의 10%에 해당하는 수치다(Jong Han Leem et al., 2015: 1).

또한 미세먼지의 유해성은 인체 건강 영향 외에도 농업·생태·관광 등 각종 경제활동을 위축시켜 사회경제적 피해가 증가하고 있다. 대기 중에 떠 있던 중금속이 포함된 미세먼지는 비가 올 때, 산성비로 변해 물과 토양을 산성화시켜 수(水) 생태계를 파괴한다. 미세먼지가 식물에 부착될 경우 식물 잎의 기공을 막아 광합성 등을 저해함으로써 작물의 생육을 지연시켜 농작물 피해도 이어진다(환경부, 2016: 7). 미세먼지 고농도 현상은 시정(視程)을 악화시켜 교통 운항에 장애를 발생시키고, 실외 기계 및 건물 부식과 설비의 고장, 공기청정기 및 마스크 구입 등 사회경제적 피해 비용을 발생시킨다(이현주 외, 2018: 424).

미세먼지 문제의 진단과 대응을 위한 공동 심포지엄에서 배정환 전남대 교수와 조용성 고려대 교수는 전체 먼지와 미세먼지의 피해 비용은 kg당 2만 6,837원이고, 배출량을 고려한 전체 사회적 비용은 연간 11조 8,030억 원에 이른다는 분석 결과를 공개했다. 미세먼지 저감의 사회적 편익이 배출 비용보다 훨씬 크다는 것이다. 이상에서 연구된 결과를 종합하면, 미세먼지는 인간의 생명권을 파괴하고 동·식물을 포함한 자연생태계를 파괴해 생명의 뿌리가 되는 생태계 질서를 무너뜨리고 있다고 볼 수 있다.

## ❸ 환경권과 생명권

오늘날 갈수록 도시인구 집중화가 심화되면서 도시는 겉으론 화려함과 풍요로움으로 포장되고 있지만, 그 속은 고질적인 환경 중병을 앓고 있다. 특히 도시 대기오염으로 인해 '생명권'이 직접 침해를 받고 사회경제적 피해도 날로 급증하고 있다. 여기서 생명권이란 생명을 불법적으로 침해받지 않을 자연법적 권리로서 인격권의 하나다. 즉, 환경권과 관련해 보면, 인위적인 환경오염으로 인한 신체적 완전성에 대한 권리와 보건권의 침해로부터 안정성이 확보되는 권리라 할 수 있다.

이러한 관점에서 '환경권'을 헌법적으로 확립시켜야 한다는 요청이 1980년대에 들어오면서 대두됐다. 사실 환경권의 이념은 어떤 사상가에 의해 체계적으로 주장된 것은 아니고, 일부 선진국에서 산발적으로 논의돼 오다가 1960년대 이후 경제 건설에 따른 공해(公害)로 인해 인간의 생활을 영위할 수 있는 환경의 향수권을 주장하게 된 것이다(박길용, 2017: 81). 환경권에 대한 논의의 직접 계기가 된 것은 1972년 6월 스웨덴 스톡홀름의 UN 인간 환경회의에서 채택된 'UN 인간 환경선언'이 "인간 환경의 보호와 개선은 인간의 복지와 경제 발전에 미치는 주요 문제이므로 이는 전 세계 인간의 절박한 염원으로 모든 정부의 책임이다"라는 결의문으로 선언되면서부터 온 세계 각국이 앞다퉈 그 나라의 법체계에 흡수했다(박길용, 2017).

UN 인간 환경선언 원칙에서 "인간은 그 생활의 존엄과 복지를 보유할 수 있는 환경에의 자유·평등·적절한 수준의 생활을 영위할 기본적 권리를 갖는다"라는 환경권을 선언하고 있다. 이에 대해 학자들이 주장하는 개념은 조금씩 차이를 보이지만 근본 취지는 비슷하다. 김철수 교수는 "인간이 건강한 생활을 영위할 수 있고, 인격을 자유로이 발현할 수 있으며, 생존에의 양질의 생활환경을 향유할 수 있는 권리다"(김철수, 2008: 753)라고 했고, 권영성 교수는 "좋은 환경에서 쾌적한 생활을 누릴 수 있고, 건강을 훼손당하지 않을 권리다"(권영성, 2002: 647-648)라고 설명하고 있다.

환경권의 인정은 법적 측면에서 볼 때 환경문제의 해결을 위한 하나의 훌륭한 방안이 될 뿐만 아니라 환경권의 법리가 바로 환경법의 지도 원리가 된다는 점에서 환경권은 환경법으로 독자적인 법 영역을 구축할 수 있는 계기를 마련해 주는 기능을 가진다(목원석, 2018). 따라서 세계 각국은 판례와 실정법 이론들을 재정비하고 각종 국제포럼을 통해 환경문제를 새롭게 인식하고, 환경권을 인간 생존을 위한 제3세대 현대형 인권으로 보기 시작했다.

우리도 이러한 환경권에 관한 이념을 수용해, 1980년 헌법 제33조에서 환경권을 국민 기본권의 하나로 명시해 보장하고 있다. 1987년에 전면 개정된 현행 헌법도 그 연장선에서 이를 좀 더 구체화해 제35조 제1항에서 "모든 국민은 건강하고 쾌적한 환경에서 생활할 권리를 가지며, 국가와 국민은 환경 보전을 위하여 노력하여야 한다."라고 규정하고 있다. 즉, 건강하고 안전하며 어메니티(amenity)한 생활을 유지하는 조건으로서 좋은 환경을 향수할 권리다.

따라서 환경권은 헌법 제10조에서 정하고 있는 자유권적 성격뿐만 아니라 인간의 존엄과 가치 및 행복을 추구할 권리를 비롯해 생명권, 신체적 완전성에 대한 권리, 보건권과 재산권 등이 실효성 있도록 뒷받침하기 위한 이른바 '기본권 전제 조건의 보호'라는 헌법상의 의의와 기능을 가진다(허영, 2004: 426-427). 그리고 환경권의 내용은 헌법 제35조 제2항, "환경권의 내용과 행사에 관하여는 법률로 정한다."라고 해서 구체적인 내용과 행사에 관한 사항을 개별 법률에 유보하고 있다. 이는 헌법 제35조 제1항에 따른 환경권 및 국가의 환경 보호 의무를 구체화해야 할 입법 의무를 부과하는 것으로 해석해야 할 것이다(홍준형, 2017: 4). 환경정책기본법은 헌법 제35조에 따라 제6조에서 "모든 국민은 건강하고 쾌적한 환경에서 생활할 권리를 가지며 국가 및 지방자치단체의 환경보전 시책에 협력하고 환경 보전을 위하여 노력하여야 한다."고 규정한다.

여기서 환경권의 대상으로서 환경의 의미는 「환경정책기본법」이 구체화하고 있다. 즉, 동 법에서는 환경을 자연환경과 생활환경으로 구분한다. '자연환경'은 해양을 포함한 지표와 지하 및 지상의 모든 생물과 이들을 둘러싸고 있는 비생물적인 것을 포함한 일체의 자연 상태인 자연생태계를 말한다. '생활환경'은 대기, 물, 폐기물, 소음과 진동, 악취, 일조 등 사람의 일상생활과 관계되는 환경을 말한다(환경정책기본법 제3조 1~3). 이렇게 볼 때 환경권은 이러한 의미의 환경을 건강하고 쾌적하게 조성·유지해 달라고 요구할 수 있는 적극적·이행 청구권적 측면과 그러한 환경에 대한 침해가 있을 때 그 배제를 직접 청구할 수 있는 소극적·방어권적 측면을 가지는 권리라고 해석된다(홍준형, 2017: 4).

이들 모두가 기본권으로서의 환경권의 대상이 된다. 따라서 현대 모든 국가 발전은 국가 사회집단 간의 환경 정의와 형평성을 바탕으로 이뤄져야 한다. 특히 '생명권'을 존중하고 적극적인 '환경권'의 확보로 환경 정의와 형평성이 실현되도록 해야 한다. 즉, 환경권은 기본권으로서 인간의 존엄과 가치 및 행복추구권에서 파생한 기본권으로 생존권적 기본권에 포함된다고 본다. 환경 위기 시대에 인간의 존엄성을 함의한 생명권은 생존의 기본 요건인 환경권을 보장함으로써 신장될 수 있다. 생명의 존엄성에 대한 존중 미흡으로 인한 환경오염과 파괴의 피해는 소득과 생활 수준이 낮은 빈곤층, 생리적 약자인 여성·어린이·노약자 그리고 자신을 대변할 수 없는 미래 세대에 집중되는 경향이 있다(박길용, 2017: 82). 그러므로 국민 개개인의 환경권이 생명권 차원에서 철저히 보장되도록 제도적 장치를 강화해야 할 것이다.

오늘날 우리가 겪고 있는 대기오염 중의 하나인 미세먼지는 인간의 삶 가운데 얼마나 심각한 수준인지를 앞에서 위해성 영향을 소상히 살펴봤다. 특히 초미세먼지는 생리적인 약자와 빈곤층, 그리고 미래 세대에 미치는 영향이 크기 때문에 생명권 보호와 지속성에 더 민감해야 한다고 본다. 이 같은 위해성의 영향력은 한국뿐만 아니라 전 세계적으로도 위기감을 고조시키고 있다.

세계보건기구(WHO)는 '2019년 건강을 위협하는 10대 요인 중 첫 번째로 지구온난화와 대기오염을 꼽았다. 세계보건기구에 따르면, 대기오염으로 매년 조기 사망자는 약 700만 명, 흡연과 간접 흡연으로 인한 조기 사망자 600만 명보다 많다. 심지어 초미세먼지는 '보이지 않는 살인자', '신종 담배'라고 부르기도 한다. 이제 청정 대기는 문명 회복의 바로미터(barometer)다. 숨쉬기마저 힘들 정도의 짙은 미세먼지가 국민의 생명권을 송두리째 위협하고 있다. 재앙 수준의 미세먼지에 국민은 공황 상태다. 국민의 82.5%가 미세먼지에 대한 공포감을 표시하고 있다. 국민의 기본권으로서 환경권은 법 선언적인 추상적 권리로서가 아니라 구체적인 권리로서 국민 '생명권 차원'에서 적극적·이행 청구권적 해석이 필요하다.

## 제4절 생명권에 대한 책무성

헌법의 환경권과 환경보전 기본법인 「환경정책기본법」으로부터 환경법의 기본 원리가 도출된다. 환경법의 기본 원리인 사전 배려의 원칙(Vorsorgeprinzip), 원인자 책임의 원칙(Verursacherprinzip), 협동의 원칙(Kooperationsprinzip)은 국제적으로 일반화된 환경 행정의 기본 원칙이다(Andersen & Liefferink, 1997: 162). 물론 이외에 지속 가능한 개발의 원칙, 존속 보장의 원칙, 환경 정의의 원칙, 정보 공개 및 참여의 원칙도 주장하고 있다(홍준형, 2017: 63). 우리 헌법 제35조 제1항 후문에서, "… 국가와 국민은 환경 보전을 위하여 노력"해야 할 책무에 따른 국가의 환경 보호는 이상의 세 가지 기본 원칙에 기초한다. 이 원칙들은 상호 선택적으로 혹은 중첩적으로 적용될 수 있으며, 법률에 따라 명시적으로 규정돼 구속적으로 적용될 수 있는 강화된 효력을 갖지 않는 한 행위 원칙으로서의 성격을 가질 뿐이라는 점에서 선언적 의미를 지닌다(윤용희, 2008). 하지만 국가의 환경 보호 작용과 모든 환경정책은 이 원칙에 기반한다. 미세먼지는 국민 각자가 피해자이며 또한 가해자의 성격을 지니고 있다. 따라서 환경법의 3대 원칙을 바탕으로 '생명권'을 보장하기 위한 책무성, 즉 미세먼지로 인한 생명권 보장을 위한 개인·사회·국가적 책무성을 확인하는 것은 환경권 차원에서 헌법상의 의의가 있다.

### 1 개인적 책무성

오늘날 미세먼지는 대부분 인위적 원인으로 발생된다. 즉, 인간의 이기심과 자본주의의 편리함에 길들여진 태도에서 나온다. 이것은 제도의 문제에 앞서 마음과 가치의 문제다. 이런 관점에서 미세먼지 발생에 대한 개인적 책무성은 우선 '생명의 가치'에 대한 깊은 성찰과 사유가 필요하다. 생명의 존엄성은 인간 이기심의 극복으로부터 시작된다. 모든 생명은 살아 있는 그 자체로서 존중받아야 한다. 인간을 비롯해 동·식물을 포함한 살아 있는 모든 생명은 '생명에의 의지'를 갖고 있다(Schweitzer, 1975: 27).

이 생명에의 의지라는 것은 생명을 유지하는 본능적인 힘, 살고자 하는 의지다. 만물은 이 의지의 발현이며 개체의 이기성(利己性)이 이에 따라 성립해 분할되지 않는 전체로서의 생명 의지가 존재하게 된다. 그 본능을 내 안에서 그리고 내 밖에서 인정하는 것이 생명에의 의지에 대한 외경이다. 나의 존재와 더불어 공존하는 생명체의 내재적 가치를 존중하는 것이 생명의 존엄성이다(박길용, 2017: 70).

미세먼지로 인해 나와 더불어 존재하는 모든 생명이 위협을 받고 침해를 받는다면 생명의 존엄성이 무너진다. 인간의 이기심은 '사전 배려의 원칙'을 간과하고 있다. 「환경정책기본법」은 제1조에서 "이 법은 환경 보전에 관한 국민의 권리·의무와 국가의 책무를 명확히 하고 환경정책의 기본 사항을 정하여 환경오염과 환경 훼손을 예방하고 환경을 적정하게 관리·보전함으로써 모든 국민이 건강하고 쾌적한 삶을 누릴 수 있도록 함을 목적으로 한다."고 규정하고 있다. 이는 사전 배려 원칙을 환경 보호의 기본 원리로 추구하고 있음을 보여주는 증거다. 인간의 이기심으로 인해서 이 원칙이 훼손돼서는 안 된다. 타인의 생명 의지를 존중하는 것이 사전 배려 원칙의 정수다.

생명에 대한 존엄성은 마음의 문제지 인간이 지켜야 하는 일련의 규칙은 아니다. 그 것은 개개인으로 인간을 비롯한 생물체의 가치에 대한 의사결정을 하고 적절히 행동할 것을 요구한다. 이는 자유와 책임감 있는 선택이라는 짐을 동시에 부여한다. 미세먼지 위험에 대한 일반인들의 인식은 개인의 노력으로 풀 수 있는 것이 아니라는 인식이 매우 높다. 이건 개인적 책무의 회피가 될 수 있다. 우리는 미세먼지 저감을 위해 일상의 중대한 결정, 즉 친환경 행동 의지가 생명권에 대한 책무성의 출발점이라고 본다.

이의 연장선에서 본다면 미세먼지의 원인은 극단적 자유주의에 빠진 인간의 이기심에서 비롯된 '편리함'에서 온다. 정부는 매년 미세먼지 저감 정책을 수없이 내놓고 있지만, 해결의 기미는 보이지 않는다. 현실의 제도는 한계를 갖고 있다. 가령 대중교통을 이용하면 불편하지만 대기는 깨끗해질 수 있고, 승용차를 이용하면 편리하지만 대기는 오염될 수 있다. 개인의 이기심보다 공동체의 가치가 더 존중될 때 제도의 한계를 극복할 수 있다.

자본주의의 편리함에 길들여진 신화(myth)들이 깨지는 데는 생명의 가치에 대한 존엄의 의지가 요청된다. 자본 경쟁을 통해 얻은 과학의 편리함은 '생명과 지속성'이 없다. 자기 자신과 선한 경쟁을 통해 얻은 불편함의 가치는 편리함보다는 훨씬 큰 생명의 가치를 지켜줄 수 있다. 독일 사회학자 벡(Ulrich Beck)은 현대 사회를 위험사회(risk society)라고 진단하면서 고도 과학기술의 발전은 안전한 삶을 지탱하기보다는 오히려 위험 요소를 확대 재생산시킨다고 주장했다. 즉, 과학기술의 발전에 따라 증가한 문명의 불확실성을 오늘날 위험사회의 핵심 문제라고 본다. 모든 과학적인 행위자가 어쩔 수 없이 위험의 생산에 참여하고 있는 셈인지도 모른다. 위험사회를 이해하는 데 가장 중요한 개념은 '선택'이다. 그는 과학기술의 발전에 기반해서 이뤄진 지금까지의 근대화는 '위험을 감수하는 선택'에 의존해 왔다는 것이다. 즉, 과학기술의 발전이 가져올 수도 있는 위험을 우리는 통제 가능하다고 믿거나, 안전 기준치 범위 내라는 생각으로 선택을 해 왔다. 이는 예측하지 못한 위험이 아니라 예측할 수 있는 위험, 부정적인 결과를 감수한 위험이다. 지금도 우리는 개인의 선택에 의해서든, 국가정책에 의해서든, 끊임없이 위험을 감수하는 선택을 직·간접적으로 하고 있다.

가령 건강에 악영향을 미친다는 것을 알면서도 미세먼지 유발에 동참하고 있다는 것이다. 즉, 자동차 배기가스를 배출하고, 과도한 냉난방 에너지를 사용하며, 도심의 자본화를 위해 녹지를 파괴하고, 비용 절감을 위해 석탄 화력 발전 이용률을 높이는 등 서슴없이 미세먼지 발생에 동참하고 있다. 이같이 위험을 감수한 선택은 효율성과 편리함을 크게 향상시켰을지는 모르지만, 미세먼지 유발로 생명권 침해에 크게 영향을 미쳤음에 틀림없다.

인간의 소유 이기심과 편리함은 결코 생명의 가치를 담보하지 못한다. 비움과 불편함을 소유하는 마음을 키우는 개인적 책무가 생명 존재의 가치를 확인하는 일이며, 불편함을 내부화하는 힘을 기르는 것이 미세먼지 없는 쾌적한 도시 생태계를 건설하는 길이다. 미세먼지에 대한 국가적·제도적 대응 차원에 앞서 개인적 책무를 도덕적 차원에서 접근해야 할 것이다. 편리함의 함정을 극복하고 위험사회의 성찰과 통찰로 각자의 책임 있는 선택을 통해 생명 존엄의 가치를 확보해야 진정한 환경권으로서 생명권을 보장받을 수 있다.

## ❷ 사회적 책무성

사회적 책무성은 개개인보다는 대인관계, 공동체의 지속성을 유지하는 사회적 덕목이기도 하다. 그러기 때문에 협동심, 팀 네트워크, 타인 존중 등의 훈련이 잘 돼야 공공 문제에 대한 민감성을 갖고 적극적으로 참여한다. 사회적 책무성은 개인적 책무의 연장선에서 출발하기 때문에 무엇보다도 사회적 상호 신뢰와 규범, 그리고 협동을 바탕으로 형성된다. 미세먼지는 공공의 적이다. 개개인의 노력보다는 '협동의 원칙'이 특히 중요하다. 1980년 이후 공공문제를 해결하는 과정에서 정부라는 제도적 장치에 전적으로 의존하기보다는 정부와 민간 부문 및 비영리 부문 간의 상호 협력적 네트워크를 통해 해결하는 거버넌스 패러다임으로 전환됐다(이종수 외, 2014: 94). 이는 보이지 않는 손(invisible hand)이 아니라 '보이는 협력의 손(visible handshake)'으로 할 때, 문제 해결의 효율성이 극대화될 수 있다는 것이다. 이제 미세먼지에 대한 사회적 책무성은 생명권과 생태계의 지속성을 유지하는 차원에서 헌법적 가치를 확인해야 할 때가 왔다. 그렇다면 미세먼지의 영향력을 차단하기 위한 사회적 책무는 어떤 경로를 통해서 성취해야 할까. 이는 상호 신뢰와 공론화, 사회적 합의의 토대 위에 시장(기업)과 시민연대의 기제가 활발히 작동할 때 답을 찾을 수 있다. 미세먼지로 인한 국민의 불안이 80%를 넘었고, 심지어 20~30대의 80%가 이 문제 때문에 한두 번 혹은 자주 이민을 생각한다고 할 정도로 국난이다(시사저널 3월 29 일자 여론조사, 2018).

미세먼지로 인한 국민의 불안은 높은 미세먼지의 농도와 함께 정부의 안일하고 일관성 없는 대처, 더 쾌적하고 안전한 삶에 대한 요구, 통제할 수 없는 위험에 대한 불안, 언론과 전문가에 대한 신뢰 저하 등 복합적으로 얽혀 나타난 현상이다. 이러한 국민의 불안을 해소하고 정부 정책에 협력하도록 위해서는 정부와 사회에 대한 상호 신뢰를 회복하는 것이 급선무다.

즉, 사회적 신뢰 회복이 미세먼지에 대한 국민의 사회적 책무성을 높이는 중대한 기준이 된다. 어느 사회든 공공문제에 대한 사회적 책무성은 그 사회가 가지고 있는 '사회적 자본(social capital)'과 비례한다. 사실 한국 사회는 경제협력개발기구(OECD) 국가 중에서 사회적 자본이 최하위 수준으로 나타났다. 사회경제학자들에 따르면, 사회적 자본이란 일정 집단을 형성하는 사회구성원 간 공공의 이익을 위한 참여와 협력을 창출하는 무형자산이라고 한다. 즉, 사회의 협력과 거래를 촉진시키는 신뢰·규범·네트워크로 사회적 유대를 강화하는 '끈(sting)' 역할을 하는 것이다(Fukuyama, 1995a, 2004: Coleman, 1990: 312).

따라서 사회적 자본이 풍부한 사회는 상호 신뢰하고 자발적으로 협력하는 것으로, 즉 집합행동의 딜레마의 최선 해결책, 그리고 사회 위기를 걷어내는 공적 열쇠로 본다. 경제협력개발기구는 2000년 초 '국가의 웰빙(national wellbeing)'에서 신뢰를 형성하게 하는 사회적 자본의 중요성을 정책적인 차원에서 제시했다. 특히 선진국형 오염이라 일컫는 미세먼지는 외부 효과(external effect)가 큰 것이기 때문에, 사회적 비용을 크게 부담해야 하는 성격을 갖고 있어 국민이 미세먼지에 대해 매우 민감하다. 따라서 개인과 시장(기업)의 미세먼지 저감 정책의 참여에는 미세먼지의 문제 인식의 사회적 공유가 필수적이다. 당면하고 있는 미세먼지의 해결책은 단기간에 이뤄질 수 없다. 장기적인 관점에서 지자체의 풀뿌리 시민교육을 통해 사회적 자본을 배양하고 미세먼지를 극복할 수 있는 사회 윤리적 책무를 계몽해야 한다. 또한, 국민의 생명권을 보장하는 환경 주권을 실현하기 위해서는 개인·사회·국가 긴의 상호 신뢰할 수 있는 협력적 네트워크(cooperative network) 구축이 필요하다.

## ❸ 국가적 책무성

국가 존립의 이유는 국민에 대한 책무성에 있다. 바꿔 말하면, 행정을 통해 공공문제를 해결하고 공공 서비스의 생산·분배 과정에서 국민의 의견을 존중하고 국민에 대한 책임을 지는 것이다. 공공문제를 해결한다는 것은 국민 개개인이 해결할 수 없는 공적

문제를 정부가 정책문제로 받아들여 국가정책으로 풀어야 한다는 것을 의미한다. 오늘날 미세먼지는 정부가 풀어야 할 긴급한 공공의제로 사회 이슈화됐다.

모든 국가정책은 궁극적으로 인간의 존엄성 실현에 있다. 미세먼지로 인한 인체 위해성 영향에는 누구나 예외일 수 없지만, 가장 취약한 대상은 임산부, 어린아이, 노약자 등이다. 이는 인간의 존엄성 차원에서 생명권 보호라는 헌법적 가치를 실현해야 할 국가적 책무성이 더욱 분명함을 보여준다. 지금까지 미세먼지에 대한 정부의 대응을 보면 전혀 긴박감을 느낄 수 없다.

즉, 미세먼지 상태 및 예·경보제, 외출 자제, 마스크 착용, 노후 경유차 도심 진입 제한, 창문 닫기, 공기정화기 보급, 검증되지 않은 인공강우 등 책임 있는 자세가 아니다. 계속 임시방편으로 대처하면 쾌적하고 건강한 환경에서 생활할 국민의 생명권을 부인하는 위헌적 정부가 될 것이다. 비상한 시기에 비상한 조치를 하는 것이 정부의 책무다. 이제 미세먼지에 대한 국가 책무성도 국내외 차원으로 구분해 접근할 필요성이 있다. 우선 국내 차원에서 크게 세 가지, 즉 미세먼지에 대한 과학적인 실태 파악 및 배출원 조사, 국가 에너지 정책에 대한 로드맵 구축, 정책의 우선순위 등을 고려해야 할 것이다.

첫째, 미세먼지 정책의 성과를 평가하고 이를 대기 질 개선 대책 자료로 활용하기 위해서는 과학적인 대기오염 실태 파악과 배출원(량)의 정확한 정보가 필요하다. 이를 위해서는 미세먼지 생태를 장기적인 모니터링을 통해 정확히 판단해야 하고, 또한 오염 발생원 및 발생량에 대한 기초 데이터 구축이 수반돼야 한다(박길용, 2014: 102). 현재 가장 큰 문제는 어떤 발생원에서 얼마의 발생량과 발생 피해가 있는지 정확하게 집계되지 않는다는 것이다.

그동안 우리나라의 대기 정책은 주로 배출 허용 기준 강화와 연료 전환을 통한 저감 정책을 펴왔다. 이는 근본 한계가 있음이 여실히 드러나고 있다. 이런 정책은 1차 오염물질 배출에는 효과가 있겠지만 초미세먼지는 대기에서 2차 생성되는 비율이 높아, 대기 화학반응의 주요 발생 시스템을 이해하지 못하면 효율적인 저감 대책을 수립하기 힘들다. 배출량 조사는 생성 기제 규명, 집중 관측 결과 해석, 모델링 연구에서 밝혀진다. 주요 반응물질에 대한 정보가 배출량 자료로부터 제공되므로 주요 반응 경로를 예측할 수 있다. 따라서 초미세먼지 발생, 제거 과정의 과학적인 해독과 예·경보의 정확성 향상을 위해서는 배출량 자료의 지속적인 유지, 관리가 필수적이다. 한반도의 초미세먼지는 국내보다 외부에서의 영향이 큰 것으로 조사되고 있으므로 이를 과학적으로 정량화하기 위해서는 동북아시아(중국·몽골·북한)의 배출량과 대기오염의 특성에 관한 연구가 구체적으로 진행돼야 한다. 발생 원인에 대한 과학적 규명을 위해서는 미세먼지 이동 특성 및 성분 분석을 위한 실시간 측정, 모델링, 2차 변환 메커니즘, IT 기반의 빅데이터 활용 등의 과학적인 연구가 필요하다. 특히 오염원으로부터의 직접 배출, 주변국으로부터의 외부 유입, 광화학 과정 등 2차 생성 과정 등의 연구를 유기적으로 연계할 필요가 있다.

둘째, 국가 에너지 정책에 대한 로드맵 구축이 필요하다. 최근 국제기후협약 및 미세먼지 저감 대응 전략의 수립은 궁극적으로 석탄화력발전소 축소, 친환경 연료 변환, 신재생 에너지 산업 육성 등 '에너지 믹스(energy mix)' 재조정을 위한 에너지 조세 개편의 불가피성으로 귀결된다. 따라서 정부는 미세먼지와 기후변화 등 근본 환경문제 해결을 위해서는, 에너지 상대 가격 조정이 경제·사회적 파급 효과를 총체적으로 파악하고, 환경-경제-에너지 중장기 종합 대책을 수립해 국민에게 제시할 책무가 있다.

미세먼지는 화석연료 이용과 원전정책과의 밀접한 관련이 있다. 미세먼지를 줄이는 최선의 대안은 탈(脫)화석, 탈원전을 통한 친환경 에너지 사회를 구축하면 될 것이다. 문재인 정부는 임기 내 미세먼지 30% 감축을 약속하면서 '원전 제로(zero)' 정책과 신고리 5~6호기 건설 중단 등 탈원전을 선언했다. 위험한 원전을 줄이고 대체 에너지를 늘이자는 데에 반대할 국민은 아무도 없다.

그러나 현실적으로 불가능성이 크기 때문에 좀 더 합리적인 에너지 정책이 나와야 한다. 즉, 구체적인 전력 수급과 이산화탄소 감축에 대한 계획 없이 원전 공사를 중단하고 탈원전을 선언한다면 국민은 불안할 수밖에 없다. 국민 건강과 생명권 보호에 어떤 에너지 정책이 좋을지 합리적으로 판단해야 한다. 국가마다 처한 형편에 따라 에너지 정책이 다양하다. 탈원전을 선언한 독일이 있는가 하면, 일본과 대만은 탈원전에서 다시 원전으로 회귀하는 정책을 펴고 있다. 각국의 산업 구조와 에너지 수급 상황, 대체 에너지 발전 속도 등이 다르므로 에너지 정책도 다를 수밖에 없다.

특히 기후변화와 미세먼지 발생과는 직접적인 연관성이 있어, 향후 세계적으로 기후변화와 미세먼지 대처 문제가 더욱 중요하게 다뤄질 것이 예상되므로 에너지 정책 방향을 신중히 세워야 한다. '파리기후변화협약'에 따르면, 한국은 2030년까지 이산화탄소 배출량을 37%나 줄여야 한다(환경부, 2018: 138). 실행을 이루지 못하게 될 경우, 책임져야 할 비용이 수조 원에 달한다.

정부는 이 같은 문제점에 대해서 대책을 세워야 한다. 장기적으로는 에너지 안보를 고려해 국민과의 합의를 통한 에너지 정책 도출이 필요하다. 단순히 탈원전이냐, 친원전이냐가 아니라 다양하게 접근할 필요가 있다. 즉, 에너지는 환경문제이자 사회·경제 문제이며, 안보문제이자 미래 문제다. 복합·융합 시대에 에너지 정책을 다양한 층위에서 장기적인 관점에서 찾아야 한다.

따라서 현재로서는 미세먼지와 에너지 정책과 관련해 '제3의 길', 즉 에너지 다변화 전략을 모색해야 한다. 현실적으로 재생 에너지 확대도 필요하고, 탄소 및 미세먼지 배출이 거의 없는 원자력 또한 저탄소 에너지원이다. 이 둘의 조합이 제3의 길이다. 재생에너지와 원자력은 얼마든지 양립할 수 있다고 본다. 수출이 가능한 원자력을 안전하고 효과적으로 이동하면서 재생 에너지를 확충할 수 있다면 환경·경제·안보 측면에서 두루 바람직하다.

재생 에너지의 문제점은 발전량을 예측할 수 없고 규모의 경제 원리를 적용하기 어렵다는 점이다. 가령 태양광과 풍력은 햇빛이 있고 바람이 불 때만 생산돼, 현재 국내 평균 이용률은 20% 이하다. 이런 '간헐성'을 보완하는 방안으로 원전 '부하 추정 운전(load estimation operation)'으로 메워 두 에너지권을 적절히 조합하면 상승의 시너지 효과를 낼 수 있다고 김용희 KAIST 원자력 및 양자공학 교수가 대안을 제안하기도 한다. 충분히 검토해 볼 만하다고 본다. 또 발전 부문에는 미세먼지 저감을 위해 기본적으로 석탄 화력발전소를 축소하고, 천연가스 화력 발전의 가동률을 확대하면서 신재생 에너지 발전의 비중도 점진적으로 높여가는 단계적 에너지 전환이 필요하다. 현재 국내 에너지 공급 중 신재생 에너지가 차지하는 비중은 2017년 기준으로 7.5%이지만 이 중 80% 이상이 목재나 폐기물 소각 같은 바이오 연료를 태워 얻는 것이어서 국제 기준에 부합하는 재생 에너지는 일부에 지나지 않는다. 한국의 신재생 에너지 비중은 OECD 34개국 중 최하위 수준이다.

마지막으로 정책의 우선순위다. 미세먼지는 국민의 숨 쉴 권리를 빼앗는다고 한다. 이는 생명권을 침해하며 인간의 존엄성을 파괴하는 보이지 않는 암살자다. 지금 국민의 82.5%가 미세먼지로 불안해하고 있다는 조사 결과가 나왔다. 유럽, 미국 등 선진국은 대기오염 물질이 생태계와 인간에 미치는 영향을 고려해 대기오염 관리정책의 최우선을 두고 있다.

우리 정부도 효과적인 대기 관리 체계 수립을 강화해야 한다. 우선 대기권역별 대기관리청을 설립해 법적 권리를 강화하고 지역별 네트워크를 통한 대기 관리가 이뤄져야 한다. 대기 관리정책에서 무엇보다도 중요한 것은 정부의 미세먼지 관리정책을 일관성 있게 강력히 추진하면서, 그 결과를 발표하고 국민이 정부 정책의 신뢰 속에 순응하도록 해야 한다. 우리나라는 미세먼지 무정부 상태라 할 정도로 심각하다. 미세먼지 관리 주무 부처인 환경부와 다른 관련 부처에서 각기 중구난방 식으로 정책이 이뤄지고, 지방정부와 유기적인 협조가 이뤄지지 않아 국민의 불안만 키우고 있다. 이를 해소하기 위해서는 미세먼지를 우선적인 정책문제로 수용하고 정책 수립과 집행 과정에서도 자치단체, 시민, 미세먼지 취약계층에 대한 정책 홍보와 의견 수렴이 필수적이다. 또 지역마다 미세먼지 발생에 영향을 주는 요인이 매우 다양하므로 기초 및 광역지자체마다 고유 미세먼지를 포함한 대기오염 종합 대책이 필요하다. 다음으로 미세먼지에 대한 국외 대응 정책이다. 우리나라의 미세먼지는 외부에서의 영향이 큰 것으로 조사됐다. 이를 위한 대안으로 크게 두 가지, 외부 영향에 대한 과학적 조사를 통한 적극적 대응과 상호 협력 체계를 구축해 국제 공조를 강화하는 일이다.

첫째, 과학적으로 정량화하기 위해서는 동북아시아, 특히 중국·몽골·북한 등의 배출량과 대기오염 특성에 관한 연구를 선행해야 할 것이다. 우리 영토 내에 있는 모든 사람과 사물 등에 대해 배타적인 통치를 할 수 있는 권한이 바로 영토 주권이다. 적어도 미세먼지 문제에서는 중국으로부터 영토 주권을 침해당하고 있는 것이 사실이다. 그런데도 우리의 대응은 미비한 상태다. 심지어 중국 생태환경부 대변인은 "서울의 미세먼지는 주로 국내에서 배출된 것"이라고 면피성 발언을 했다. 중국 외교부 루캉(陸慷) 대변인은 "한국의 미세먼지가 중국에서 온 것인지에 대해 충분한 근거가 있는지 모르겠다"고 발언했다.

이에 대해 한국의 환경부와 서울시는 제대로 반박도 하지 못했다. 대기오염으로 인한 국제 분쟁 사례로 미국과 캐나다는 1920~40년대 이른바 '트레일 제련소(Trail smelter)' 분쟁을 겪었다. 당시 캐나다의 산업화 정책으로 국경 지역에 트레일 제련소를 건설해 배출된 아황산가스가 바람을 타고 미국 워싱턴주로 유입했다. 이로 인해 인근 미국 마을에 10여 년간 주민들의 호흡기 질환, 농작물과 임야, 가옥에까지 막대한 피해를 입었다(United States. Canada, 1941: 1917). 피해 입증이 어려워 고통 가운데 지내다가 한계에 이르면서 미국 정부가 나서 과학적 조사를 통해 제련소를 상대로 손해배상 소송(중재재판)이 이뤄졌다. 수년간에 걸친 국제조사기구의 조사를 통해 트레일 제련소의 책임이 밝혀졌다. 당시 판결이 "국제법과 미국 국내법에 따라서 국가도 그 영토의 사용 혹은 사용을 허락해 다른 국가 혹은 그 국가 내 재산이나 사람에게 매연으로 인한 피해를 줄 권리가 없다(United States. Canada. 1915)."고 했다. 이 판결로 캐나다는 제련소 환경시설을 강화하고 피해 지역 주민들에게 합당한 보상을 진행했으며, 이로 인해 대기오염으로 인해 근본 피해를 막을 수 있었다.

또 1970~80년대 양 국가 간에 벌어졌던 산성비(acid rain) 분쟁 사건도 미국 북동부에서 생성된 질소산화물과 황산화물이 제트 기류를 타고 캐나다 쪽으로 날아가 나무가 죽고 호수에서는 물고기가 떼죽음을 당했다. 미국은 부인했지만, 캐나다가 꾸준히 객관적 증거를 제시하면서 미국이 두 손을 들도록 만들었다. 이는 한·중 간 미세먼지 분쟁을 해결할 수 있는 단서가 될 수 있는 사안이다. 정량화된 객관적인 근거 없이 중국에 말할 수 없다. 지금까지는 대부분 외국에서 만들어 놓은 자료에 의존했지만 이제는 자력으로 다학제적 연구(대기공학 및 화학·대기오염 모델링·환경보건·환경법 및 환경정책)를 통해서 과학적 데이터를 확보하고 축적해서 객관적인 증거를 갖고 적극적으로 대응해야 한다.

둘째, 미세먼지 대응을 위한 '동북아시아 다자협약'이 필요하다. 유럽은 1979년부터 '장거리 월경성 대기오염에 관한 협약(Convention on Long-Range Transboundary Air Pollution: CLRTAP)'을 맺고 정보 교환 및 협의 의무 등 국제 공조를 강화했다. 1960~70년대 들어 유럽 내 산성비 문제가 심각해지자 국가별 노력으로만 대기오염 문제 해결에 한계를 깨달았기 때문이다.

당시 스칸디나비아반도에 내린 산성비가 영국과 서독에서 온다는 연구 결과가 발표됐지만, 해당 국가들은 연구 결과를 부인했다. 유럽은 산성비에 대한 과학적 근거를 확보하기 위해 경제협력개발기구(OECD) 주도의 연구를 통해 가해국을 끈질기게 설득해 CLRTAP 협약을 이끌어 냈다. 이 협약은 유럽연합(EU) 회원국 외에도 러시아와 대서양 건너 캐나다와 미국을 포함해 34개국 국가가 참여하고(Amy, 1987). 처음엔 산성비의 원인인 황산화물 등에서 시작해 2012년부터 오존과 미세먼지로 확대됐고, 2020년까지 20% 감축 목표를 설정했다. EU는 국가별로 감축 목표치를 정하고 이를 준수하지 않거나 대책이 소홀하다면 강력하게 법적 제재를 가한다.

이런 노력으로 대기오염으로 인한 조기 사망자 수를 1990년 96만 명에서 2015년 44만 5,000명 수준으로 절반가량 줄였다. EU 집행위원회, 브리비오(Enrico Brivio) 대변인은 "유럽 내 초미세먼지 배출을 2030년까지 49% 줄이는 것이 목표"라며 "대기오염에는 국경이 없기 때문에 회원국 모두가 약속을 지키기를 바라고 있다"고 말했다. 이같이 유럽 성과와는 달리 한·중·일·북한·몽골 등 동북아시아에서는 월경성 미세먼지의 영향이 큰데도 국가 간 협력은 여전히 진전이 없는 상황이다. 그동안 '장거리 이동 대기오염 물질 공동연구사업(LTP),' '동북아 청정대기 파트너십(NEACAP),' '동북아 환경협력 고위급회의(NEASPEC) 등이 도입됐지만, 미세먼지를 감축하는 데 확실한 성과를 보이지 못하고 따로 노는 것 같다.

베르크스만(Jacob Werksman) 유럽연합(EU) 기후행동총국의 수석 자문은 "온실가스 감축이든, 미세먼지 문제 해결이든 국제협력을 이루려면 문제 인식을 공유하는 데서 출발해야 한다"며 "누구에게 더 큰 오염 배출 책임이 있는지 분명히 할 필요는 있지만 가장 중요한 것은 함께 문제를 해결하는 데 노력하고 집중해야 한다"고 말했다(2019. 3. 11. 중앙일보인터뷰, climateaction-korea.eu).

우리 정부는 과거 10여 년간 체계적인 환경 외교를 펴지 못했다는 점에서 깊이 성찰해야 할 것이다. 특히 초미세먼지는 대개 기체로 배출돼 대기에서 입자 물질로 변환되므로 기존 미세먼지 정책과는 달리 접근해야 한다. 서해안을 중심으로 고농도 미세오염 지역이 형성되고 장기 체류하는 현상은, 중국 동해안이나 한국 서해안 등이 대기오염 영향권이라는 사실을 확인할 수 있다. 동북아 대기오염 영향권을 설정하고 공동 개선 목표 설정, 공동 이행 수단 수립이 긴요해졌다.

정부 간 회의 외에 전문 학자와 실무가의 인적 교류와 상호 정보의 공개, 과학적 토론, 국제사회 논의 구조에 토대를 둔 국제적 합의, 당사국인 한국·중국·북한·몽골·일본 등이 참여하는 '환황해권 다자 환경협력체'가 필요한 시기다. 이에는 당국자뿐 아니라 실체적 이해 당사자인 각국 국민·전문가·NGO·언론·국제기구 등이 참여하는 구조가 바람직하다.

따라서 우리도 다자협약을 맺어 대응해야만 중국도 압력을 크게 느낄 것이다. 직접 미세먼지 피해를 주는 중국 정부의 무책임한 대응이 비난을 받고 있다. 2018년 6월에 한중 환경협력센터를 만들었지만, 중국은 자국 발 오염물질 현황 자료조차 제대로 공유하고 있지 않다. 한·중 정상회담에서 미세먼지를 의제로 올려서 새로운 실질적 대책을 제시해야 한다. 한국이 거대한 중국을 홀로 대응하는 것은 불가능하다.

미국·영국·서독도 처음에는 피해 국가인 노르웨이·스웨덴·캐나다의 개선 요구를 경시했다. 그렇다면 우리도 이들 국가처럼 자발적 다자협의체를 구성해 상호 감시와 상호 협력 속에서 풀어나가야 할 것이다. 이와 더불어 중국을 설득하려면 먼저 국내에서 강력한 오염방지책을 취해야 한다. 동아시아의 생존을 위한 호흡공동체는 노력 없이 얻을 수 없다. 인간의 존엄성을 바탕으로 생명권을 공유하면서 국가적 책무를 다할 때 우리의 공동체를 지탱할 수 있다.

## 제5절 결론

이 장에서는 미세먼지로 인간의 생명권이 위협당하고 생태계의 파괴로 사회경제적 문제가 심각한 수준에 이르러 이에 대한 극복 대안으로 개인·사회·국가적 책무성을 모색해 봤다. 오늘날 미세먼지는 단순한 대기오염 차원이 아니라 생명의 존엄성과 삶의 질을 파괴하는 침묵의 살인자로 다가왔다. 즉, 헌법상 보호받아야 하는 '기본권 전제 조건의 보호'로서 논의된다.

국민은 누구나 건강하고 안전하며 쾌적한 생활을 지탱하는 조건으로서 좋은 환경을 향수할 권리가 있다. 이는 자유권적 성격뿐만 아니라 인간의 존엄과 가치 및 행복추구권으로부터 요구되는 생존권적 기본권과 사회적 기본권으로서 특성을 갖는 종합적 기본권으로 보는 것이다. 따라서 국민 모두 환경권으로서 생명권 보장을 위해 미세먼지에 대한 책무가 요구된다. 그런데 지금까지 정부의 미세먼지 대응 정책은 임시방편적이었다. 물론 미세먼지가 가지고 있는 근본 문제성, 또한 복잡하게 얽혀 있다. 미세먼지의 발생원과 생성 과정이 국내뿐만 아니라 국외와 연계돼 있고, 국내의 에너지·경제·환경정책 등 모두 맞물려 있어 종합적인 접근 방식이 필요하다.

미세먼지는 근본적으로 자원 무한성을 토대로 한 대량생산과 소비 확장, 편리와 경쟁 윤리에 근간을 둔 근대적 개발 지향적인 도시 패러다임에서 출발하였다. 이는 화석연료에 바탕을 둔 에너지 다소비 체제의 산업구조와 환경계획이 고려되지 않은 자본 집약적인 도시 개발이다. 이를 극복하는 도시 패러다임은 포스트모더니즘을 지향하는 생태도시 건설이다. 생태도시 건설의 토대는 녹지다. 이미 선진국들(독일, 영국, 일본 등)은 도시 녹지계획을 통해서 미세먼지 저감을 최대화하는 방안을 구체화했다. 즉, 생태도시 건설의 핵심인 녹지정책(미세먼지 흡착 효과가 높은 식물식재 등)과 바람길 정책으로 생태효율성을 높이고 있다. 이제 미세먼지 정책이 임시방편적인 도시정책으로 국민의 생명과 지속성을 보장할 수 없다. 근본 원인이 되는 산업구조와 도시정책이 전환돼야 한다. 이는 녹색성장을 지향하는 산업구조와 생태 원리가 작동되는 녹지계획이 도시계획에 반영되는 생태도시 건설만이 미세먼지의 근본 대책이라 볼 수 있다.

# 06장
# 기후변화와 생태도시

## 제1절 서론

인류의 문명 발전은 자연환경을 기반으로 진행돼 왔다. 자연환경은 자연생태계의 질서 안에서 번성하고 인간과 더불어 공존해 왔다. 이처럼 인류도 자연생태계를 벗어나서는 생존할 수 없다. 그러나 오늘날 인류는 지구 자연환경을 이용하고 활동하는 과정에서 급속한 생태계의 질서 변화와 기후변화가 발생했다. 특히 인간은 정착생활이 시작되면서 농업사회에서 산업사회로 전환하는 과정에서 도시화를 촉진시켰다. 급속한 도시화는 인간 중심에 바탕을 둔 대량생산과 대량소비를 통한 성장 지향적인 개발 중심으로 변하고, 그 성장의 가치는 오로지 경제적 효율성에 집착해 도시생태계가 무너지게 됐다. 이는 궁극적으로 인간의 생명과 지속성의 문제로 귀착된다. 도시생태계는 인공생태계로서 인위적으로 조성된 물리적 환경이라고 할 수 있다. 인간이 정주(定住)하는 인공생태계는 그간 자연생태계의 질서를 이탈한 인간 중심의 편리함과 경제적 효율성에 초점을 두고 개발이 이뤄지다 보니, 에너지의 과도한 소비를 초래하게 됐다.

오늘날까지 도시의 물리적 순환 시스템을 극대화하는 장치가 바로 화석연료 에너지다. 결국, 과도한 화석연료 사용으로 도시생태계는 자생력을 잃고 다양한 생태·환경 문제를 몰고 왔다. 이를 회복하는 것이 생태도시의 건설이다. 생태도시란 "도시를 하나의 유기체로 보고 다양한 도시 활동과 공간구조가 자연의 생태계의 속성인 다양성, 자립성, 순환성, 안정성에 가깝도록 계획하고 설계해서 인간과 자연이 공존할 수 있는 친환경적 도시"라고 정의한다. 도시라는 인공생태계가 자연 생태계의 원칙들을 수용하면서 발전해야 기후변화를 극복할 수 있다. 기후변화의 핵심 문제는 $CO_2$ 등 온실가스의 과도한 배출이다. 이는 생태계의 속성을 파괴하고 지속가능성을 훼손하는 일이다. 지속가능한 발전은 도시생태계를 온실가스로부터 벗어남을 얻는 녹색성장을 바탕으로 하는 생태도시다. 따라서 이 장은 생태도시의 가치 지향과 기후변화와 어떤 상관성을 가지고 있고, 기후변화 체제의 과정을 이해하면서 녹색성장에 기반을 둔 생태도시 건설을 위한 기후변화 대응 방향을 이해하는 데 있다.

## 제2절  기후변화와 생태도시와의 상관성

### 1 생태도시의 가치와 기후변화

생태도시가 지향하는 가치 규범은 생명과 지속성을 극대화하는 자연생태계의 속성인 다양성·자립성·순환성·안정성이다. 이는 인간과 자연이 공생할 수 있는 생태중심주의 유기체적 도시다. 즉, 도시구조와 기능이 생태적 속성으로 구조화돼 생태적 효율성이 극대화한 도시라고 할 수 있다. 따라서 기존 도시계획과 생태도시 계획과의 지향하는 이념적 패러다임(철학·윤리·세계관)과 계획의 구성 내용 및 평가의 기준은 확연히 다르다(〈표 6-1〉 참조).

〈표 6-1〉 기존 도시계획과 생태도시계획과의 비교 정의

| 구분 | 기존 도시계획 | 생태도시계획 |
|---|---|---|
| 철학 | 합리성, 이원론적, 원자적, 기계적 | 전일적, 유기체론, 순환론, 직관 |
| 윤리 | 개인의 자유 중시, 편리주의, 경쟁 | 공생, 공동선, 자립, 지속성 |
| 세계관 | 인간의 자연에 대한 우월적 지위<br>인간중심주의(anthropocentrism) | 인간과 자연의 조화적 지위<br>생태중심주의(ecocentrism) |
| 주요 계획 요소 | 형태/기능/구조/공간/소재 | 환경/인간/다른 종(種)/장소 |
| 계획 개념 | 폐쇄 개념 체계 | 개방 개념 체계 |
| 계획 대상 | 형태와 공간의 계획 | 장소, 체험 및 도시 전체를 하나의 생태계로 본 계획 |
| 계획 과정 | 선형 과정 | 순환 반복 과정 |
| 계획 원칙 | 일반적 계획 원칙 | 지속 및 생태적 원칙 |
| 공정성 | 세대 내 공정성 | 세대 내 및 세대 간 공정성 |
| 평가 기준 | 양적 성장 : 대량생산과 대량소비<br>사회 · 경제적 효율성 | 질적 성장 : 공생적 녹색성장<br>심리 · 생태적 효율성[1] |

출처: 박길용(2009: 288) 재구성.

〈표 6-1〉에서 비교 정의된 내용처럼 생태도시가 지향하는 가치는 자연생태계의 속성인 원칙을 인공생태계인 도시계획에 적용한 개념이다. 이념적 패러다임으로 자연과 인간을 이원화하는 원자적 개념보다는 유기체적 순환성을 강조하고, 경제적 효율성 극대화에 토대를 둔 경쟁과 이기적 편리함보다는 지구라는 공공재의 지속성을 바탕으로 한 자립성과 공동선을 지향한다. 특히 생태도시계획은 인간과 자연의 조화적 지위에서 인간중심주의 도시 건설보다는 생태계의 질서 원리에 따르는 생태중심주의 세계관을 지향함으로 사회 · 경제적 효율성보다는 심리 · 생태적 효율성을 평가 기준으로 삼고,

---

[1] 생태효율성(eco-efficiency)은 1992년 브라질 리우데자네이루에서 개최된 세계정상회의에서 공식적으로 채택된 용어다. 생태효율성=가치(Value)/환경영향(Environmental Input)으로서 환경 성과와 경제적 성과인 가치의 비율로 정의된다. 즉, 성장을 추구하는 데는 물, 공기, 가용 자원, 에너지 등 생태자원을 가장 적게 효율적으로 사용해 가장 큰 경제적 성과를 창출하고 그 과정에서 발생하는 오염물질의 발생을 최소화하는 것이다. 생태효율성을 증대하기 위해서는 자원 이용의 효율성을 최대화하고 환경 부하를 최소화하는 것이다. 이는 궁극적으로 생태 비용의 내부화(시장가격에 반영), 자원효율성의 극대화, 오염 배출의 최소화를 추구한다.

세대 내뿐만 아니라 세대 간의 공정성을 추구하고 있다는 점이다.

주요 도시계획 요소는 형태와 구조 기능 중심의 보수적이고 폐쇄적인 공간 개념보다는 인간과 다른 종(種)의 다양성을 고려한 장소 중심의 개방 개념 체계를 중시한다는 점에서 매우 역동적이라고 볼 수 있다. 이 같은 생태적 도시계획이라는 관점에서 생태도시가 지향하는 가치는 기후변화와 밀접한 관련을 맺고 있다. 기후변화는 인간이 자연생태계를 이용하는 과정인 개발·생산·소비 시스템에서 온실가스를 대량 배출한 데 기인한다. 기존 도시계획의 계획적 내용은 '경제적 효율성' 극대화에 초점을 둔 무한 경쟁과 극단적 개인주의에 바탕을 둔 '편리함'에 강조점을 두고 있어, 과도한 온실가스의 사용으로 인해 기후변화에 크게 영향을 미친다. 반면, 생명과 지속성을 지향하는 수기(修己)의 경쟁에서 세워지는 '자립성'은 위험을 감수한 온실가스 배출 선택에 절제를 유지함으로써 공유지의 비극을 막을 수 있다. 생태도시의 건설은 도시의 생태효율성을 극대화라는 점에서 기후변화의 수문장(gatekeeper)이라 할 수 있다.

## 2 기후변화의 영향과 생태도시

기후변화는 온실가스의 대량 배출로 지구 온도 상승에 따른 생태계의 변화를 말한다. 기후변화는 환경뿐만 아니라 사회·경제적 부문까지도 광범위하게 영향을 주고 있다. 세계는 지금 기후변화로 상징되는 생태·환경 위기와 싸움을 벌이고 있다. 우선 기후변화의 원인과 이에 따른 생태·환경의 문제로 초래하는 파급 영향은 무엇인지 정확히 인지하는 것이 무엇보다도 중요하다.

지구 표면을 둘러싸고 있는 온실가스는 지구 생명체의 생존에 필수적 요소다. 특히 온실가스는 지구 생명권에 온도를 적정하게 유지하도록 해서 생태계를 안정적으로 지속시킨다. 문제는 산업혁명 이후, 화석연료 사용의 급증으로 '지구 온난화(global warming)'를 초래해 기후변화를 일으키고 있다는 데 있다. 온실 효과를 유발하는 온실가스로는 이산화탄소($CO_2$), 쓰레기가 썩으면서 발생하는 메탄($CH_4$)과 일산화질소($N_2O$), 염화불화탄소(CFCs) 그리고 오존($O_3$) 등이 있는 것으로 알려져 있다. 이러한 온실가스 중에서 지구 온난화에 미친 영향은 이산화탄소의 경우 55%로 가장 높은 값으로 추정된다.

유엔 기후변화 정부간 협의체(Intergovernmental Panel on Climate Change: IPCC), 제5차 평가보고서에 따르면, 그린랜드의 얼음으로부터 산업혁명 이전 대기 중 이산화탄소 농도는 270~280ppm 정도였던 것으로 측정됐으나, 그 이후부터 농도가 현저히 증가해서 2004년에는 대기 중 이산화탄소의 평균 농도가 379ppm까지 증가했다. 이러한 추세를 유지할 경우 2100년에는 대기 중 이산화탄소 농도가 936ppm에 이를 것으로 전망된다. 또한, 세계기상기구(WMO)에 따르면, 2017년 북반구 이산화탄소 평균 농도가 400ppm을 넘었고, 미국 해양기상청(NOAA)이 발표한 2019년도 전 지구 $CO_2$ 평균 농도는 409.8ppm이다. 우리 기상청에 따르면, 한반도 평균 농도는 2013년에 402.4ppm으로 나타났고, 2019년에 충남 안면도에서 측정한 농도는 417.9ppm이다. 기후학자들은 이산화탄소 평균 농도가 400ppm대에 들어섰다는 것은 지구 온난화의 경고 신호로 해석하고 있다.

세계기상기구(WMO)와 유엔환경계획(UNEP)이 공동으로 설립한 IPCC가 2013년 9월에 발표한 제5차 평가보고서(WGI)에 따르면, 지구 온난화로 인해 지구 평균 기온이 지난 133년간(1880~2012) 0.85℃ 상승했으며, 지구 평균 해수면 110년간(1901~2010) 19cm 높아졌다. 또한 지난 34년(1979~2012) 동안 북극 해빙의 연평균 면적이 10년에 3.5~4.1%의 비율로 줄어들었을 가능성이 높다고 밝혔다. IPCC는 만약 현재 속도로 온실가스를 배출한다면(RCP[2] 8.5), 21세기 말(2081~2100)의 지구 평균 기온은 1986~2005년에 비해 평균 3.7℃, 해수면은 63㎝ 오를 것으로 전망했다. 반면 온실가스 감축이 상당히 실현될 경우(RCP 4.5) 평균 기온은 1.8℃, 해수면은 47cm 상승에 그칠 것으로 예측된다. 또한, 전지구적 기온 상승으로 21세기에는 북극의 해빙 면적이 지속적으

---

2) RCP(Representative Concentration Pathways) : 대표 농도 경로(온실가스 배출 시나리오).
   RCP 2.6:지금부터 즉시 온실가스 감축을 수행하는 경우
   RCP 4.5 : 온실가스 저감정책이 상당히 실현되는 경우
   RCP 6.0 : 온실가스 저감정책이 어느 정도 실현되는 경우
   RCP 8.5 : 저감 없이 온실가스가 현재 추세로 배출되는 경우

로 줄어들고 얇아질 것이며, 북반구 봄철 적설 면적이 줄어들 가능성이 매우 높다. 특히 RCP 8.5에서는 21세기말 9월에 북극 해빙 면적이 거의 사라질 것으로 전망됐다. 기후변화의 주범이라고 할 수 있는 이산화탄소는 그 농도 또한 매년 증가 추세에 있다. 이처럼 지구 온난화는 빙하를 녹여 해수면을 상승하게 해서 세계 주요 해변 도시가 침수될 수 있고, 바다 온도의 상승으로 잦고 강한 태풍으로 지구생태계가 파괴될 뿐만 아니라 자연환경·산업·경제 위기 및 인간 생활 양식 전반에 광범위한 재난이 예상된다. 하버드대학 경제학과 로코프(Kenneth Rogoff)를 비롯한 많은 저명한 세계 경제학자들은 향후 경제 위기의 '잠재적 뇌관'으로 기후변화를 꼽는다.

〈표 6-2〉는 기후변화가 지구환경에 미치는 영향의 주요 사례를 보여준다. 이 같은 영향을 극복하기 위해서는 생태도시 건설이 필요하다. 생태도시는 기본적으로 녹색성장(green growth)[3]을 실천 수단으로 ESSD를 추구한다.

〈표 6-2〉 기후변화가 지구환경에 미치는 영향의 주요 사례

| 기온, 기상 | • 지난 133년간(1880~2012) 지구 평균 기온은 0.85℃ 상승(우리나라 주요 도시 평균 1.8℃ 상승) → 금세기 말, 최대 6.4℃ 상승 전망. 평균 기온 2℃ 상승 시, 20~30% 생물종 멸종, 6℃ 상승 시 생물 95% 멸종 → 생물다양성 절대 감소. 평균 기온 3℃ 상승 시, 전 세계 해안의 30% 침수로 2억 명 이상 이주 예상<br>• 평균 기온 1~2℃ 상승 시, 물 사용량(농업용수) 급격히 증가 → 40~70%의 지표 수 감소 → 농업 및 생활용수 급감 → 식량 생산 감소, 병충해 및 질병 발생률 급증<br>• 극지방의 빙산이 녹아 해수면 상승<br>지구 평균 해수면 110년간(1901~2010) 19cm 상승(한반도 43년간 평균 8cm 상승) → 21세기 말 지구 평균 기온 3.7℃, 해수면은 63cm 상승 전망<br>• 기온이 30℃ 이상인 혹서 일수가 1991년 33일에서 2000년 53일로 증가(우리나라) 1990년대는 관측 사상 가장 온난했던 10년, 2010년은 2005년과 더불어 가장 더운 해로 기록<br>• 집중적인 강우 현상, 폭설 등 기상이변 증가; 한파, 서리 일수는 감소, 열파 발생 빈도 증가, 태풍·허리케인 강도는 증가<br>• 2013년 8월 한국 등 이상 고온 현상 지속 |
|---|---|

---

[3] '녹색성장'이란 용어는 『이코노미스트지』(2000. 1. 27)에서 최초로 언급돼 학술적인 측면보다는 전문 저널에서 실용적 용어로 제시된 것으로 볼 수 있다. 이는 2005년 UN 아·태 환경개발장관회의(Economic and Social Commission for Asia and Pacific: ESCAP)에서 심층적으로 논의돼 한국 환경부와 ESCAP는 "녹색성장 서울 이니셔티브"를 추진해 아태지역 내의 녹색성장 확산을 주도해 왔다. 그 후 다보스 포럼을 통해 널리 사용되기 시작했다. 그러나 경제학적 이론으로 정립된 바는 없고, 현재 환경적으로 지속 가능한 발전(ESSD)을 달성하기 위한 실천적 개념으로 볼 수 있다. 환경과 경제 관련 녹색성장의 중심 키워드로는 '생태효율성(eco-efficiency)', '환경 생태용량(environmental carrying capacity)' 그리고 '탄소발자국(carbon footprint)'을 들 수 있다.

| 구분 | 내용 |
|---|---|
| 빙하, 강우, 홍수 | • 1850-80년대 알프스산맥의 빙하 면적은 약 3분의 1, 부피는 절반이 줄었으며 2003년도 폭염으로 인해 알프스 빙하가 10% 감소<br>• 강우 형태 변화로 북반구는 습해지고 남반구는 건조해짐.<br>• 1975-2001년까지 유럽에서 218번의 홍수가 발생한 것으로 기록됨, 연간 홍수 발생 수는 뚜렷하게 증가<br>• 남극의 전례 없는 얼음 감소, 남극 서부 빙상에서 얼음 감소의 규모는 1996년과 2006년 사이에 60%나 커진 것으로 추산(유엔환경계획, 2009)<br>• 2010년 호주·파키스탄(홍수), 러시아(폭염), 서유럽·북미(폭설)<br>• 2011년 미국 미시시피강, 중국 중남부, 태국(홍수), 필리핀(태풍) |
| 해양 | • 1961년부터 2003년 사이에 해수면이 연평균 1.3mm씩 상승해 총 7.7cm 상승, 1993년에서 2003년 사이는 연평균 3.1mm 상승해 상승폭 증가<br>• 해수면 상승으로 해안지역 침식<br>  – 방글라데시는 지난 30년간 3m 상승해 영토의 많은 부분이 침수됐음.<br>• 동물성 플랑크톤이 최대 1,000km 북상함.<br>• 산호지역의 백화 현상과 근해의 적조 발생 증가(한국) |
| 생물다양성, 조류의 생존 | • 지난 36년 동안(1970~2006) 지구상에 서식하는 생물종의 31%(열대지역 59%, 청정해역 41%)가 멸종됨 (UN 생물다양성협약 3차 보고서, 2010).<br>• 아마존 정글 30% 감소가 기후변화의 직접적인 원인(UN 생물다양성협약 3차 보고서, 2010)<br>• 향후 세계적으로 다수의 종이 멸종할 것이라고 전망. 열대성 종이 북상하는 등 종 분포가 상당히 영향받음.<br>• 겨울을 나는 다양한 조류 종의 생존율은 지난 수십 년 간 상승했음.<br>• 가뭄과 고온으로 산림 병해충 피해지역 확대 |
| 식물 생장 시기, 작물 수확량 | • 생육 가능 최저 온도 대상 지역 확대로 주요 작물 주산지 및 작물별 생산성 변화 – 경작 면적 북쪽으로 확장<br>• 기후변화는 작물의 수확량에 큰 영향을 주지 않음. 주로 생장 기술 발전으로 수확량이 증가<br>• 아열대 병해충 영향 지역 확대 및 가축 전염병 발생 증대<br>• 기후변화에 따라 국제곡물 수급구조 불안 및 곡물가 지속 상승<br>  – 쌀 787%, 콩 557%, 밀 307%, 옥수수 232% 상승(2000년 대비 2008년 8월 기준) |
| 인간 건강과 매개 질병 | • 2003년 유럽 150년만의 최악의 폭염으로 약 3만 5천 명 사망<br>• 더위로 인해 20,000명 이상 초과 사망(특히 노령 인구)이 발생<br>• 진드기, 매개 뇌염 발생, 렙토스피라, 말라리아 등 열대성 질병이 증가 추세<br>• 기후변화로 인해 꽃가루 계절 장기화 및 꽃가루 알레르기 증상 심화<br>  – 미국의 경우, 알레르기 및 천식으로 발생되는 비용은 직접적인 의료 비용, 노동 손실, 생산성 저하 등을 합쳐 연 320억 달러 추산(국가기후변화적응대책, 2010)<br>• 2010년 7월 러시아 폭염으로 1주간 300명 사망 |
| 경제 | • 현 에너지 다소비 체제인 '요소 투입형' 양적 경제 성장구조는 질적 성장의 한계에 봉착해<br>  – 에너지, 경제, 기후변화 간의 악순환으로 지속 가능한 성장 불가 자원·에너지 가격 급등<br>  – 과도한 에너지 수입 비용 부담으로 에너지 안보에 위협 → 고유가 대안 부재<br>• '고투입-고산출' 자원집약 산업구조 → 생태효율성 저하 → 질적 성장의 대안 부재<br>• 『스턴 보고서(Stern Review)』에 따르면, 2006년 기후변화 대비 비용 전 세계 GDP의 1%, 이를 방치할 경우, 기후변화로 인한 경제적 손실이 매년 세계 GDP의 약 20%까지 증가 전망<br>• 기온 4℃ 상승 → GDP 5.6% 손실(KEI) |

출처 : 신기후 체제에 대비한 기후변화의 미래 (환경부, 2015) ; 기후변화에 관한 정부 간 패널 (Intergovernmental Panel on Climate Change, IPCC), IPCC 5th Assessment Report, Berlin, 2014 ; Nicholas Stern "the Economics of Climate Change," Stern Review, 2006.

왜 녹색성장인가? 온실가스를 끊임없이 배출하는 화석연료로는 더 이상 인류를 풍요롭게 할 수 없다. 환경과 생태를 고려한 녹색기술(green technology)만이 국가 경쟁력과 더 나은 삶의 질을 보장할 것이다. 현재 전 세계가 직면한 에너지 부족, 석유 독재(petrodictatorship), 지구 온난화 등을 해결하기 위해서는 생태적 효율성을 높이는 생활 습관과 화석연료를 대체하는 새로운 에너지 기술 개발이 시급하다. 즉, 에너지 효율을 높이고 새로운 에너지를 개발하려면 여러 가지 투자가 필요하고, 이에 따라 새로운 사업의 기회를 가져온다는 것이다. 이러한 새로운 사업들은 지구 온난화의 진행을 막고 또한 환경오염과 보호를 꾀하는 산업이기 때문에 녹색산업(green industry)이라고 부른다.

지금까지 지구환경 파괴의 주범이었던 서구 선진국들이 또다시 제3의 산업혁명으로 '녹색혁명'에 박차를 가하고 있다. 향후 이들은 개도국에 녹색기술을 파는 시대가 올 것이다. 녹색성장 정책은 환경과 일자리 창출에 가장 효과적인 접근 방법일 수 있다. 즉, 정부가 강제하는 석유, 가스, 석탄 가격 인상과 대중이 지지하는 재생 가능 에너지 절약을 결합한 것이다. 녹색기술을 통해 지금 정부가 화석연료에 쏟아붓는 금액의 일부만으로도 비용 경쟁력을 빠르게 높일 수 있다. 높은 연료 비용 때문에 대중은 재생 에너지로의 전환을 이미 지지하기 시작했고, 재생 시스템 발전을 위한 투자를 통해 녹색시장은 빠른 속도로 확장될 것이다. 앞으로 녹색시장은 시장의 논리에 따라 냉철하게 진행될 것이다. 그리고 녹색성장의 주도권을 가진 국가가 향후 녹색시장(환경·에너지)을 선점하는 것은 물론 전 세계적으로 국가 경쟁력을 확보할 것이다.

## 3 생태도시 건설을 위한 녹색성장의 당위성

녹색성장을 바탕으로 '환경적으로 건전하고 지속 가능한 발전(ESSD)'을 추구하는 것이 생태도시다. 우리나라는 1960년대 이후, 거의 40년간 국가 주도 중앙집권화 체제하의 노동과 자본을 핵심 요소로 하는 '요소 투입형(고투입-고산출)' 양적 경제 성장 전략으로 압축 성장을 통해 산업화를 추진해 왔다. 그동안 성장정책이 우리에게 물질적 풍요를 가져다줬음에는 아무도 부인하지 못할 것이다. 반면 '성장제일주의'라는 정책 기조로 산업문명이 추구하는 대량생산과 대량소비라는 이념적·사회적 패러다임에 함몰돼 경제 성장과 환경을 조화가 아닌 상충적 입장으로 몰고 왔다. 고도 산업화에 따른 도시화 및 기술화는 인구 집중과 난개발, 자원 및 에너지 소비량 증대 등으로 도시 면적이 확대되면서 상대적으로 많은 생태·환경문제를 초래했다.

이 같은 근대화 과정에서 현재 우리가 안고 있는 문제는 크게 두 가지로 집약할 수 있다. 하나는 현 에너지 다소비 체제인 '요소 투입형' 자원집약 산업구조는 높은 화석연료 의존도로 인해 에너지 수입 비용 부담으로 이어져 에너지 안보가 위협받고 있고, 온실가스의 배출 비중 증가로 에너지·경제·기후 간의 악순환을 극복하지 못하고 있다는 것이다. 다음으로 그간 개발 위주 정책으로 인한 외형적 도시 팽창은 환경과 에너지를 고려하지 않은 도시 난개발로 전국의 도시들이 저에너지 효율 구조를 갖추고 있어 삶의 질뿐만 아니라 기후변화에 매우 취약하다는 점이다. 이 두 가지를 동시에 극복하기 위해서는 생태효율성이 사회평가의 기준이 되는 생태도시 건설을 위한 녹색성장을 추구해야 한다. 생태효율성과 관련된 현재 우리나라 에너지 소비 규모와 양태를 살펴보면 다음과 같다.

- 우리나라 온실가스 배출량은 '2016년 694.1백만 톤 $CO_2eq$톤 기록(에너지 분야가 전체의 87.1%), 전 세계 배출량의 1.9%를 차지함. $CO_2$ 배출 순위는 세계 12위, OECD 36개 회원국 중 6위(유엔기후변화협약과 세계자원연구소[WRI], 2015년 보고서). 1인당 배출량은 13.5톤, 일본(10.4톤), 독일(9.7톤)
  ※ $CO_2eq$: 모든 종류의 온실가스를 $CO_2$로 환산한 단위
- 2017년 화석연료 수입 97%. 석유 소비 세계 8위(경제 규모 13위), 1인당 소비 5위 18,28배럴: 산업 59%(원료 40%), 수송 33%, 가정 및 상업 5%. 발전 2%, 공공 분야/가스 제조 1%
- 지난 133년간(1880~2012) 지구 평균 기온 0.85℃ 증가에 비해 우리는 1.8℃ 상승함. 같은 기간 세계 평균 기온 상승 0.8℃를 상회함.
- 에너지 소비는 4.43toe, 일본 4.15, 미국 7.89 소득 수준에 비해 과소비(1인당)

- 생태효율성(생태 발자국/1인당 소득의 경우): 일본 〉 EU 〉 미국 〉 한국
- 1인당 소득 4~5만 달러대의 생태발자국(ha): 일본(4.4), EU(5.6), 미국(9.6). 한국(2013년 국민소득 약 2만 4천 달러): 4.1ha
- 2012년도(국토교통부) 신규 등록 차 배기량: 한국 2000cc 이상 대형 자동차 비율 25%, 독일 21%, 일본 20%, 영국 13%, 프랑스 11%, 미국(60%) 다음으로 높고, 소형 자동차(1500cc 미만)는 한국 33.5%, 일본 61%, 영국 52%, 월등히 낮으며, 1.9%인 미국에 이어 세계 3번째.
- 2018년 배기량별 신차 등록 현황: 1000CC 미만(13,106대), 1000~2000CC(79,740대), 2000~3000CC(39,458대), 3000~4000CC(8,297대), 4000CC 이상(401대)
- 생태효율성의 대표적인 예가 될 수 있는 교통 체증 비용[4]을 보면, 한국은 GDP의 4.4%인 반면, 일본은 0.79%, 영국은 1.25%.

이상의 여러 정황과 경제협력개발기구(OECD) 회원국으로 경제 규모를 고려할 때, 현재의 산업구조가 그대로 유지되고 획기적인 온실가스 감축 노력이 시행되지 않을 경우 향후 지속적으로 온실가스 배출량은 증가세가 계속 유지될 것으로 전망된다. 이 경우 2025년 $CO_2$ 배출량 전망치 대비 10% 감소 시 국내총생산량(GDP)의 0.3%인 3조 6천억 원의 감소가 예상된다. 반면 2010년도 기준으로 이산화탄소 10% 감소시킬 경우 대기오염 물질 감소, 질병 및 사망률 감소, 농작물 피해 감소 등으로 5조 5천억 원의 환경 편익이 발생하는 것으로 추정됐다(에너지경제연구원, 한국환경정책평가연구원). 향후 증가하는 온실가스 배출에 대한 적극적인 대응 정책을 마련하지 않으면 사회·경제적 부담이 매우 클 것으로 전망하고 있어 녹색성장 패턴이 가장 시급한 나라다.

---

4) 여기서 교통 체증 비용이란 교통 체증으로 인한 연료와 인적 자원의 경제적 낭비 비용과 자동차 감가상각 비용만을 계상한 것이며, 체증으로 인한 매연의 환경 비용은 포함하지 않았다.

## 제3절  생태도시 건설을 위한 기후변화 체제 이해

### 1 기후변화 체제의 과정 이해

이제 지구 온난화로 인한 기후변화는 국제적으로 최우선 정책의제(policy agenda)로 급부상했다. 기후변화에 관한 기후변화 정부간 협의체(IPCC)가 내놓은 지구 온난화 대책으로 기온 상승률을 산업화 이전 대비 2℃ 미만 상승으로 제한하기로 합의했고, 1.5℃에서 멈출 수 있도록 노력하자고 선언했다. 1.5℃를 제한하기 위해 2010년 대비 탄소 배출량을 2030년까지 최소 45% 감축해야 하며, 2050년까지 순제로(net-zero) 배출을 달성해야 한다. 또한, 지구 대기 $CO_2$ 농도가 430ppm을 넘지 않도록 해야 하고, $CO_2$ 배출량을 매년 10%씩 줄여야 한다고 강조한다.

2015년 12월 제21차 유엔기후변화협약 당사국 총회의 산물인 '파리협정(Paris Agreement)'은 개발도상국을 포함한 196개국이 2020년 이후 어떻게 감축할 것인지를 담은 각국이 정하는 기여(Intended Nationally Determined Contributions: INDC)[5]를 제출했다. 온실가스 저감은 화석연료가 부족해서가 아니라 인류가 생명 위기를 극복하기 위해 선택해야 하는 길이다. 그간 기후변화협약의 주요 논의 경과를 살펴보면 다음 [그림 6-1]과 같다.

기후변화 국제적 협약은 인간이 기후 체계에 위험한 영향을 미치지 않을 수준에서 대기 중 온실가스의 안정화를 목표로 1992년 6월 리우 유엔환경개발회의에서 채택해, 1997년 12월 '교토의정서'가 채택됨으로써 기후 문제를 본격적으로 다루기 시작했다. 교토의정서 채택 이후 2011~14년 사이 신(新)기후 체제 구축을 위한 당사국 총회가 꾸준히 진행돼 왔고, 이를 바탕으로 2015년 제21차 당사국 총회에서 신기후 체제 합의문인 '파리협정'을 채택했다. 파리협정은 전 지구적 기후 위기 상황에 적극 대처하기 위해

---

5) INDC는 '자국 상황에 맞게 결정한 자발적 온실 감축 기여 방안'이다. 그 이행을 2023년부터 5년 주기로 점검한다는 것을 주된 특징으로 한다. 우리나라도 '2030년 배출 전망치(BAU) 대비 37% 감축' 국가 목표를 2015년에 제출했고, 2016년에 비준서를 기탁했다.

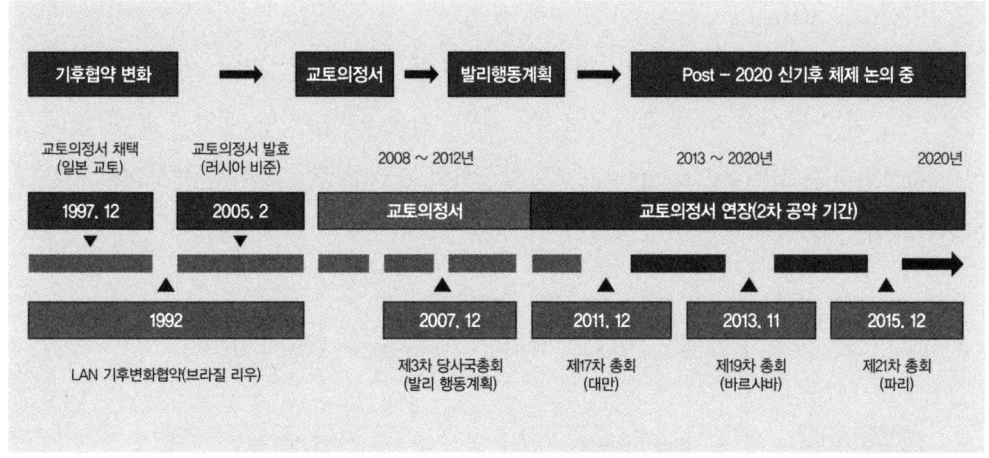

[그림 6-1] 기후변화협약 주요 논의 경과

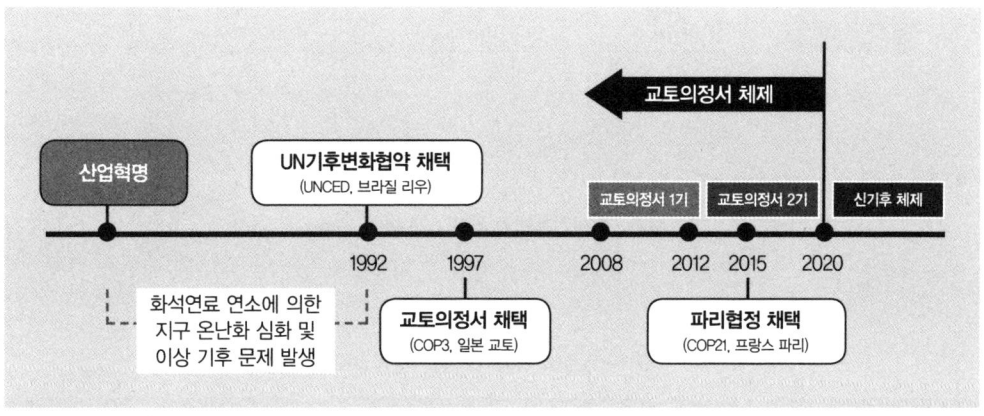

[그림 6-2] 신기후 체제로의 전환

선진국, 개도국 구분 없이 모든 국가가 참여하는 2020년 이후(post-2020)의 새로운 기후변화 체제를 의미한다.

특히 선진국에는 재정 지원 및 기술 이전에 대한 책임을 강조하고, 개도국은 특수성을 감안해 '공통의 차별화된 책임(common but differentiated responsibilities)'과 각국의 다양한 여건(respective capabilities)을 반영해 온실가스 감축뿐만 아니라 적응, 지원, 투명성 등 제반 분야를 포함한 포괄적 협정이다. 즉, 목적은 ① 온실가스 감축과 기후변화 적응이며, 이의 달성을 위한 수단으로, ② 재원, 기술 이전, 역량 배양을 통해 ③ 투명성을 확보한다는 것이다([그림 6-3]). 교토의정서와 파리협정의 차이를 세부적으로 비교하면 〈표 6-3〉과 같다.

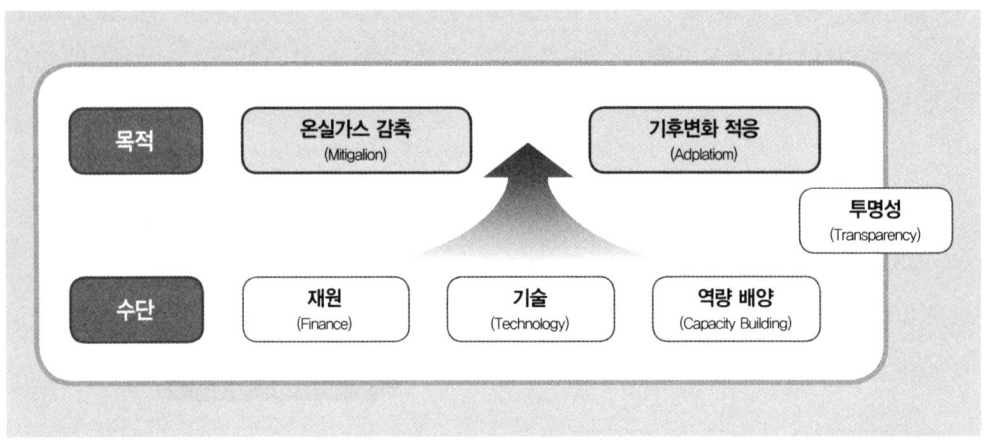

출처: 환경부(2016: 127).

[그림 6-3] 신기후변화 체제 6개 분야(6 Pillars)

〈표 6-3〉 교토의정서와 파리협정 비교

| 구분 | 교토의정서 | 파리협정 |
|---|---|---|
| 개최국 | 일본 교토(京都)<br>제3차 당사국총회 | 프랑스 파리<br>제21차 유엔기후변화협약 당사국총회(COP21) |
| 채택일 | 1997년 12월 채택<br>2005년 발효 | 2015년 12월 12일 채택<br>55개국 이상 비준, 세계 온실가스 배출량<br>55% 이상 해당 국가 비준 시 발효 |
| 감축 의무국 | 주요 선진국 37개국 | 196개 협약 모든 당사국 |
| 적용 시기 | 2020년까지 기후변화 대응방식을 규정 | 2020년 이후 '신(新)기후 체제' |
| 지속가능성 | 공약 기간이 설정돼 있어 종료 후 체제 유지 불확실함(1차, 2008-2012) (2차, 2013-2020). | 종료 시점 미규정(5년마다 이행 점검) |

| 범위(초점) | 온실가스 감축에 집중 | 감축과 동시에 적응, 투명성, 이행 수단 등을 포괄적으로 규정 |
|---|---|---|
| 목표 및 주요 내용 | • 목표 설정은 의정서에 규정(top-down)<br>• 기후변화의 주범인 주요 온실가스 정의<br>• 온실가스 총배출량을 1990년 수준보다 평균 5.2% 감축<br>• 온실가스 감축 목표치 차별적 부여(선진국만 부여)<br>• 효과적 이행을 위해 배출권거래제, 청정개발제도, 공동이행제도 도입<br>특이 사항 : 미국의 비준 거부, 캐나다 탈퇴, 일본 · 러시아의 기간 연장 불참 등. 한계점이 드러남. | • 국가별 상황을 고려해서 자발적으로 설정(bottom-up)<br>• 지구 평균 온도의 상승 폭을 산업화 이전과 비교해 2℃보다 훨씬 낮게 제한하며 1.5℃까지 제한하는 데 노력<br>• 선진국은 2020년부터 개도국의 기후변화 대 처사업에 매년 최소 1,000억 달러(약 118조 1,500억 원) 지원<br>• 협정은 구속력이 있으며 2023년부터 5년마다 당사국이 탄소 감축 약속을 지키는지 점검<br>• 2050년 이후 탄소 중립 추구 |
| 행위자 | 당사국 중심으로 대응 | 다양한 행위자(국제기구, 지자체, NGO 등 비당사국 이해관계자)의 참여 독려 |
| 한국 | 감축 의무 부과되지 않음. | 2030년 배출 전망치(BAU) 대비 37% 감축 발표 |

*참조: 조 바이든(46대) 미 대통령이 트럼프 전 대통령이 탈퇴한 "파리기후협약" 복귀에 서명(행정명령)함.

## ❷ 생태도시 건설을 위한 기후변화 대응

기후변화 체제인 온실가스 감축은 생태도시의 실현이다. 생태도시는 녹색성장을 통해서 가능하다. 생태도시 건설을 위해 기후변화를 어떻게 대응할 것인가가 관권이다. 이는 '녹색성장의 정책 과제'에 따라 '기후-녹색성장 거버넌스' 구축이 필요하다.

### 1) 녹색성장의 정책 과제

녹색성장은 기존의 경제 성장 패러다임을 지속 가능한 발전으로 전환하는 과정에서 파생되는 에너지와 환경 관련 기술, 산업에서 미래 유망 품목과 신기술을 발굴해 내고 기존 산업과의 상호 융합도 시도해 신성장 동력과 새 일자리 창출을 추구한다. 녹색성장의 정책 과제는 크게 ① 자원 사용량의 최소화, ② 탄소 배출 등 환경 부하의 최소화, ③ 신성장 동력 개발, ④ 녹색 시민 교육의 강화 등 네 가지가 핵심 내용이다(〈표 6-4〉 참조).

〈표 6-4〉 녹색성장의 정책 과제 내용

| 4대 요소 | 내용 |
| --- | --- |
| 자원(에너지) 사용량 최소화 | • 에너지 저소비형 산업구조 개편<br>• 에너지 소비 절약 · 사용 효율화<br>• 생태효율성 제고 정책 |
| 탄소 배출 등 환경 부하 최소화 | • 신재생 및 청정 에너지 개발 및 보급 확대<br>• $CO_2$ 배출 규제<br>• 저탄소 · 친환경 인프라 구축<br>• 소비자 녹색제품 구매 활성화 |
| 신성장 동력으로 개발 | • 녹색기술 R&D 투자<br>• 신재생 에너지 등 녹색산업 육성<br>• 세계 시장 선점 지원 |
| 녹색 시민 교육의 강화 | • 생태문명의 패러다임 이해 교육<br>• 녹색사회 문화 정착을 위한 학교교육과 사회교육 강화<br>• 도농생태계몽운동 저변 활성화 |

※ 신재생 에너지란 연료전지 · 수소에너지 · 석탄 액화가스 등의 신에너지 3개 분야와 태양열 · 풍력 · 지열 · 태양광 · 폐기물 에너지 · 소수력 · 해양 에너지 · 바이오 디젤 등 재생 에너지 8개 분야를 말한다.

## 2) 기후-녹색성장 거버넌스 구축

기후-녹색성장 거버넌스 구축은 먼저 〈표 6-4〉의 정책 과제 내용에 따른 가능한 정책 수단을 검토하고, 이에 부합한 거버넌스 모형을 도출해 실천 방안을 모색하는 것이라고 할 수 있다.

### (1) 정책 수단

신기후 체제에 대응하면서 생태도시 건설의 목표를 달성하기 위해서는 녹색성장의 정책 수단을 모색해야 한다. 녹색성장은 국가 경제 전체에 생태적 효율성을 적용한 개념으로 경제 성장과 지속가능성이 양립하기 위해서는 새로운 정책 과제에 따른 정책 수단이 필요하다. 지금까지 우리가 살고 있는 경제의 패러다임은 수요와 공급에 따라 시장가격이 결정되는 시장가격 패러다임이다. 여기에는 '생태 비용(eco-cost)'을 반영하지 않고 있어 시장가격과 생태 비용 간에는 차이가 있을 수밖에 없다. 즉, 시장가격 패러다임 관점에서는 가장 효율적인 경제활동이 생태효율성 측면에서는 가장 나쁠 수도 있다.

따라서 녹색성장은 시장가격과 생태 비용 간의 차이를 줄이는 시장가격 패러다임에서 생태효율성 패러다임으로 전환하는 것이다. 즉, 생태적 효율성을 높여 경제와 생태 간의 조화와 양립을 이루는 다양한 정책 수단이 요청된다. 이는 녹색성장 달성의 주 핵심인, 정책 과제 4대 요소를 달성하기 위한 생태효율성 향상 방안이다. 이에 대한 방안은 크게 세제 개편, 친환경 사회간접자본 인프라 확대, 수요관리, 녹색기술의 선진화 등이다.

① 세제 개편

조세제도의 개혁을 통해 시장가격에 생태 비용, 가격을 반영하는 것으로 우리 경제활동의 눈에 보이지 않는 가격 구조를 바꿔줌으로써 직접적으로 생태효율성을 높이는 것이다. 일명 '녹색세금(Green Tax)'이라는 생태 조세개혁(Ecological Tax Reform: ETR)은 기존 세금에 추가로 부과하는 환경세와는 다르다. 즉, 조세 토대(tax base)를 소득에서 에너지 또는 자원 소비로 바꾸면서 전체적인 세금 규모는 늘리지 않으면서 생산과 소비 패턴의 생태효율성을 높인다는 점에서 다르다.

이는 환경오염을 발생시키는 재화나 서비스에는 조세를 더 부과하고 친환경적 세원에는 조세를 경감하는 것이다. 또한, 근로소득세를 감면하고 친환경세의 세수 비용을 높이는 것이다. ETR은 독일, 북유럽 등에서 시행한 바 있으며, 이러한 조세 토대의 점진적인 전환을 통해 성장, 고용이 늘어나고 온실가스를 줄일 수 있다는 이중배당(double dividend) 효과를 가져올 수 있다(정래권, 2008: 6). 이 제도 도입은 당장은 조세 개편에는 저항이 있을 수 있으나 장기적으로 보면 세금을 적게 내기 위해 온실가스 소비가 감소할 수 있으며, 친환경적 기업에 대한 고용 창출 효과가 증대하고 녹색성장에도 도움을 줄 수 있다고 예상된다. 그 밖에 온실가스 저감 설비 투자 등에 대한 세제 혜택 확대, 혼잡 통행료 부과, 적극적이며 강력한 탄소세 도입 등 보완적 제도가 필요하다.

② 친환경 사회간접자본 확대

생태효율성의 제고에 직접적인 영향을 주는 물리적인 사회구조(physical infrastructure)

가 친환경 사회간접자본 인프라라고 말할 수 있다. 가령 대중교통 수단인 철도, 지하철, 경전철, 노면 전차와 자전거는 생태효율성이 높은 반면에, 자가용 위주의 교통 시스템은 상대적으로 매우 낮으므로 교통 수단뿐만 아니라 교통 체계도 엔트로피를 낮추는 시스템으로 개편해야 한다. 이처럼 대중교통뿐만 아니라 단열, 물과 폐기물 재활용 등 사회기반시설의 생태효율성을 높이기 위한 많은 조치가 건물 설계와 도시계획의 수립 단계부터 시행돼야 한다. 일단 설치된 이후에는 쉽게 변경할 수 없다는 점에서 사회가 어떠한 사회간접자본(SOC)을 가지고 있느냐 하는 것이 한 사회 전체의 생태효율성을 결정하는 중요한 요소가 된다. 따라서 생태효율성을 높일 수 있는 사회간접자본 인프라를 지속적으로 확대해 나가는 것이 기후변화에 대응하는 토대라 할 수 있다.

③ 수요관리 방안

저탄소 사회의 기본인 녹색성장은 수요관리와 효율화에 있다. 수요관리에서는 정부가 유도하는 방법과 소비자 자신의 소비 패턴이다. 이는 녹색 시민 교육과도 밀접한 관련이 있다.

우선 정부가 유도하는 방법으로는 녹색성장의 정책 과제에 대한 참여 제고를 위한 대국민 홍보를 강화해야 한다. 여기서 유의할 점은 녹색성장의 당위성만 강조할 것이 아니라 녹색성장으로 갔을 때, 우리가 만나게 될 우리 사회의 모습을 보여주려고 노력해야 할 것이다. 교육적 측면에서도 유치원 교육부터 초·중등 교과과정에 저탄소 녹색성장의 내용을 반영해 실생활 가운데서 이해하고 실천할 수 있도록 유도해야 한다. 또한 공항, 대공원, 백화점 등 다중 이용시설의 대중교통 접근성 제고를 위해 자가용 운행을 줄이도록 유도하고, 자전거 이용이 편리한 교통환경을 조성해 생태효율성을 높여 나간다. 대중교통 이용, 유기 농산물 구매, 자전거 구매 등 소비자의 녹색제품 구매 활성화를 위해 탄소 배출 정보를 제공하고(탄소 라벨링), 마일리지를 부여하며, 적립된 마일리지로 환경친화적 상품을 구매할 수 있도록 한다. 그 밖에 자동차 $CO_2$ 배출 규제, 혼잡통행료 부과 등 수요관리를 통해 저탄소형 생활 양식을 유도해 나간다.

또 다른 한 방법은 소비자의 자발적인 저탄소형 소비 양식이다. 전통적인 환경정책은 주로 생산 과정에서 발생하는 오염물질 관리에 중점을 둬 왔으나, 이러한 오염관리는 소득 수준이 7천 달러를 넘어서면 환경 쿠즈네츠 곡선(Environmental Kuznets Curve: EKC)에 따라 오염이 점차 줄어드는 역(逆) U자 모양을 보인다(김창한·정학균, 2008: 28). 그런데 소득 수준이 1만 달러를 넘어서부터는 소득이 늘어남에 따라 과소비가 증가하기 시작해 생산보다는 '소비 증가'에 따른 쓰레기, 오염 증가, 물자 사용의 효율성 하락이 더 중요한 문제가 되고 있다. 따라서 소득 증가에 따른 생태효율성 제고를 위해서는 대량소비를 통한 만족을 추구하기보다는 소비의 질, 즉 녹색 소비(green consumption)를 통해 만족을 추구하는 생활 양식의 개혁이 있어야 한다. 환경 부하를 최소화하면서 성장을 이루기 위해 소비자가 선택해야 할 유일한 방법은 인간의 탐욕과 편리함을 버리고 소유의 확대가 아니라 욕망의 절제, 근본을 바라보는 생태적 각성이 있지 않으면 안 된다. 즉, 시민 스스로 생태효율성의 극대화를 위한 사회적 동의, '녹색사회계약(green-social contract)'을 통한 자발적인 참여운동과 교육이 필요하다. 또한, 소비자가 녹색제품에 주목하고 생활에 확산시켜 나간다면 생산 주체인 기업이 녹색기술과 녹색산업에 투자를 확대하도록 해 녹색성장의 견인차가 될 수 있다.

④ 녹색기술의 선진화

녹색산업 클러스터 육성이 필요하다. 산·학·연이 녹색기술 개발을 선도하고 정부가 적극 지원하는 시스템 구축이 우선돼야 한다. 녹색기술은 제품의 생산 단계에서 소비 단계에 이르기까지 생태효율성을 극대화시키는 기술이 고려돼야 한다. 정부는 녹색기술 R&D 투자를 단계적으로 확대·재생산하고, 온실가스 감축 의무국이 개도국에 친환경 프로젝트를 실시하는 청정개발 체제(CDM, [그림 6-4]) 사업과 기후 친화적 산업에 집중 투자해야 한다. 특히 우리나라의 강점인 IT, BT, NT 기술 등을 활용한 혁신 융합 녹색기술의 개발을 촉진하고 유망 기술을 전략적으로 선정해 국제 공동 연구, 기술 제휴, 해외 우수 과학자 유치, M&A 등을 병행해 나가는 정책 수단을 개발해야 한다. 이상의 네 가지 수준에서 녹색성장이 요청되는 정책 수단을 좀 더 체계적으로 관리하기 위해서는 녹색성장 거버넌스 구축이 필요하다.

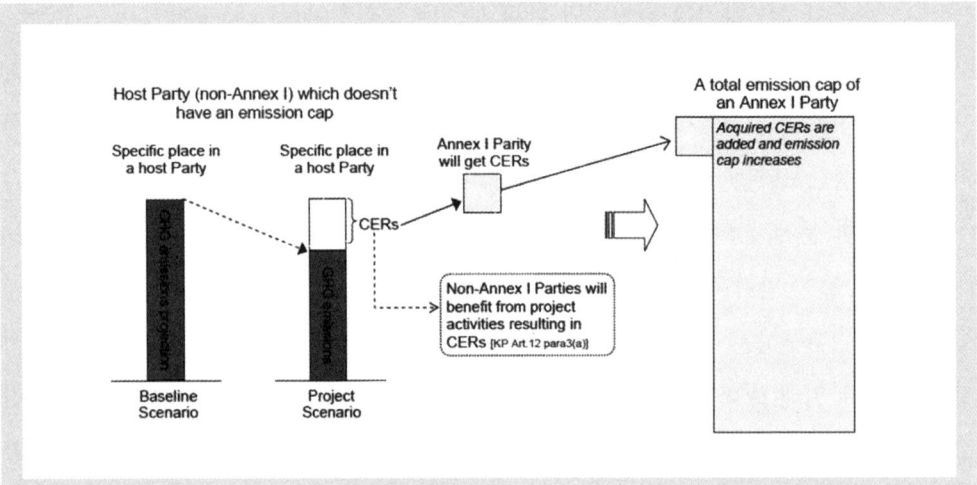

* 청정개발 체제(Clean Development Mechanism: CDM)는 Annex I 국가가 Non-Annex I 국가에 투자해 발생한 온실가스 배출 감축분을 Annex I 국가의 감축 실적에 반영할 수 있도록 하는 제도. 즉 온실가스 감축 목표를 부여받은 선진국들이 감축 목표가 없는 개발도상국가에 자본과 기술을 투자해 온실가스 감축사업을 실시한 결과로 달성한 온실가스 감축량을 선진국의 감축 목표에 포함시키는 것. 전통적인 CDM 방식은 개발도상국의 황무지에 나무를 심어주거나, 탄광이나 농업 폐기물 처리 과정에서 나오는 메탄을 회수해 주는 것이다. 이밖에 개발도상국 송전시설의 효율을 높이거나, 풍력·조력·태양 에너지를 비롯한 재생에너지시설을 지어 화석연료 소모량을 줄여주기도 한다.

[그림 6-4] 청정개발 체제 시스템


## (2) 녹색성장 거버넌스 구축

① 접근 방법

녹색성장은 현 에너지·경제·기후·생태(환경) 간의 악순환을 선순환으로 전환하는 것이다. 즉, 경제와 생태 간의 조화와 양립을 이루는 녹색성장은 각 국가별 정치·경제·사회적 배경과 문화에 따른 개별적 접근 방식을 개발할 필요가 있다. 국가마다 정부와 시장 그리고 시민사회의 역할이 다를 수 있다.

그러나 경제와 생태 간의 문제는 단순히 경제 자체의 문제도 아니고 생태만의 문제도 아니다. 사회 시스템 전반에 관련돼 있는 종합적인 문제다. 에너지를 적게 쓰고 환경을 파괴하지 않으며 경제 성장까지 이루기 위해서는 정부·시장·시민사회가 함께하는 사회적 생태계인 '녹색성장 거버넌스(green growth governance)' 구축이라는 포괄적 사회 시스템에서 문제 해결의 접근 방법을 찾아야만 한다. 거버넌스란 공공 서비스의 전달 및 공공문제를 해결하는 과정에서 정부라는 제도적 장치에 전적으로 의존하기보다는 정부와 민간 부문 및 비영리 부문 간의 협력적 네트워크를 적극적으로 활용하는 것이라 할 수 있다. 따라서 녹색 거버넌스란 '녹색성장'이라는 공공문제를 해결하는 과정에서 정부·기업·대학·시민사회와 공조적 네트워크를 통해 해결하는 시스템이라 할 수 있다.

② 녹색성장 거버넌스 모형 구축

녹색성장은 녹색성장 거버넌스 구축이 현실화될 때 성공할 수 있다. 특히 녹색성장 정책은 과거의 개발 지향적 성장정책과 확연히 다른 것은 시민의 적극적인 참여와 협력 없이는 성공할 수 없다는 점이다. 지금 거의 전 세계적으로 환경이나 기후변화와 관련된 대부분 정부 행정은 거버넌스 구조로 많이 옮겨왔다. 녹색성장 거버넌스 구축을 위한 정부와 시장(기업) 및 시민사회의 상호 역할을 살펴보기로 한다.

ㄱ. 정부의 녹색정책 방향

정부는 2010년 「저탄소녹색성장기본법」을 시행하고 온실가스 감축을 위한 노력을 해 오고 있지만, 정부 교체에 따른 녹색성장 정책이 일관성을 잃고 있다. 이제 세계 문명사의 흐름을 읽고 대(對)국민적 합의를 통한 경제 체질의 패러다임을 확 바꿔야 한다. 단선적인 시대적 트렌드에 따른 일시적 경기 처방으로 녹색성장을 지향해서는 안 된다. 산업문명에서 생태문명으로의 전환에 따른 새로운 이념적·사회적 시스템을 개발하고 (제1편 1장 〈표 1-1〉 참조), 이에 적합한 국가 비전과 목표, 구체적인 전략을 세워 지속적으로 추진해야 한다.

첫째, 녹색성장을 성공적으로 이끌기 위해서는 분명한 국가 에너지 자원정책 방향이 있어야 한다. 우선 자원외교에서 녹색자원 외교인지, 화석연료 외교인지, 또한 국내 에너지 정책 방향이 원자력인지, 재생 에너지인지, 통합 에너지인지 국내·외 자원 에너지 방향을 확실히 한 뒤 투자해야 할 것이다.

둘째, 부처 상위의 강력한 추진 체계가 필요하다. 현재 녹색성장 정책은 각 부처에서 관련된 녹색정책을 개발해 추진하고 있는데, 이는 단선적인 전략으로서 성공을 거두기 어렵다. 진정한 녹색성장을 위해서는 부처별 중장기 녹색성장계획에 따라 '유기적 정책 네트워크'를 통해 정부 간(중앙-지방) 정책을 조정하고, 장기적인 비전과 목표하에 강력히 추진할 수 있는 상위 추진 체계가 필요하다. 녹색성장 정책은 다양한 정부 정책의 혼합체로서 스스로 한계성을 갖고 있으므로 정책 조정이 제대로 되지 않으면 재정 지출만 늘리고 효율성이 없는 정책실패로 이어질 수 있다.

셋째, 녹색성장을 위해서는 지방정부도 적극 나서야 한다. 특히 우리나라의 모든 도시가 환경을 고려하지 않은 산업화 시대의 도시계획으로 난개발이 이뤄져 왔다. 도시개발은 생태효율성을 극대화할 수 있는 저탄소 녹색도시 건설 방향으로 정책을 조율하고 조직화해서 우선 투자를 해야 할 것이다. 도·농 도시를 감안해 농촌과 연계된 유기농 산업과 신재생 바이오 에너지 산업에도 관심을 두고 발전시켜야 한다. 또한, 기초생활권 계획 수립에 친환경 사회간접자본 인프라 구축에 초점을 두고 인근 지자체와 연계해서 '지역 산·학·연 클러스터'를 통해 녹색성장의 토대를 구축해 나가야 한다.

넷째, 중앙정부는 저탄소 녹색성장 정책과 관련된 미비된 제도(법)를 총괄적으로 정비하고 기존 계속사업에 대해서도 동일한 이념이 구현되도록 필요한 부분에 정책평가를 통해 정책 방향을 조정하고 필요한 예산을 조기 확보해 우선순위에 따라 합리적인 자원 배분을 해야 한다.

다섯째, 녹색성장 사업은 규모의 경제가 필요하고 정부의 보조금과 인센티브 지원정책이 중요하다. 선진 몇 개도국들은 이미 1980년대부터 녹색기술 인프라 구축을 통해 꾸준히 준비해 왔고, 기후변화 대응책으로 다양한 정책실험을 거치면서 지속적인 지원 투자를 해왔다. 그에 비해 우리나라는 사전에 충분히 공론화(公論化)를 통해 논의하거나 준비한 적이 없는 상태에서 시작하기 때문에[6] 기존의 계획된 정책들에 녹색기술 접목에 유리한 산업 영역을 발굴해 다양한 기술 검증 단계를 거쳐 실행 가능한 정책부터 지원해야 한다.

---

[6] 국내에서 태양광 발전 사례로 두 가지 문제점이 나타났다. 우선 설비의 국산화 비율이 매우 낮고, 다음으로 신재생 에너지 개발의 이유로 농지나 산지를 훼손하는 반(反)녹색 형태가 일어나고 있다. 독일에서는 태양광 발전 설비를 건물의 벽이나 옥상 등 회색 콘크리트를 녹색성장을 위해 활용한다.

여섯째, 녹색성장은 주로 에너지·환경 분야의 신재생 에너지 및 녹색산업 육성을 통한 정책이다. 생태효율성의 제고 측면에서 온실가스 배출이 높은 건설이나 토목 분야(철강, 시멘트, 유리 등)보다는 정책의 우선순위를 교통 혼잡 비용을 줄이고 기후변화에 대응할 수 있는 생태도시 개발의 일환인 대중교통, 건물 단열, 물과 폐기물 재활용, 유기농법과 바이오매스(biomass),[7] 그린공원 등과 같은 엔트로피를 줄이는 친환경 사회간접 자본 인프라 구축에 역점을 두고 추진해야 할 것이다.

일곱째, 사회 시스템의 전반적인 생태 효율의 제고를 위한 다양한 정책 수단을 개발하고 특히 지속 가능한 성장이란 실용적 이념 가치교육과 홍보가 시민 생활 양태에 직결될 수 있는 제도적 유인정책(법)을 마련해 철저한 정부 수요관리가 되도록 해야 한다.

여덟째, 국가재정의 세입·세출에서도 녹색재정이 이뤄져야 한다.

ㄴ. 기업의 녹색경영

이산화탄소를 끊임없이 배출하는 화석연료로는 더 이상 인류를 풍요롭게 할 수 없다. 환경과 생태를 고려한 녹색기술을 토대로 한 녹색경영이 국가경쟁력과 더 나은 삶을 보장할 것이다. 우리는 아직 걸음마 단계에 있는 저탄소 녹색기술이 실제로 산업에 어떻게 적용돼 생태 효율을 제고하면서 기업 경영에 성과를 가져올 것인지에 대해 다양한 사전 연구를 통해 녹색경영의 방향을 잡아야 할 것이다.

첫째, 기업은 제2의 근대화라 할 수 있는 '녹색혁명'에 대한 명확한 비전과 목표, 전략이 필요하다. 세계는 자유주의 경제구조에서 친환경적인 경제구조로 이동하고 있다. 기존의 소극적인 오염 방지 수준에 머물고 있는 녹색을 새로운 시장을 창출하는 성장의 동력으로 만들어야 한다.

둘째, '신재생 에너지 및 에너지 이용 효율 관련 국제 파트너십(REEP)'은 38개국의 정부를 비롯해 기업·비정부기구 등 200여 회원을 두고 있다. 회원 간의 신재생 에너지 개발 정보를 교환하고, 생태 효율을 제고할 수 있는 방법을 모색한다. 한국 기업도 REEP 회원으로 가입하여 신재생 에너지 국제 파트너십으로 발전하는 것이 필요하다.

---

7) 화석연료를 제외한 유기성 자원(축분, 목재, 바이오 작물, 음식물 등)이다.

셋째, 기후는 문화를 낳고 문화는 새로운 사업을 낳는다. 이제 우리 기업도 새로운 기후문화(climate culture)로 이어지는 신산업 개발에 적극적인 관심을 갖고 참여해야 한다.

넷째, 기업의 환경기금 제도 개발이 필요하고, 친환경 상품 개발에 따른 기업 이미지가 소비로 직결될 수 있는 글로벌 에코 전략이 필요하다.

다섯째, 청정기술(clean tech) 개발을 지원하는 벤처 투자기업이 필요하다. 대체 에너지를 비롯해 환경오염을 줄이는 기술을 개발하는 회사에 많은 투자를 하고 있다. 즉, 정부와 기업이 지속 가능한 개발의 해법을 마련할 수 있도록 적극적으로 돕는 벤처 투자기업 육성이 필요하다.

여섯째, 우리나라는 1인당 배출량, GDP 수준(지불 능력), 역사적 책임 등 어떤 기준을 들이대더라도 과감한 감축을 요구받게 돼 있다. 우리 기업은 온실가스 감축 의무를 위한 전략을 지금부터 꼼꼼히 세우고 준비한다면, 수십조 원의 환경기금을 활용할 수 있는 혜택이 주어질 것이다. 환경기금은 저탄소 녹색산업에 투자되는 돈이다. 기금 활용에 한국 기업이 적극 나서야 한다.

일곱째, 글로벌 기업들에게 이제 친환경 경영을 할 것인가는 화두가 아니다. 어떤 친환경 경영을 할 것인가가 고민거리다. 최근 기업들 사이에서는 CDM 지역·사업모델 선점 경쟁이 치열해지고 있다. 또한, 현재 추세는 참여 주체가 다양해지고 있다는 것이다. 기업뿐만 아니라 금융기관·컨설팅 업체들도 적극적으로 CDM에 뛰어들고 있다. 이들은 온실가스 감축 기술을 가진 기업과 손을 잡고, 자금과 인력을 투입해 CDM을 대형화하고 있다. 온실가스 배출권은 물론 이와 관련된 각종 파생상품에도 적극적으로 투자하고 있다. 이와 함께 온실가스 배출권 시장도 유럽을 중심으로 성장하고 있다. 갈수록 국제적으로 탄소배출권 심사가 강화되고, 수출에 의존하는 한국 기업은 CDM의 노하우를 축적해서 녹색성장의 기초를 다져 나가야 국가경쟁력을 키울 수 있다고 본다.

여덟째, 산·학·연의 상호 교류를 통해 신재생 분야에 적극적인 연구개발이 필요하다. 기술공학 분야에서 충분히 이해하지 못하는 주요 변수들을 경제학, 사회학, 정치학, 인문학 등의 전문가들이 나서서 챙길 수 있도록 리더십이 작용해야 한다. 또한, 생태산업단지 구축은 물질 순환 대사를 실현하기 위한 대표적인 노력인데, 한 산업체의 폐기물을 다른 산업체의 원료로 활용할 수 있도록 관련 업체들을 밀집시키고 네트워킹 하는 노력이 필요하다.

ㄷ. 녹색시민 교육 및 확산

녹색시민 교육은 생태·환경문제에 대한 시민 의식을 제고함으로써 환경문제 해결에 시민이 자발적으로 참여하도록 하는 데 목적이 있다. 특히 생태도시를 실현하기 위해서는 기후문제와 관련된 다각적이고 다차원적인 녹색시민 교육이 이뤄져야 한다.

첫째, 생명과 지속성이라는 대주제로 21세기의 생태문명의 이념적 패러다임(철학·윤리·세계관)의 당위성을 확인하고, 생태도시가 지향하는 궁극적 가치가 무엇인지, 왜 녹색성장이 필요한지, 산업문명의 성찰과 통찰을 통해 생태문명의 사회적 패러다임을 모색하는 방향성 교육이 우선돼야 한다.

둘째, 생태적 책임(ecological responsibility)을 바탕으로 학교 교육과 사회 교육을 구분해 실시하되 궁극에는 실천적 차원에서 통합되는 교육이 되도록 해야 한다. '내가 배출한 $CO_2$는 내가 책임진다'는 생태적 각성을 통해 사회적 책무로 발전시켜야 한다. 학교 교육은 유치원부터 초중고에 이르기까지 단계별 실천 교육이 이뤄져야 한다. 무엇보다도 기후변화 및 환경문제의 해결은 서로의 경험을 공유하는 것이 최선의 방법이다. 사회교육은 지역 주민을 대상으로 쉽게 접근할 수 있는 교육 프로그램을 개발해서 국내외 선진 사례 등을 참조해 친환경적 생활문화가 되도록 반복적 지속성을 유지해야 한다.

셋째, 생활과 소비 활동에 중심을 이루는 여성 생태교육이 저변 확산을 위해 중요하다. 현대의 주부들은 이전과 달리 각종의 종교 생활, 동호회 생활, 자원봉사 혹은 인터넷 카페에서의 다양한 활동 등을 통해 많은 사람과 의사소통하며 생활하는 경우가 많다. 여성과 관련된 친환경적 생활 양식과 녹색성장 운동은 지역사회 발전의 중추가 됨을 인식하는 것이 무엇보다도 중요하다. 특히 저탄소형 소비 양식인 녹색 소비(에너지 절약, 에코제품 구매, 대중교통 이용 등) 활동은 온실가스 감축과 더불어 환경문제의 근본 해결을 위한 핵심적인 접근이 될 수 있다. 또한, 여성의 생태환경 교육은 자녀들과 직결되는 실천운동으로 지평을 넓힐 수 있는 토대가 된다는 점에서도 의미가 크다.

넷째, 환경 의식의 고취는 개별적 학문 분야의 한계를 넘어서는 일이다. 오늘날의 환경 위기를 불러일으킨 역사적 배경과 원인이 인간의 경제적·정치적·철학적 사상 및 활동 등을 포함하는 대단히 복합적이고 중층적인 인간의 존재 방식과 연관돼 있다. 따라서 환경교육은 여러 학문을 포괄하는 학제적 특성을 띨 수밖에 없다. 개별 학문의 한계를 벗어나 다양한 학문적 관점에서의 마음 문을 열어놓을 때 비로소 생태·환경문제에 대한 상충적 문제를 이해할 수 있고 이를 바탕으로 합리적 해결 방안을 도출할 수 있다. 따라서 학제적이고 실험 중심의 시민 환경교육이 이뤄져야 실천적 생활 양식의 변화로 이어질 수 있다.

ㄹ. 시민 '녹색문화' 사회 구현

기후환경·에너지·경제문제는 세계적이면서도 지역적인 '글로컬(glocal)'의 문제인 동시에 기본적으로 우리 생활과 직접 관련돼 있다. 따라서 정부·기업·개인이 함께 참여하지 않으면 해결이 안 된다. 특히 시민사회의 이해와 지지가 없이는 성공할 수 없는 정책이다. 시민사회의 역할은 미래를 대비해 녹색성장의 토대가 되는 저탄소 프로그램에 적극적으로 참여하고 다양한 녹색 프로그램을 지역 실천 차원에서 개발해야 한다.

첫째, 정부의 정책 기조와 시민의 생활문화 혁명이다. 우리는 1990년대에 접어들면서 경제와 환경을 상충적 관계에서 조화와 지속 가능으로 정책 기조를 궤도 수정했지만, 그 내면을 깊이 살펴보면 아직도 개발우선주의에 입각한 양적 성장 논리가 우리 사회 전반을 지배하고 있다. 성장우선주의가 만들어 놓은 대량생산과 대량 소비문화는 생태적 효율성을 크게 떨어뜨렸다. 인간의 행복지수가 물질의 무한 소유 지배와 구매 확대를 통해 얻는 만족감에 있다는 것이다. 이 같은 생활 가치관이 낳은 결과는 경제와 환경을 동시에 위기로 몰아넣고 있다. 저탄소 녹색성장은 기계적 편리함과 욕구의 축소를 통한 질적 삶의 추구다. 이제 탈물질화를 통한 생명과 지속성에 기반을 둔 녹색문화가 정착되도록 생활 가치관의 혁명이 일어나야 한다.

둘째, '내가 배출한 $CO_2$는 내가 책임진다.' 시민들의 자발적인 환경 기부 운동이 필요하다. 즉, 자신이 배출한 $CO_2$만큼의 비용 지불, 환경사업 등으로 상쇄하는 '카본 상쇄(Carbon Offset)' 운동이다([그림 6-5, 6-6]). 가령 여행이나 각종 행사, 난방이나 자동차 운전 등을 통해 발생하는 온실가스 발생량에 비례해서 그 비용을 환산해 기부금을 내는

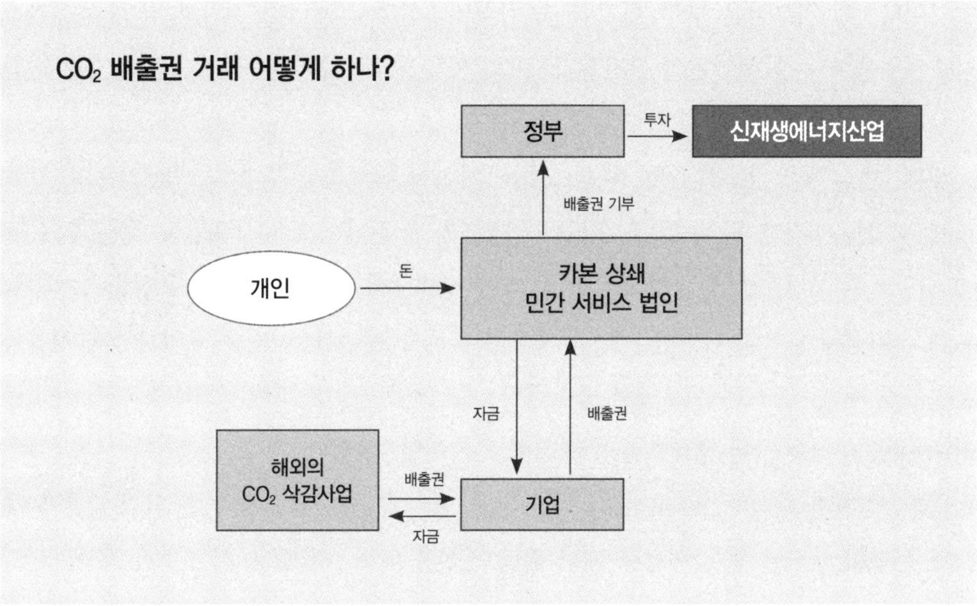

## $CO_2$ 배출권 거래 어떻게 하나?

[그림 6-5] 탄소 상쇄 시스템

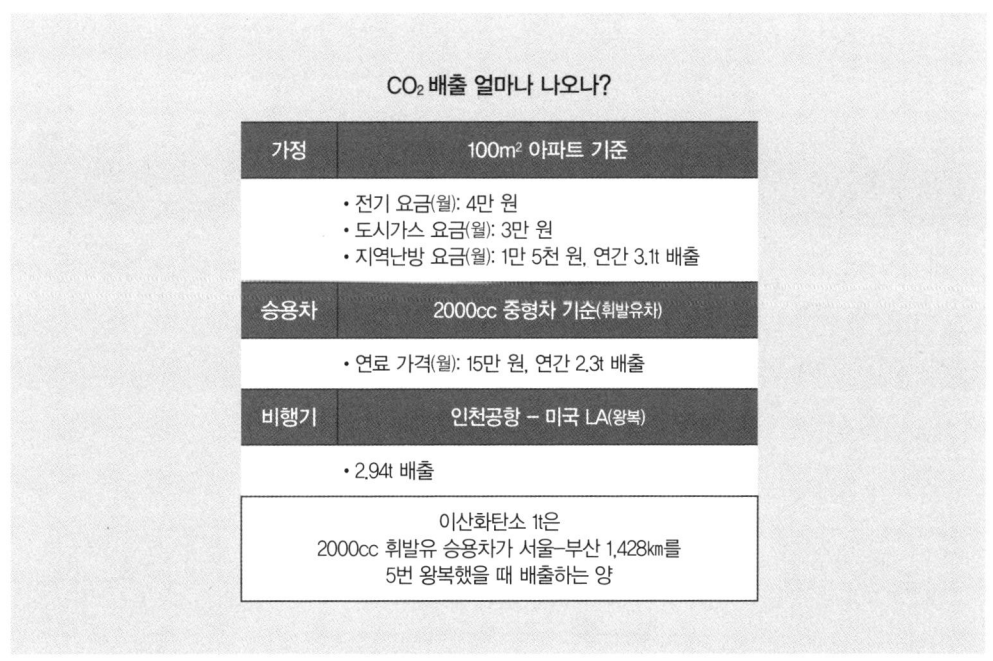

[그림 6-6] $CO_2$ 배출 계산 사례

방안이다. 이 기부금은 나무 심기나 숲 가꾸기, 신재생 에너지 개발과 같은 온실가스 감축사업을 하는 녹색기관에 투자된다. 이는 녹색성장의 뿌리가 되는 시민의 자발적 참여와 녹색 기부의 생활문화로 발전할 수 있다.

셋째, 온실가스 감축을 위한 시민-상점-기업이 함께하는 '온실가스 삭감은행' 프로그램 도입을 생각해 볼 수 있다. 가령 개인 가정이 전기·가스 사용량을 줄인 후 은행에 신고하면 삭감량만큼 환경 포인트를 받아 상점에서 공짜로 상품을 구입할 수 있다. 은행은 이렇게 모은 삭감량을 기업에 제공하고 돈을 받는다. 기업은 구입한 삭감량만큼 온실가스 배출 억제 의무 부담이 줄어든다. 즉, '가정-상점-기업'의 삼각 협력 체제로 기후 대응 대책은 물론 생태효율성 제고에도 기여할 수 있다.

넷째, 친환경 주택(Passivehaus 등)이나 건물 짓기 운동이 필요하다. 이의 확산을 위해 시중 은행이 태양열 등을 이용한 에코 주택 건설을 위해 대출받는 사람에게 이산화탄소 배출권을 구입해 주는 상품과 $CO_2$ 배출권을 해외에서 사주는 대출상품을 개발해야 한다. 교토의정서에서 개인이 감축한 온실가스를 인정해 주지 않아 개인 감축분만큼 해외에서 사는 것이다. 대상은 에코 주택 대출자들이다. 일본 등 선진 몇몇 국가의 경우 은

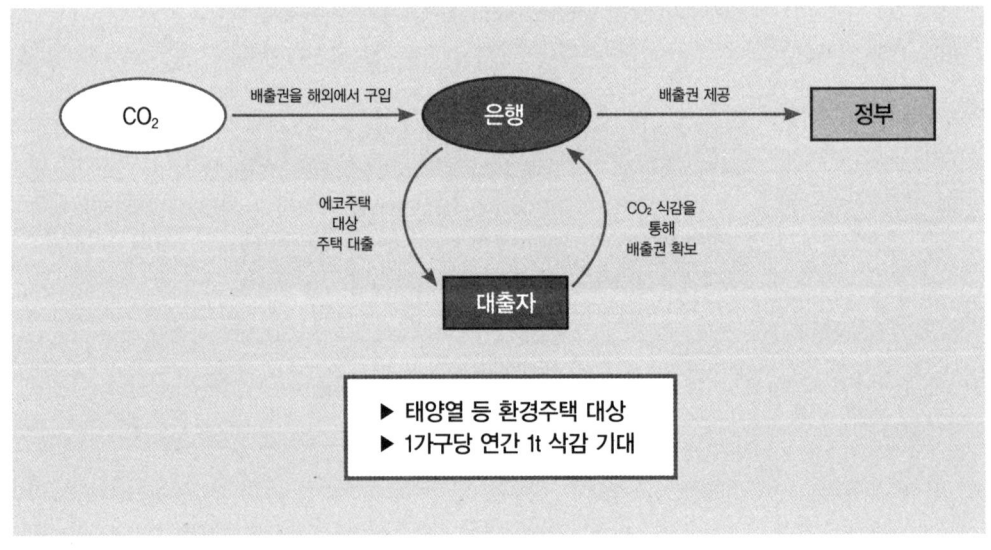

[그림 6-7] 친환경 대출 시스템

행에서는 '친환경 대출'이라는 환경 캠페인을 벌이면서, 온실가스 책무에 기여하고 있다([그림 6-7]).

다섯째, 도농(都農) 생태운동을 시작해야 한다. 녹색성장은 지역 시민운동이 가장 중요하다. 현재도 지방의 대부분 도시는 수도권의 과거 개발 지향적인 성장모형에 따라 개발되고 있어 도시환경지수가 크게 떨어지고 생태적 효율성도 매우 낮다. 또한, 단체장들의 정치적 욕망이 난개발을 초래하고 생태도시 발전을 저해한다. 시민사회가 적극적인 도농 생태운동을 통해 성장과 기후변화 대응에 필요한 정책을 이슈화함으로써 지방정부가 녹색성장을 바탕으로 한 생태도시 발전으로 성과평가를 받을 수 있도록 해야 한다.

## 제4절 결론

21세기 문명의 패러다임은 그동안 수백 년간 옳다고 여겨 왔던 것에 대한 근본적인 검토와 깊은 성찰을 요구받고 있다. 지금과 같이 에너지 다소비 체제가 지속되는 요소·투입형의 양적 성장 구조는 에너지·경제·기후변화 간의 악순환으로 성장은 물론이거니와 인간 생활 양식 전반에 광범위한 위기를 몰고 온다는 것이 불을 보듯 뻔하다. 지금 우리는 두 개의 커다란 도전에 직면해 있다.

첫째로 온실가스 배출에 따른 기후변화가 경제에 미치는 영향이고, 둘째로 환경에 미치는 재난이다. 우리의 에너지 소비가 앞으로 기후와 지구 생명체에 크나큰 위협이 되지 않게 하기 위해 우리가 무엇을 할 수 있을까 하는 문제다. 지구 온난화로 예고되는 경제와 환경 재앙은 예단하기 어려울 정도의 단계에 와 있다. 두 가지 위기 극복에 대한 대답은 우리는 더 많은 재생 에너지와 에너지를 더 효율적으로 사용할 수 있는 방법을 찾아야 한다. 그 대안으로 세계는 '저탄소 녹색성장'이란 신성장 패러다임을 제시하고 있다. 기후변화가 경제에 미치는 영향을 분석한 「스턴 보고서」를 작성했던 전 세계은행 수석연구원 스턴(Nicholas Stern) 경은 2006년 보고서에서 지금 당장 세계가 지구 온난화를 방지하는 대책에 착수하면, 2050년까지 들어가는 비용은 전 세계 국내총생산(GDP)의 1%에 불과하지만, 이를 방치할 경우 비용이 20%(약 9조 6,000억 달러)가 들어갈 수 있다고 예측했다. 그러나 2009년 3월 코펜하겐에서 열린 '기후변화국제회의'에서 스턴 경은 GDP의 50% 이상일 것이라고 자신의 견해를 수정했다. 이처럼 우리의 현실은 더욱 다급하다. 특히 우리나라는 화석연료 수입이 97%를 차지하고 지난 133년간(1880~2012) 지구 평균 기온이 0.85℃ 증가에 비해 우리는 1.8℃ 상승했다. 이로 인한 자연재해가 앞으로 더욱 심화될 것이며, 과도한 에너지 수입 비용 부담으로 에너지 안보에 위협을 받고 있어 녹색성장 패턴이 가장 시급한 나라다.

또한, 우리는 2015년 파리협정으로 배출가스 감축 의무 이행국가로 편입됐기 때문에 지속 가능 성장을 위해서는 저탄소 녹색성장 정책을 국가의 비전과 발전 목표로 삼아 착실히 준비해야 한다. 이 위기를 극복하려면 경제학자나 기술공학자들에게만 맡겨 놓아서는 안 된다. 지금의 위기는 경제뿐만 아니라 환경을 비롯한 정치·경제·사회·문화를 두루 종합한 사회적 생태계를 주목해야 한다. 즉, 녹색성장 거버넌스 구축이 하루속히 정교하고 치밀하게 이뤄져야 한다. 정부, 기업, 대학, 시민사회와 함께 위기를 공유하고 해결할 수 있는 구체적인 녹색성장을 바탕으로 한 생태도시 발전 대안이 필요하다. 우리가 역량을 집중해야 할 가장 중요한 것으로 더 많은 신재생 에너지와 생태효율성을 극대화할 수 있는 과학기술 정책과 녹색 사회문화가 필요하다. 우리가 미래의 글로벌 시장에서 최적의 입지를 굳히기 위해 선도적 시장을 국내에 구축하는 데 기여할 수 있는 적극적인 정부가 필요하다. 또한, 정부는 환경 파괴의 사회적 영향을 고려하는 환경 공정성도 녹색성장 정책에 중요한 요소이므로 미래 세대를 위한 공정성의 정책을 펼 수 있는 제도적 인프라를 하루속히 마련해야 한다. 궁극적으로 우리가 지향하는 녹색성장은 우주 생명의 존엄성과 후세대를 위한 지속성에 방점을 찍고 생태도시를 건설하는 것이다.

# 07장

# 생태관광 - 문화도시

## 제1절 서론

    인류 문명사에서 도구적 이성 중심에 입각한 과학기술주의와 인간 중심적 세계관이 산업문명을 만들어 냈다. 하지만 산업혁명 이후 풍요와 편리함의 뒤편에는 인간성의 상실, 자연환경의 오염과 파괴, 자연자원의 고갈 및 편재, 생태계 교란으로 인한 생물다양성 감소, 기상 이변의 위협 등이 오늘날 인류를 위기에 몰아넣고 있다. 이 같은 위기로 인해 마침내 1987년 'UN환경개발위원회'가 구성됐고, 이 위원회에서『우리의 공동 미래(Our Common Future)』라는 보고서를 발간하면서, 1992년 "환경적으로 건전하고 지속 가능한 발전(Environmentally Sound and Sustainable Development: ESSD)"이 전 세계적인 국가 발전 이념으로 공감대를 형성하는 데 공헌했다. 1992년 UN환경개발회에서 채택된 리우선언과 세부 실천계획인 '의제 21(Agenda 21)'이 ESSD의 이념과 이의 실천을 위한 6개 전략 조항에 근거해 에너지, 토지, 자원관리, 생물다양성 보호, 기후변화 대응 등 국제사회에도 전반적인 영향을 미쳤다(박길용, 2014: 30-31). 이는 궁극적으로 인간과 자연과의 조화라는 생태 조건 속에서 인류는 경제적·정치적·문화적 욕구가 충족돼야 한다는 인식에서 출발했다. 특히 산업혁명 이후 무분별한 개발과 화석원료 사용의 급증으로 지구가 지탱할 수 있는 수용력의 범위를 초과함으로써 지구 기후변화에 따른 각종 자연재해를 유발할 뿐만 아니라 모든 생명체의 공멸을 자초하고 있다. 이 같은 위기를 극복하기 위해서는 인간과 자연이 공존하는 운명체로 인식하는 생태적 사고로의 전환이 필요했다. 인식의 전환에 대한 시대적 요청은 지속 가능한 발전, 녹색성장(green growth), 녹색소비(green consumption), 생태도시(ecocity), 생태관광(ecotourism) 등의 다양한 신조어를 탄생시켰다

이러한 시대적 조류는 생태계와 관련한 분야에서 더욱 큰 영향을 미쳐 왔는데, '관광' 분야에 미친 영향 또한 실로 지대한 것이었다. 오늘날까지 대부분 관광은 인간 중심의 편리성과 경제적 효율성이라는 '대중관광(mass tourism)'에 초점을 두고 있어, 환경오염과 생태계 파괴 등을 통해 지속 가능한 발전을 저해하고 있다. 특히 관광은 에너지 다소비 산업임과 동시에 기후변화에 민감한 산업이다. 관광객의 제반 활동과 관광 개발에 따른 생태계의 훼손, 관광객의 교통 수단과 관광시설로 인한 온실가스 배출이 매우 높다. 따라서 기존의 자연 파괴적, 자원 소모적이었던 관광 개념의 성찰에서부터 출발해 관광을 경제학적 접근보다는 생태학적 접근의 중요성을 일깨워 주는 계기가 됐다(김상태·유광민·김남조, 2012: 97-110).

우리나라도 그동안 개발 중심의 압축 성장을 추구해 오다 보니 지속 가능한 발전의 토대가 되는 소중한 생태관광자원이 훼손되는 우(愚)를 범해 왔다. 이의 자성을 통한 성장과 보존이 조화를 이루는 녹색성장과 지역문화 발전을 어우르는 공생복지를 위한 새로운 관광 패러다임인 '생태관광(ecotourism)'의 발전전략이 요구되고 있다. 생태관광은 지속 가능한 관광의 한 유형으로 생태계 보전이라는 개념적 틀 속에서 경제·사회·환경적 지속성을 기조로 하고 있다. 즉, 생태관광의 궁극적인 목적은 자연자원의 존재 가치를 통한 생태자원의 향유, 지역경제의 활성화, 주민 복지에 있다. 따라서 이 연구의 목적은 지속 가능한 발전을 구체적 구현 수단으로서 인식되고 있는 생태관광에 대한 종합적인 이론적 고찰과 재해석을 통해, 선진 독일(환경수도, 프라이부르크와 산촌 생태관광지

인 지몰스발트[Simonswald])의 생태관광 현황을 우리와의 비교 관점에서 그 특징과 차이점을 살펴보고, 향후 우리 실정에 맞는 새로운 생태관광 전략과제를 모색하는 데 있다.

## 제2절  생태관광의 이론적 고찰

생태관광에 대한 개념 정의는 학자들과 국가 및 국제사회에서 다양하게 이뤄져 왔다. 여기에서는 지금까지 연구돼 온 생태관광의 개념을 고찰하고, 시대적 요구와 현실에 부합한 새로운 시각에서 재해석을 시도해 보고자 한다.

### 1 생태관광의 개념 논의

생태관광이라는 용어는 1965년에 헤처(Claus-Dieter Hetzer)가 『링크스(Links)』라는 잡지에서 기존 관광에 대한 새로운 대안으로 생태적 관광을 언급하면서부터였고(Wallace, 1992: 91), 현재 사용하고 있는 생태관광은 1983년 세바요스 라스쿠레인(Hector Ceballos-Lascurain)이 유기탄 반도 북부에 위치한 홍학(American Flamingo) 빈식지를 보호하기 위해 셀레스툰강(Celestun River) 하구의 마리나 개발계획 반대운동을 주도하면서 처음 사용했다. 라스쿠레인이 생태관광이란 용어를 쓴 이후 다수 학자가 약간의 견해를 달리하면서 생태관광의 개념을 정의해 오고 있다. 또한 이들 학자의 견해를 토대로 국가마다 처한 내적 요인과 국제사회의 사회·경제적 환경 변화에 따라 개념 정의가 새롭게 등장하기도 했다. 이는 궁극적으로 생태관광이 추구하는 구성 요소, 즉 대상·활동·가치에 따라 개념 정의의 차이가 있어 혼란을 겪기도 한다. 지금까지 연구해 온 주요 학자들과 각 국가 및 국제기구에서 정의하는 생태관광의 개념은 다음 〈표 7-1〉, 〈표 7-2〉와 같다.

〈표 7-1〉 주요 연구자의 생태관광 정의

| 연구자 | 개념 정의 |
|---|---|
| Hector Ceballos-Lascurain | 문화유산뿐만 아니라 경관, 야생동물을 감상하고 연구하며 즐기기 위해 비교적 훼손되지 않은 지역으로 떠나는 여행 |
| P. S. Valentine | 적합한 관리제도하에서 비교적 훼손되지 않은 자연지역에서 행해지는 관광으로 생태학적으로 지속 가능하며, 자연의 훼손 없이 보호지역의 지속적인 관리에 직접적인 도움이 되는 관광 |
| A. Joy & B. Motzney | 환경을 이해하고 감상하며 보전할 수 있도록 조장하며, 지역사회와 문화와 복지를 유지시키는 자연지역으로의 관광 |
| M. T. Agardy | 문화적 변화와 자연 보호 정신을 통해 환경과 지역경제에 긍정적인 영향을 미치는 관광 경험, 전체적인 경제, 환경계획의 일부분으로서 교육을 통해 인간에 의한 환경 파괴를 최소화하는 관광 형태 |
| E. Cater | 희소하거나 아름다운 생태계와 문화자원을 감상, 학습하고 보전을 도모해 개발 이익이 지역 주민에게 환원되는 관광 |
| L. Pearson | 환경에 부정적 영향을 최소화해 환경 보전을 증진하고 지역사회에 사회경제적으로 이익을 주는 여행 |

출처: Ceballos-Lascurain(1987); Valentine(1992); Joy & Motzney(1992); Agardy(1993); Cater(1993); Pearson(2002).

〈표 7-2〉 주요 국제기구와 주요 국가(협회포함)의 생태관광 정의

| | |
|---|---|
| IUCN* | 자연(과거와 현재의 관련 문화자원 포함)을 즐기고 감상하기 위해 비교적 훼손되지 않은 자연지역으로서의 환경적으로 책임 있는 여행이나 방문으로서 보전을 증진하고 부정적 이용 영향을 유발하지 않으며, 지역 주민에게 사회·경제적 편익을 제공하는 관광 |
| TIES** | 환경을 보전하고 지역 주민의 복지를 증진시키는 자연지역으로의 책임 있는 여행 |
| 캐나다 | 문화와 자연 역사를 이해하게 하고 생태계를 온전하게 보호해 경제적 편익을 창출해 보전을 촉진하는 의미 있는 여행 |
| 브라질 | 자연 및 문화유산을 지속 가능하게 이용하고 보전을 촉진해 환경 해설을 통해 생태계 이해를 증진함으로써 주민 복지를 증진하는 관광 |
| 호주 생태관광협회 | 환경과 문화의 이해와 감상, 보전을 촉진해 자연지역 경험을 강조하는 생태적으로 지속 가능한 관광 |
| 일본 생태관광협의회 | 자연, 역사, 문화 등 지역 고유 자원을 활용하고 관광자원이 훼손되지 않도록 적절한 관리를 통해 보호 및 보전을 촉진해 지역자원의 지속 가능한 이용과 지역경제 활성화에 기여하는 관광의 새로운 형태로서 관광객에게 매력적인 지역자원의 접촉 기회를 제공하고 지역 주민의 생활을 안정시켜 자원이 보전되는 것을 목표로 하는 관광 |

\* 세계자연보존연맹(The World Conservation Union: IUCN).
\*\* 세계생태관광학회(The International Ecotourism Society: TIES)

위의 〈표 7-1〉, 〈표 7-2〉를 종합해 볼 때, 생태관광이 함의하고 있는 공통된 두 가지 요소는 '생태 보전'과 '지역 발전'이다. 이 둘은 'ESSD'이란 태두리 안에서 의미를 찾을 수 있다. 대부분 생태적 보전 가치가 우수한 지역은 개발이 덜 된 낙후된 지역이다. 이 지역에 사는 사람들은 빈곤하다. 빈곤을 방치하면서 생태계를 온전히 보전한다는 것은 현실적으로 어려움이 많다. 생태계를 훼손하지 않으면서 지역 발전을 이룰 수 있는 가장 적합한 대안이 생태관광이다. 따라서 빈곤과 훼손의 악순환을 겪고 있는 아프리카, 중남미, 중앙아시아 등의 개발도상국가들이 생태관광에 대해 많은 기대를 걸고 있다. 또한 생태중심주의를 지향하는 환경보전주의자들도 생태관광에 대한 더 많은 관심을 갖고 있다.

특히 1992년 '유엔환경개발회의'를 기점으로 지속 가능한 발전은 온 인류가 지향하고 실천해야 하는 행동강령이 되면서, 생태관광은 지속 가능한 관광을 위한 최적의 실행 대안으로 떠올랐다(김성진, 2002). 2002년 세계무역기구(WTO)와 유엔환경계획(UNEP)은 '세계 생태관광의 해'를 조직하면서 생태관광의 두 가지 개념을 제시했다. 생태관광이 실제 시장에서는 자연관광의 유형으로 정의돼 왔고, 비정부기구(NGOs), 지역개발 전문가, 학계에서는 지속 가능한 발전의 수단으로 규정돼 왔음에 주목하면서 생태관광을 일련의 원칙에 기초한 지속 가능한 발전의 수단인 동시에 '특정 관광시장'으로 규정했다. 그리고 2002년 '세계 생태관광 총회'에서 채택된 '생태관광 퀘벡선언(Quebec Declaration on Ecotourism)'에서 지속 가능한 발전의 맥락에서 생태관광 활동의 발전을 위해 필요한 서무과 권고안을 확정했다. 우리나라에서도 기존 대중관광의 한계(〈표 7-3〉 참조)와 이로 인해 자연생태계의 훼손과 환경문제의 심각성이 대두되면서, 학계 및 유관 기관에서 녹색관광의 유사 개념으로 한국형 생태관광의 개념에 대한 다양한 연구를 수행해 왔다.

문화체육관광부는 기본적으로 생태 보존과 지속 가능한 지역 발전이란 원칙 안에서 생태관광의 대상 자원, 활동, 그 가치에 부합한 정의를 내리고 있다. 즉, 생태관광을 "잘 보전된 자연지역에서 자연과 문화를 감상하고 체험하되, 여행지 주민의 복지를 증진시키고 자원의 보전에 기여할 수 있도록 책임 있게 행동하는 관광"으로 정의하고 있다(www.ecotiger.co.kr 2013). 이처럼 오늘날 우리가 사용하고 있는 생태관광은 잘 보존된 자연 및 문화자원을 대상으로 생태계 보전에 기여하고 지역사회 발전과 지역 주민의

〈표 7-3〉 생태관광과 대중관광의 비교

| 구분 | 생태관광(eco-tourism) | 대중관광(mass tourism) |
|---|---|---|
| 일반 특징 | • 개발 속도가 느림.<br>• 소규모적 단계로 진행<br>• 적정화(optimization)가 목표<br>• 사회적·환경적 수용력 제고<br>• 통제가 되고 계획된 관광<br>• 장기적 관광 기간<br>• 가치 지향적이며 질적 관광 | • 개발 속도가 빠름.<br>• 대규모적 단계로 진행<br>• 최대화(maxmization)가 목표<br>• 사회적 수용력 제고<br>• 통제되지 않고 비계획적 관광<br>• 단기적 관광 기간<br>• 가체 지향적이며 양적 관광 |
| 관광객 행동 | • 혼자, 가족 그리고 친구와 관광<br>• 시간적 여유를 갖고 조용한 관광<br>• 적당한 교통 수단<br>• 현장에서 자연스런 결정<br>• 지역적 라이프 스타일<br>• 관광객이 스스로 결정<br>• 체험이 중심<br>• 능동적·개방적 접근<br>• 새로운 지식 추구 | • 대규모 단체 관광<br>• 시간적 여유 없이 시끄러운 관광<br>• 빠른 교통 수단<br>• 고정된 프로그램<br>• 함축된 라이프 스타일<br>• 관광객이 지시를 받음.<br>• 구경 중심<br>• 수동적, 폐쇄적 접근<br>• 우월감, 기념품이나 선물 |

출처: Butler(1990).

복지에 기여하는 지속 가능한 관광이라는 원칙적인 수준에서 암묵적인 합의가 이뤄져 왔음을 알 수 있다. 그러나 생태관광의 특성이 중요도에 따른 가중치 없이 나열돼 있고 이용하는 사람들의 가치 판단에 따라 개념이 편향적으로 도입될 수 있다. 그 결과 생태관광지 개발의 결과가 생태관광의 본래 취지에 어긋나는 결과를 초래할 가능성이 상존한다(조중현·김용근, 2014: 137-138).

## 2 생태관광 개념의 재해석

세계적으로 생태관광이 태동하게 된 근본 배경은 1980년대 들어오면서 그간 고도 산업화와 공업화로 나타난 산업문명의 후유증으로 생태계가 파괴되면서 환경 보전의 중요성이 대두됐고, 이에 따라 기존의 자연 소모적 관광 형태에 대한 자기 반성에서 시작됐다. 특히 1992년 '유엔환경개발회의'를 기점으로 지속 가능 발전(ESSD)은 온 인류가 지향하고 실천해야 하는 행동강령이 되면서 생태관광은 지속 가능한 관광을 위한 최적의 실행 대안으로 떠올랐다.

우리나라는 1990년대 초, 처음 생태관광이 소개된 이래 주로 관광학과 환경학 분야에서 지속적인 연구가 이뤄져 왔다. 1990년대 중반부터 생태관광이 보전과 개발을 조화시킬 수 있는 지속 가능한 발전의 주요한 실천 대안으로 큰 주목을 받기 시작했으나, 생태관광의 정의와 원칙, 전략에 대한 논의가 충분하게 이뤄지지 못한 채 추진돼 오고 있었다. 2002년 세계 생태관광의 해를 맞이해 한국의 생태관광 발전전략을 모색하고자 '2002 세계 생태관광의 해 기념 포럼'을 제주도에서 개최했다. 이 포럼에서 문화체육관광부, 환경부, 해양수산부, 산림청 등의 관계 부처와 지방자치단체, 시민단체, 학계, 관광업계 등 160여 명이 참가해 생태관광의 사례와 경험을 공유하고 향후 발전전략과 과제에 대해 논의했다. 당시 포럼에서 생태관광이 환경 보전과 지역사회 발전에 기여하면서 교육적이고 양질의 경험을 제공하는 것임에 동의하고, 올바른 정착과 발전을 바라면서 '한국의 생태관광 발전전략 모색 권고안'을 만들었다. 그 권고안을 토대로 지금까지 정부와 지방자치단체, 생태관광협회들이 사업을 추진해 오고 있다.

지금까지 추진해 온 우리나라의 생태관광 프로그램을 살펴보면, 대부분 생태관광이 협의의 개념 틀 안에서 이뤄지고 있다는 것이다. 즉, 잘 보전된 자연지역에서 자연과 문화를 감상하고 체험하되, 여행지 주민의 복지를 증진시키고 자원의 보전에 기여할 수 있도록 책임 있게 행동하는 관광이다. 그러나 지금까지 연구해 온 주요 학자들과 각 국가 및 국제기구에서 정의하는 생태관광의 개념과 '생태관광 퀘벡선언' 및 '한국의 생태관광 발전전략 모색 권고안'을 분석해 보면, 생태관광의 개념이 협의의 틀에서 확장된 광의의 개념을 갖고 있다. 향후 생태관광은 광의의 개념에서 추진돼야 한다. 광의의 생태관광 개념은 생태관광을 일련의 원칙에 기초한 지속 가능한 발전의 수단인 동시에 지역경제 활성화라는 '특정 관광시장'으로 규정할 수 있다. 즉, 생태관광이 함의하고 있는 공통된 두 가지 요소인 '생태 보전'과 '지역 발전'이다. 지역 발전은 여행지 주민의 경제력을 증진시키고 생태자원의 보전에 기여할 수 있는 책임 있게 행동하는 과정에서 얻을 수 있는 지속 가능한 주민 복지다.

지속 가능한 주민 복지는 단순히 생태 보전과 지역문화를 존중하는 데서 이뤄지는 것이 아니다. 즉, 특정 생태관광시장 시스템을 갖추고 있어야 한다. 특정 생태관광시장은 첫째, 생태관광을 즐기는 관광객이 있어야 하고, 둘째, 관광객의 방문 및 관광활동을 유발할 만한 매력과 유인성을 지닌 생태관광 자원과 생태관광 활동을 원활히 수행하기 위해 필요한 기반 요소인 생태관광 시설이 있어야 한다. 마지막으로 생태관광 창출 이익이 지역 주민에게 환원될 수 있도록 하는 시스템이 필요하다. 이 세 가지 요건을 갖췄을 때 생태관광이 성공할 수 있다.

우선 생태관광을 즐기는 관광객은 일반적으로 생태관광의 성격을 포함한다고 볼 수 있다. 대부분 생태 관광객은 고소득, 고학력 비율이 높고, 야외 체험활동을 즐기며, 가족 또는 가이드를 동반한 소규모의 관광 형태를 선호하고, 환경 보전에 관심이 크고 생태계에 대해 이해하고자 하는 동기가 분명하기 때문에 시간이 지날수록 관광객 수가 증가할 것으로 보인다.

다음으로 생태관광 자원은 크게 자연생태 자원, 반(半)자연생태 자원, 인공생태 자원으로 구분할 수 있다. 자연생태 자원은 국립공원·갯벌·천연기념물 등, 반자연생태 자원은 생태도시와 생태마을·민속마을·자연박물관 등, 인공생태 자원은 신재생 에너지 활용 시스템 및 테마, 녹색기술 자원 등으로 구분해 볼 수 있다.

마지막으로 생태관광의 지역이다. 생태관광의 개발은 지역 주민의 자본과 참여에 의해 개발되고 그 개발 이익이 지역에 환원될 수 있어야 지역생태 자원의 특성을 살릴 수 있다. 지역 주민들이 생태관광 사업 개발에 직접 참여하거나 교육 및 해설가로서 그 역량을 키워야 한다. 그뿐만 아니라 생태관광의 편익이 현세대뿐만 아니라 후세대까지 향유할 수 있도록 지속성을 가져야 한다.

이제 생태관광에 대한 개념이 협의의 개념으로 생태자원을 보전하고 지역 발전을 위한 단순한 도구로 볼 것이 아니라, 생태관광 시장 시스템도 갖추고 기후변화로 인한 관광환경 변화에도 적극적으로 대응할 필요가 있는 광의의 개념으로 해석하는 것이 필요하다.

## 제3절 | 한국과 독일의 생태관광 현황

지속 가능한 발전을 구체적 실현 수단으로 인식되고 있는 광의의 생태관광은 크게 두 가지, 즉 자연자원의 존재 가치를 통한 생태자원의 향유와 보전, 기후변화 대응을 포함한 생태자원을 통한 지역경제의 활성화에 있다. 앞에서 논의된 생태관광의 재해석 관점에서 본 광의의 생태관광 개념으로 '특정 생태관광시장'으로서 관광객, 관광자원, 관광시설, 지역활동 등(〈표 7-4〉 참조), 이 네 가지 생태관광의 요소별 여건을 토대로 한국과 독일의 생태관광 현황을 분석해 보기로 한다.

〈표 7-4〉 생태관광의 요소별 여건

| 관광 요소 | 생태관광 내용 |
|---|---|
| 관광객 | • 자연 관광자원의 탐방, 하이킹, 배낭여행 등<br>  - 생태계의 중요성, 자연학습, 환경교육 효과 등<br>• 문화 관광자원의 탐방<br>• 레크리에이션 및 생태축제 참여 등 |
| 관광자원 | • 자연 관광자원 : 산 · 바다 · 온천 · 동굴 · 계곡 · 폭포 등<br>  - 국립 · 도립 · 군립공원<br>  - 생태관광지역 지정<br>• 문화 관광자원 : 역사 · 사회 · 산업 · 위락관광지 등<br>• 생태축제, 생태탐방로 등 |
| 관광시설 | • 관광교통 수단<br>• 생태자원조사 및 연구기관 등<br>  - 생태학습관(생태 해설가), 생태교육센터 등<br>• 숙박시설(민박 및 호텔), 캠프장, 휴양시설 등 |
| 지역 활동 | • 생태관광 활동 협의체(중앙정부-지자체-민간기관-NGO)<br>• 생태관광 인증을 위한 지표 개발<br>• 생태 관련 각종 프로그램 개발 : 해설 · 관찰 · 체험 · 교육 등<br>• 생태자원을 이용한 관광상품 개발<br>• 자원봉사 |

# 1 한국의 생태관광

1980년대는 전 세계적인 환경문제가 이슈화됐다. 우리도 이 같은 세계적 사회·환경적 조류에 따라 지속 가능한 개발이 보편화되면서 1990년대 초부터 생태관광에 대한 논의가 시작됐지만, 생태관광의 여건을 잘 갖춘 외국과는 달리 아직도 생태관광 여건은 매우 초보적인 단계에 있다. 대부분이 운영되고 있는 생태관광은 경관여행, 문화체험, 주말 자연학습 프로그램으로 구성돼 있어 초기 협의의 생태관광 개념에 머물고 있는 실정이다. 1990년 후반에 들어서면서부터 생태관광의 개념은 더욱 확장돼 환경 보전을 전제한 지속 가능한 지역 발전을 도모하는 관광으로 확대됐다. 특히 1999년 「자연환경보전법」생태관광 관련 조항이 신설되면서 생태관광에 대한 인식이 확대되는 계기가 마련됐다(강영애·민웅기·김남조, 2011: 146-160). 즉, 생태관광 시장으로서 그 지평이 넓어진 것이다. 특히 지속 가능 발전의 토대가 되는 기후변화로 인한 저탄소 녹색성장이 국가 발전 이념으로 들어오면서 생태관광 시장의 중요성은 더욱 커졌다. 생태관광은 신성장 전략에 가장 적합한 관광산업으로 저탄소 녹색성장을 위한 핵심 분야로 육성할 필요성이 증대되고, 또한 갯벌과 습지는 오염 정화 기능은 물론 기후변화 조절 기능도 뛰어나 기후변화 대응 전략으로서도 중요한 의미를 가지고 있다.

우리나라는 2008년 10월 람사르 총회(총회 개최 기간 중 84만 명이 경남 우포늪, 전남 순천만을 생태탐방함) 개최 이후 생태관광에 대한 국민들의 관심과 수요 증가에 따라 환경부는 생태계 보전해 지역경제 활성화, 국민 삶의 질 향상 등을 목표로 생태관광 활성화 정책을 수립·추진하고 있다. 그해 12월 환경부와 문화체육관광부가 공동으로 자연과 문화가 어우러진 '생태관광 활성화 방안'을 수립하면서 생태관광 도약을 위한 6대 추진 전략, 34개 사업 추진계획을 수립했으며, 이 대책의 체계적인 추진을 위해 정부, 지자체, 지역 주민 간 협력 체계를 구축해 공동사업을 발굴하는 등, 생태관광이 조기에 정착될 수 있도록 전략적으로 추진해 오고 있다(환경부·문화체육관광부, 2008). 그러나 우리나라는 생태관광 시장의 중요성을 인지하면서도 생태관광의 요소별 여건이 잘 조성되지 못해 크게 발전하지 못하고 있다. 그간의 생태관광 추진 현황을 광의의 생태관광 개념을 통해 생태관광 요소별 여건을 분석해 보기로 한다.

## 1) 관광객

생태관광 수요는 국내·외적으로 급속히 증가하는 추세에 있다. 세계무역기구(WTO)는 생태관광이 21세기 새로운 관광 유형의 하나로 강조했다. 최근 20년 동안 연평균 5%의 성장을 하고 있어 2020년대는 16억 명까지 증가할 것으로 예측하고 있다. 우리나라도 국민소득 증대와 주 5일제 시행, 주말에 휴식·체험 위주의 소수 및 가족여행을 떠나는 문화가 확산되면서 기존의 대중관광 관람 패턴에서 자연생태와 문화 및 레저가 어우러지는 체험형의 여가 생태관광 패턴으로 변화하고 있다. 그 밖에 배낭 및 하이킹 생태관광도 관심을 끌고 있다. 2020년 현재는 생태관광의 참여율은 10% 내외로 저조한 편이다. 그러나 생태관광의 전망에 대해 20대 이상 국민의 약 70%는 그 수요가 증가할 것으로 조사됐고, 참가 의향 기준 수요 예측의 경우 년간 약 4백만 명으로 추정됐다(문화체육관광부, 2020). 문제는 관광객이 생태관광에 대한 사전 지식교육이 충분히 이뤄지지 않은 상태에서 관광을 하다 보니, 생태자원의 가치를 인식하지 못하고 자연학습 효과도 저하되고 있다. 아직도 기존의 대중관광 패턴을 크게 벗어나지 못하고 있어 많은 사람이 자연생태 지역(갯벌, 습지, 철새도래지, 국립·도립·군립공원 등)과 지역 문화관광지 등으로 생태관광을 하고 있지만 무분별한 관광 활동으로 긍정적인 효과보다 오히려 생태관광 자원을 훼손하는 경향이 늘고 있다. 또한 자연관광-문화관광-녹색성장과 연계하는 관광으로 발전되고 있지 않아 지역 발전에 큰 도움이 되고 있지 못하다.

## 2) 관광자원

관광자원은 방문하고 싶은 매력을 지닌 관광 대상이다. 크게 보면 생태관광지, 생태관광 시설, 생태관광 프로그램을 들 수 있다. 일반적으로 관광자원은 가시성에 따라 유형관광 자원(자연관광 자원, 문화관광 자원, 산업관광 자원 등)과 무형관광 자원(춤, 음악, 공연, 축제 등)으로 구분하고, 생성 기원에 따라 자연 현상이 생성한 독특한 형태의 산, 바다, 온천, 동굴, 계곡, 폭포 등의 자연관광 자원과 인간이 창조한 모든 관광자원이 문화관광 자원으로 구분한다. 문화관광 자원은 좀 더 세부적으로 역사관광 자원(유적, 건축물,

문화재, 박물관 등), 사회관광 자원(축제, 종교, 스포츠, 도시 등), 산업관광 자원(공장시설, 농장시설, 박람회, 전시회, 기반시설 등), 위락관광 시설(보트, 유람선, 승마, 테마파크 등)로 나눈다(박상현·김영갑·문승일, 2014: 204-209).

우리나라는 2010년부터 '한국형 10대 생태관광 모델사업'을 추진해 자원 유형별로 DMZ, 우포늪, 순천만 등을 대표적인 생태관광 모델 사업지로 선정했다. 그 이후 유형별로 도시, 산악, 해안 형 생태관광지 핵심 모델개발 사업을 2011~12년간 3개소(안성, 인제, 남해)에 대해 사업을 추진했다. 2013년 3월 「자연환경보전법」 개정에 따라 환경적으로 보전 가치가 있고 생태계 보전의 중요성을 체험·교육할 수 있는 지역을 '생태관광지역'으로 지정하고 생태관광을 육성하는 '생태관광지역 지정제도'를 도입했다(환경백서, 2013: 263-267). 환경부는 전국 12개소(양구: DMZ 원시생태 체험투어, 인제: 하늘내린 인제, 평창: 동강생태관광지, 서산: 천수만 철새도래지, 서천: 금강하구 및 유부도, 울진: 왕피천 계곡, 곡성: 생태습지 나들길, 순천: 순천만, 울산: 태화강, 창녕: 우포늪, 남해: 생태관광 존, 제주: 동백동산 습지)에 대해 생태관광지역으로 지정했고, 2014년 9월에 '생태관광 성공 모델 4개 마을(인제 생태마을: 백담·냇강·신월, 고창: 용계 생태마을, 신안: 영산도 명품마을, 제주: 선흘 1리)'을 선정해 시범사업을 추진하고 있다. 그 밖에 생태축제로 전남 함평 나비축제, 충남 보령 머드축제, 무주 반딧불 축제 등이 있고, '전국 단위 국가 생태탐방로' 조성을 추진하고 있다(환경부, 2013).

우리의 생태관광 자원의 문제점은 첫째, 자연관광 자원의 체계적 보전과 관리가 미흡하다는 점이다. 우선 자연관광 자원을 지정할 때 정부 주도적인 경우가 많다. 물론 지역의 적극적인 참여와 요구 및 전문가의 자문을 받았다고 하지만 과학적인 조사 연구를 통해서 이뤄진 경우가 많지 않다. 생태적 가치가 크지 않은 곳을 지정하다 보니 생태관광이 기존 대중관광화돼 가고 있어 오히려 생태계 훼손을 유발하고 있다. 생태관광을 활성화하기 위해서는 무엇보다도 우수한 생태자원의 발굴이 중요하다. 가치 있는 생태자원이 있을 때 다채로운 생태관광 프로그램이 개발될 수 있다. 또한 생태관광 자원의 보전 방안이 미흡하다. 생태관광지역 지정만 했지, 어떻게 구체적으로 관리할지가 문제다. 성공적인 생태관광이 이뤄지는 외국 사례를 보면 관광지에 대한 합리적 통제 등으로 환경문제와 생태자원의 관리가 체계적으로 이뤄지고 있다. 또한 생태 훼손지역 중

생태관광 자원으로 활용 가능한 지역을 지속적으로 복원하고 관리해야 한다.

둘째, 생태관광 자원이 자연관광 자원을 중심으로 이뤄져 있다는 점이다. 문화관광 자원이나 산업관광 자원이 광의의 생태관광이란 개념 안에 녹아 있어야 진정한 생태관광의 가치를 실현할 수 있다. 자연과 문화가 어우러진 생태관광이 필요하다. 특히 사회관광 자원으로서 '도시'에 대한 생태관광의 여건 확립이 매우 미약하다. 도시 생태관광(urban ecotourism)의 활성화가 이뤄졌을 때 생태관광이 지향하는 목표를 달성할 수 있다. 이미 많은 국가에서는 저탄소 녹색성장 환경도시를 창출하고 있다. 지금 세계 곳곳에서 지속 가능한 도시라는 이름으로 다양한 친환경 도시(생태도시, 녹색도시, 자족도시, Amenity City 등)가 탄생되고 많은 생태관광객이 모이고 있다. 특히 '생태도시(eco-city)'는 전 지구적으로 지속 가능한 도시의 한 모형으로 발전하고 있다. 생태도시는 생태문화 자원으로서 그 가치를 매우 높일 수 있다. 우리의 자연관광 자원은 대부분 도시와 멀리 떨어져 있는 경우가 많아 생태관광의 효율성이 크게 떨어진다. 자연과 문화가 어우러지는 생태관광이 되기 위해서는 문화관광 자원과 지속성을 유지할 수 있는 네트워크를 구성해야 한다. 우리는 도심의 녹지가 매우 부족하다. 앞으로 도심을 중심으로 한 녹지 축을 잇는 문화관광이 필요하다. 생태도시는 자연과 문화를 연결해 생태관광을 성공적으로 이끌 수 있는 중요한 매개체가 될 수 있다.

셋째, 생태축제와 생태탐방로 조성을 살펴보면 지나치게 인위적으로 행해지고 있다는 점이다. 생태축제는 말 그대로 자연관광 자원을 토대로 체험을 통해 생태자원의 가치를 일깨우고 환경 보전 의식을 고양하는 것이다. 함평 나비축제, 보령 머드축제, 무주 반딧불 축제, 야생화 단지 조성 등 지나친 인위적인 자원을 동원한 축제로서 단기적 경제적 수익 효과는 있을지 모르지만, 생태관광의 본질을 벗어나고 있다고 볼 수 있다. 반면 순천만 생태관광은 1990년대 초반 도심 쓰레기를 버리는 버려진 땅이었으나 166억 원을 투자해 습지로 복원해서 두루미 등 철새들의 안식처로 변모해 수많은 관광객이 방문해 환경 보전과 지역경제에 기여한 대표적인 성공 사례가 될 수 있다(환경부, 2014). 또한 전국 생태탐방로 조성 역시 인위성이 지나치게 개입돼 지역생태 자원의 가치를 훼손할 우려가 있다.

### 3) 관광시설

생태관광의 기본 시설은 주로 자연환경 보전 및 이용 시설이다. 현재 국립생물자원관(2007), 국립생태원(2013), 국립공원생태탐방연수원, 생태관광지 에코촌과 같은 국가차원의 생태자원 조사, 연구를 위한 전문기관과 체류형 생태관광객을 위한 시설이 전국 37개 정도 마련돼 있다. 또한 관광객의 생태관광 만족도를 높이기 위한 자연환경 해설사 제도 도입에 따른 환경부 지정 양성기관도 2014년 현재 8개 기관으로 지정돼 있다. 이외 탐방객의 편의 제공을 위한 시설이 있지만 생태관광을 위한 숙소(민박 및 호텔), 캠프장, 고품격 생태 휴양시설 등의 인프라 확충이 더욱 시급하다. 생태관광객의 편의 시설 이용 비율은 호텔(15.0%), 펜션(33.3%), 민박(57.0%)으로 나타났다(문화체육관광부, 2015). 현 수준 유지로 생태관광은 호텔에 비해 민박과 펜션의 이용이 증가할 것으로 전망되며, 이에 대한 대책이 필요하다. 문화관광 자원의 효율적인 연계 방안이 필요하다. 우리나라 생태관광 시설은 초보적인 단계에 있다. 생태관광지역 지정마다 생태자원 조사, 연구, 해설에 필요한 기관이 필요하다. 특히 관광객이 체류할 수 있는 편의시설이 품격 있게 갖추고 있지 않아서 체류형 관광이 어려워 지역경제에 큰 도움을 주지 못하고 있다. 생태관광의 수단이 되는 교통 시스템도 자동차 중심 도로이다 보니 승용차나 관광버스를 이용하는 경우가 많다. 생태적 가치를 실현할 수 있는 저탄소 녹색교통 수단과 시스템 개발이 절실하다. 향후 지속가능성을 연계할 수 있는 생태문화적 자원으로 배후 생태마을이나 생태도시의 건설을 모색해야 할 것이다.

### 4) 지역 활동

생태관광은 지역 주민의 참여를 기본 전제로 하며, 운영을 통해 창출된 경제적 이익의 상당 부분이 지역사회로 환원된다. 따라서 생태관광이 지역사회의 발전에 기여할 수 있는 장점을 가지고 있다. 이뿐만 아니라 생태관광지의 방문객들은 훼손되지 않은 자연환경을 감상하고 체험함으로써 환경 보전의 중요성을 인식하고, 그들의 환경에 대한 태도와 행동 변화를 유발하는 계기를 마련한다는 점에서 살아 있는 환경교육의 기회를 제공한다.

　현재 국가 차원에서 환경부, 문화체육관광부, 산림청 등이 '생태관광 관계 부처 협의회'를 구성해 생태관광 발전 기본계획을 심의하고 생태관광 모델사업 선정, 특성화 지역 지정, 재원 및 인력 지원 방안 등을 마련하고 있다. 지방자치단체는 지역 시민단체, 주민대표, 관광사업자와 함께 생태관광 '추진협의회'를 구성해 지역 단위 생태관광 프로그램의 개발 및 운영, 중앙정부 생태관광 프로그램 집행을 하고 있다. 민간 차원에서는 관광업계, 전문가, 시민단체로 구성된 '한국생태관광협의회'를 구성해 생태관광 프로그램 개발과 자문, 인력 양성 및 교육, 홍보 지원을 하고 있다. 현실적으로 중앙과 지방 및 민간 협력의 생태관광 거버넌스 활성화가 부족하다. 생태관광의 성공 여부는 지역 활동이 어떻게 이뤄지는가에 따라서 판가름난다고 볼 수 있다. 그간 기존의 사례를 보면 순천만 습지, 제주 선흘 1리, 관매도 명품마을 등은 성공 사례로 꼽히는데, 성공 요인의 공통점은 자치단체의 추진 의지, 지역 주민 리더, 자발적 주민 참여가 있었다는 점이다. 반면 창녕 우포늪, 울진 왕피천, 명품 마을 신선, 내도 등은 다양한 프로그램 개발(관찰·체험·교육 등)과 편의시설 부족, 지역 리더의 부재 등으로 시작 때보다 훨씬 관광객이 줄어들고 있다(환경부, 2014). 생태관광을 자연과 문화의 보전을 위한 사회적인 시스템으로 만들기 위해서는 지역 주민, 관광업계, 연구자, 행정기관 등의 협조가 필수적이다.

## 2 독일의 생태관광 : 프라이부르크와 지몬스발트

　1992년 UN 환경개발회의에서 채택된 리우선언과 세부 실천계획인 '의제 21(Agenda 21)'의 지속 가능 발전(ESSD) 이념이 국제사회에 영향을 미치면서, 2006년 독일 연방환경성은 생태관광의 활성화 및 자연경관 보호를 위해 독일 국립공원, 생물 서식지 보존지대, 자연공원 지역 등을 새롭게 재정비해 매력적인 생태관광 대상 지역으로 가꾸겠다는 계획을 발표했다. 또한 독일 내 14개 자연보호 공원을 생태관광지역으로 소개하는 책자를 발간하는 등 홍보에 노력을 기울여 왔다(BMU: Bundesministerium für

Umwelt, 2007). 현재 독일의 생태관광의 논거가 되는 법은 「연방자연보호법(BNatSchG: Bundesnaturschutz Gesetz)」이라 할 수 있다.

연방자연보호법 제1조(목적)는 "자연과 경관은 인간의 정주공간 및 비정주공간에서, 전 국토에 걸쳐 내재돼 있는 자연자산(Naturhaushalts)의 잠재적 기능, 자연재화(Naturgüter)의 이용성, 동식물 세계 그리고 자연과 경관의 다양성, 고유성 및 인간 삶의 근본 토대로서, 한편으로는 자연과 경관 속에서 휴양을 위한 전제로서 지속적으로 보장될 수 있도록 보호·관리 그리고 개발되어야 한다."(BNatSchG, Kapitel 1)라고 규정하고 있다. 이 목적 규정은 인간 삶의 근본 토대로서 경관생태 시스템의 복원을 통한 능동적인 자연환경 보전과 휴양공간 제공을 전제로 한 어메니티(amenity) 창출이라는 두 가지 측면의 미션을 설정하고 있다. 여기서 자연환경이라는 개념은 자연자산, 자연자원, 동식물 세계, 경관의 다양성과 고유성 및 아름다움으로 세분돼 있다. 또한 공간개발계획을 통해 발생되는 자연환경 및 경관의 파괴를 최소화하고 복원시키기 위한 공간 계획적 수단으로서 경관 관련 계획을 수립하도록 하고 있다(BNatSchG, Kapitel 1).

또한 연방자연보호법에 따라 도시 공간개발계획과 연계되는 환경계획으로서 경관 관리계획을 세우도록 하고 있다(BNatSchG, Kapitel 2). 경관 관련 계획도 경관 보전 및 복원사업, 도시 비오톱 설치, 보호 대상구역 지정 등을 다룬다(박길용, 2013: 60-63). 개발과 환경 보전이라는 상호 보완적인 관계를 통해 생태관광의 기초가 되고 있다(이창우, 2005). 이같이 연방자연보호법이 도시생태계나 자연생태계를 온전히 보전할 수 있는 논거를 마련해 줌으로써 생태도시 건설이나 자연생태 관광에 토대를 확보할 수 있다. 여기에서는 연방자연보호법의 논거를 토대로 독일 생태관광 현황을 국가 전체적 관점에서보다는 대표적인 도시인 프라이부르크(Freiburg)시 '생태도시'와 배후 산촌마을 지몬스발트(Simonswald)의 '자연생태관광'의 사례를 분석해 보기로 한다.

### 1) 관광객

독일의 생태관광은 관광업계에서 크게 주목받는 관광상품으로 떠오르고 있다. 물론 그 이전에도 자연관광에 대한 국민들의 관심이 많았다. 최근 유럽공원연합(EUROPARC)

의 지원을 통해 실시된 여론조사 기관인 엠니트(Emnid) 설문조사에서 독일 국민의 60% 이상이 외국에서보다는 독일 국내 자연환경에서의 생태 휴가를 더 선호하는 것으로 나타났다. 국내 관광은 동선이 짧고 화석연료 소비량이 높은 항공교통 등의 이용을 억제할 수 있어 환경적·경제적 효과가 우수하다는 것이다. 생태관광 산업은 최근 이처럼 중요한 경제 요소로 부각되면서 관련 연구가 늘어나고 있어 독일 생태관광객의 관심이 매우 높다. 최근 독일에서 실시된 생태관광에 대한 설문조사에서 40% 이상이 생태관광을 계획하고 있다고 한다(www.waterindustry.co.kr, 독일연방관광성, 2010).

독일 프라이부르크(도시)와 지몬스발트(산촌)의 생태관광객을 살펴보면, 인구 약 22만 명이 살고 있는 프라이부르크는 대부분의 관광객이 독일인보다는 외국 생태관광객이다. 국외에서 너무 많은 방문객이 모이는 바람에 시청의 업무가 마비될 정도라서 '보봉(Vauban) 생태주거단지와 리젤펠트(Rieselfeld) 생태도시' 관광은 시청에서 가이드를 할 수 있는 업체에 위탁했다. 프라이부르크는 생태·환경도시, 에너지 자립도시, 특히 태양광 발전을 중심으로 한 신재생 에너지정책으로 '환경수도(1992년 독일환경원조재단이 주최하는 지방자치단체 경연대회에서 151개 자치제 중에서 1위를 차지해 자연환경 보호에서 연방수도로 선정됨)', '태양의 도시'로 유명해짐에 따라 세계 곳곳으로부터 관광객뿐만 아니라 조사와 연구를 위해 몰리기 시작했다. 특히 재생 에너지와 관련한 풍부한 볼거리가 많아 국내외 건축가, 벤처사업가, 자치단체 관계자, 언론인, 연구자 등 '학술 및 실용 연구'를 위한 관광객이 몰려들고 있다는 점이 특징이다. 프라이부르크는 주변에 검은 숲을 상징하는 흑림(黑林, Schwarzwald)이 시작되는 자연환경의 관문 도시이기도 하지만, 이보다도 도시생태 사원을 활용해 관광객 유치에 성공한 대표적인 도시다. 지몬스발트는 프라이부르크에서 북동쪽으로 약 20km 떨어진 국립공원 안에 있는 배후 산촌마을이다. 흑림지역의 이 산촌마을은 독일의 전형적인 생태관광지로 잘 알려져 있다. 이곳이 생태관광의 명소로 떠오른 시기는 2000년, 지몬스발트 근처 츠바이탈러란트(Zweitalerland) 지역 다섯 개 마을과 함께 '생태관광'을 테마로 공동 마케팅을 시작하면서 산촌의 자연을 즐기고 이웃과 교류하며 자연문화를 체험하는 코스로 변모했다. 자연생태 자원의 체험과 학습 및 감상을 위해서 관광객들이 해마다 늘어나고 있는 생태관광지다. 연간 22만 명 정도의 관광객이 찾고 그동안 1,600만 명의 생태관광객이 방문했다고 한다.

## 2) 관광자원

프라이부르크의 생태관광 자원은 도시 자체라 할 수 있다. 1992년부터 시는 공공건물 등에 저에너지 건축만을 허가하는 조례를 제정하면서 신재생 에너지의 이용을 활성화하는 '에너지자립 – 태양도시'로 발전했다. 태양광 주택(Heliotrop) 등 60여 개소의 태양광 발전장치, 솔라가든, 쓰레기 매립지에서에서 발생하는 폐열을 이용한 열병합발전(매탄가스 등), 유기농업을 바탕으로 한 수많은 에코 제조업체들(에코맥주양조회사 등)이 즐비하다. 특히 도심 근교에 만들어진 생태마을 '보봉단지'와 '리젤펠트'는 세계적인 명소로 알려져 있다. 이 생태마을은 태양열을 주 에너지원으로 채택하고, 에너지 절약을 최대화하는 파시브 주택(Passivehaus), 자동차 없는 주택 구역 설치로 자동차로 인한 대기 오염 배출을 줄이고, 쓰레기 발생량과 물 소비량을 최소화하며, 생태 순환의 고리를 끊는 콘크리트를 사용하지 않는 다는 원칙을 세워서 실천하고 있다. 또한 대중교통 수단과 자전거 전용도로 확대 등 보행자의 천국이라 할 만큼 녹색교통 시스템을 운영하고 있다. 이와 더불어 도심 내 '호수공원(Seepark)'으로 일컬어지는 네 곳의 생태공원은 시민들의 휴식 장소이며 생태교육장의 역할을 한다. 이 같은 도심생태 자원 외에도 13세기에 만들어진 수로시설(Bächle)은 너비 50cm 정도로 15km의 도심을 관통해서 흐르고 있다. 베히레와 드라이잠(Dreisam)강은 도시의 온도를 낮추는 환경적 효과로 생태적 관광자원으로서 각광을 받고 있다. 프라이브루크는 대학도시로서 생태학과 관련된 연구소와 학술대회도 연중 왕성하게 이뤄지고 있다. 흑림이 시작되는 도시로서 국내외 관광객들이 삼림욕과 생태 탐방을 위해 연중 200만 명 이상이 찾고 있다.

지몬스발트의 관광자원은 순수한 자연생태 자원과 지역 문화자원으로 이뤄져 있다. 군 전체의 면적이 270km²에 이르며 산촌 농가들은 해발 243~1,234m에 위치해 있고, 인구는 약 4만 명이 이른다. 이 산촌마을은 국립공원 흑림 안에 있어 잘 보전된 산림과 야생화 단지, 약초 재배, 생태탐방로 등 흑림에서 살아온 마을의 역사와 전통문화를 향유할 수 있는 생태관광지다. 야외 농가박물관에는 16세기부터 19세기 사이에 흑림지역 일대에 지어진 물레방앗간, 우물, 마을 농기계박물관, 곡식 저장창고, 빵집, 대장간, 친환경 에너지 체험 코스, 야생화 산책로, 자전거길 등 30여 채의 옛 건물을 원형대로 옮겨놓았다. 당시 산촌에서 생활하던 의복, 신발, 장신구, 주방기구, 오르간 등 생활 도구와 관련 자료들이 내부에 전시돼 있다. 또한 마을에는 예배당을 비롯해 300~400년 전에 지어진 전통 산촌 가옥, 시계 공장, 식용기름 공장, 곡식 창고, 제재소, 헛간, 가마 그리고 수많은 약용식물을 체험하고 감상할 수 있도록 돼 있다. 그뿐만 아니라 전통주택에 태양광시설을 하고 있어 저탄소 생태관광 자원을 충분히 활용하고 있다.

## 3) 관광시설

생태관광시설은 생태자원을 활용할 수 있는 시스템과 편의시설이다. 프라이부르크는 자전거와 대중교통 및 보행자 우선의 교통 체계를 잘 구축하고 있다. 즉, 중앙역에 있는 모빌레(Mobile: 자전거 주차 및 대여), 도심 자동차 제한 속도 30km, 저렴한 공공교통 수단 개발(Regio Umweltkarte: 지역환경 정기권으로 국철, 시영 및 사영버스, 노면전차 등 거의 대부분의 대중교통 수단에 통용되며, 약 90개 노선에 대해 정기권 한 장으로 이용 가능함), 구시가지 1.5km 내 자동차 전면 진입 금지 등이다. 또한 프라이부르크 근교의 전차 역 인근에 넓은 무료 주차장을 조성해 놓고 시외에서 시내로 통근이나 쇼핑하러 오는 사람들이 주차장에 차를 두고 전차로 갈아타고 시내에 들어오도록 하는 '환승 주차(Park & Ride)' 시스템이 잘 갖춰져 있어 도심 교통 혼잡을 줄일 뿐 아니라 $CO_2$ 감축 효과도 있다. 도시 근교 숲속에 호텔들이 있어 자연친화적인 생태관광을 즐길 수 있고, 태양광 에너지를 이용하고 있는 도심 호텔과 다양한 형태의 크고 작은 친환경 숙박시설을 갖추고 있어 생태도시의 선형을 잘 보여준다. 이외 도시생태 자원을 조사하고 관리하는 다양한 연구기관과 전문 가이드 기관도 잘 갖추고 있다.

지몬스발트는 산촌마을이지만 프라이부르크와 국철로 연계된 통합교통 체계, 주민 차량을 이용한 렌트카 서비스 등이 있다. 지몬스발트에서 숙박을 하면 게스트카드(Gastkarte)가 발급되는데, 그 카드로 박물관과 독일 남동부지역 일대를 무료로 대중교통을 이용해 이동할 수 있다. 지몬스발트로 들어가는 국철역인 블라이바크역(Blaibach Bahn)에는 지역관광공사가 있어 관광 안내에 관한 다양한 정보를 제공하고 있다. 숙박시설로 250농가가 4,000여 개의 침실을 보유하고 민박을 운영한다. 농가 민박의 엄격한 품질관리를 위해 민박 3등급제로 된 'Q마크 품질인증제'를 실시하고 있어 고품격의 숙박을 누릴 수 있다. 연간 10만여 명이 숙박하며 농가 수입 창출에 크게 기여한다. 관광객을 위해 마을마다 캠프장과 레크리에이션 시설을 설치해 두고 있고 시청에서는 생태자원과 향토음식, 호텔 및 민박에 대한 다양한 정보를 제공하고 도시의 쾌적성을 최대로 높이고 있다.

### 4) 지역 활동

생태관광은 지역 주민의 참여를 기본 전제로 하며, 환경 보전과 지역 발전의 중요한 매개가 되는 생태관광을 성공적으로 달성하기 위해서 다양한 생태 프로그램과 생태관광 상품을 개발하고, 지역문화와 연계되는 박람회와 문화축제 등을 생태관광의 가치에 부합되도록 창조해야 한다. 프라이부르크시는 지난 30여 년간 환경 보전 실천을 위한 전문연구기관을 조직하고 시민과 환경단체, 그리고 시가 중심이 돼 에너지, 교통, 주거단지, 공공건물에 생태 개념을 접목시켜 생태도시로 조성했다. 시정부는 환경부시장을 두고 환경 최우선 도시정책을 시행해 저에너지 주택 건축만 허가하고 생태주거단지 조성에 적극적이었다. 또한 탈(脫)원자력을 시발점으로 에너지 자급도시 달성을 위한 태양광 발전 정책을 시행하고 자급자족의 솔라하우스 시험 및 제작 보급에 힘썼으며, 주택, 학교, 교통시설, 산업, 병원, 체육시설 등 일상생활 전 분야에서 솔라 에너지 이용을 생활화했다.

환경단체는 국제환경비자체협의회 등 60여 개의 환경 NGO가 도시에 입주해 있고, 이들은 시와 시민들과 함께 거버넌스를 형성해 생태도시 건설에 힘을 모았다. 환경운동의 대표적인 단체인 분트(BUND)는 환경전시회, 에코스테이션의 운영, 환경 프로그램 제작, 환경 컨설턴트, 통신 강좌 개발, 기업을 위한 환경 보전 활동 세미나 개최 등 폭넓게 활동한다. 시민들은 시민 참여 운동으로 쓰레기 제로운동, 지구 온난화를 방지하기 위한 $CO_2-20\%$ 삭감운동을 전개하고 환경문제에 대한 지속적인 대안 모색과 학교 및 사회 환경교육 프로그램에도 지속적으로 참여해 활동한다. 산업체 분야에서는 솔라 산업 중심으로 경제 활성화를 통해 지역 발전과 많은 일자리를 창출했다. 즉, 전 세계 태양 에너지 시설과 관련 기구, 연구기관, 관련 산업의 수가 집중돼 솔라산업이 지역경제의 튼튼한 기반이자 고용 창출의 주역이 됐다. 태양에너지 연구자, 기술자, 건축가 등 100여 개국 5천여 회원을 거느린 국제태양에너지협회(International Solar Energy Society: ISES)가 1995년 미국 피닉스에서 이곳으로 이전했다. 유럽재생에너지 관련 대표기구인 유로 솔라도 이전했다. 이를 토대로 태양 에너지 관련 산업박람회가 매년 이 도시에서 개최되고 있다. 따라서 프라이부르크는 '솔라 여행(Solar Tourism)'이라는 새로운 생태관광산업을 주도하고 있다. 또한 프라이부르크는 문화자원으로 산림과 고딕풍의 건축 양식으로 꾸며진 와인의 도시를 만들었다. 즉, 지속 가능한 생태·문화도시로 창조됐다. 도시 근교 에코농업을 하는 농장주들은 비오란트(Bioland) 회원이 많다. 비오란트에는 농가만이 아니라 300여 식품가공업자도 참여하고 있는데, 회원 농가에서 생산된 재료를 유제품이나 잼 등으로 가공해 비오란트 상표를 붙여 팔고 있다. 이들 9개 유기농업단체는 연합조직인 '에코로지컬 농업협회'를 결성하고 있다. 이 협회는 회원 단체에 화학비료 및 농약의 사용 금지는 물론 생육 장소의 조건, 가축의 사육법, 곡물 저장법 등에 관해 엄격한 방침을 정해놓고 있다. 이처럼 프라이부르크의 시민은 자발적으로 생태관광-문화도시 건설에 참여하고 관련 단체와 정부와 네트워크를 형성해 환경 보전과 지역 발전에 적극적이다.

지몬스발트는 흑림과 그곳에서 살아온 마을의 역사와 문화를 잘 활용해 대표적인 산촌 생태관광지로 변모했다. 즉, 산촌마을의 전통과 문화적 가치를 이어가며 이들을 이용한 생태관광사업 등을 통해 지역경제뿐만 아니라 귀중한 생태자원을 보전하고 있다. 각 마을의 특색을 살리고 다른 지역과의 차별화된 프로그램 운영할 수 있도록 정부는 지역 박물관 건립, 문화행사 등에 보조금을 지급하고, 지역사회는 수익을 창출하는 사업을 통해 민박집과 생태 프로그램 개발, 특산물 판매 등에 지원하는 등의 노력을 통해 이주를 줄이고 산촌마을에 정착할 수 있도록 하면서 오늘의 흑림 생태마을을 이어가고 있다. 이곳 마을은 생태관광을 표방하기에 자연 퇴비, 바이오가스, 벌목 장작, 태양광 에너지를 사용하고 '농가 상점(Shop)'에서는 친환경적으로 생산된 과일 잼, 와인, 빵, 버섯, 꿀, 야생차, 양고기, 소고기 등을 판매한다. 이곳 지몬스발트 구타흐(Gutach)와 츠바이탈러란트(Zweitalerland)에서는 농촌관광과 특산물 판매 촉진을 위해 농가에서 공적인 이익을 위해 '관광컨설팅 회사'를 만들어 운영하는데, 그 성격은 협동조합 형태다. 주민 모두가 조합원으로 공동 투자하고 공동 이익을 얻는다. 관광 컨설팅 협동조합은 관광객 유치를 위해 각종 생태관광 홍보정책을 펼치고 흑림의 자전거 여행, 생태탐방로, 미끄럼틀(190m), 눈썰매장 등을 운영하고 있다. 츠바이탈러란트에 있는 관광공사는 블라이바크, 지몬스발트, 발트게이시, 벤델멘탈 등 6개의 면 단위 정도의 지역과 네트워크를 이루고 있다.

지역 간 네트워크로 수익을 올리며 지역관광을 위한 일에 재투자하고 지역민과 더불어 상생하는 이 관광공사는 유한회사 형태로 운영되며, 흑림지대인 이곳에서 가장 낮은 지역인 블라이바크역에 있다. 관광회사의 주 수입원은 숙소를 소개해 주고 수수료를 받아서 활동한다. 그러나 이윤을 남기기보다는 지역 홍보를 위한 일에 더 많은 활동을 하기 위한 일에 재투자한다. 또한 중요한 의사결정이나 사업계획은 6개 지역 대표자들이 하며 회사 운영 시 비용이 모자라면 여타의 다른 마케팅 활동을 통해 수입을 창출한다. 따라서 지몬스발트의 생태관광은 지역 주민의 자발적인 노력과 협력으로 흑림의 역사·문화자원을 계승하고 자연생태 자원과 결합을 통해 지역 발전의 견인차 역할을 한다. 이뿐만 아니라 방문객들이 훼손되지 않은 자연환경을 감상하고 체험함으로써 환경보전의 중요성도 일깨우며, 그들의 환경에 대한 태도와 행동 변화를 유발하는 계기를 마련한다는 점에서 살아 있는 생태교육의 기회를 제공한다고 할 수 있다.

## 제4절 우리의 새로운 생태관광 전략모색

### 1 양 국가의 생태관광 특징

여기에서 제시하는 광의의 생태관광 개념에서 양 국가의 관광 요소별 여건을 토대로 그 특징과 차이점을 살펴보면 다음과 같다.

첫째, 관광객 측면에서 보면 양 국가 모두 증가 추세에 있다. 생태관광객의 특징이 전국 평균보다 소득이 높고 교육 수준이 높은 계층이 많다는 것이다. 미국과 캐나다의 생태관광객에 대한 조사 자료에 따르면, 조사 대상 생태관광객의 50% 이상이 가구당 소득 수준이 20,000달러 이상이고 대졸 이상의 학력을 가진 것으로 나타났다(Applegate & Clark, 1987: 129-132). 특히 독일은 1992년 리우회의 이후, 기후변화와 생물다양성 보호 등 지속 가능한 발전을 국가 발전 이념으로 수용하면서 생태관광에 대한 관심이 매우 높아졌고, 현실적으로도 국민 60% 이상이 국내 생태관광을 선호하고 있다. 우리나라도 국민소득 증대와 주 5일제 시행으로 기존의 대중관광 관람 패턴에서 자연생태와 문화 및 레저가 어우러지는 체험형의 여가 생태관광 패턴으로의 변화가 증가하고 있다. 이처럼 생태관광객은 양국 모두 지속적으로 증가 추세를 보이는 공통의 특징을 갖고 있지만, 생태관광을 접근하는 방식에는 아직 차이가 많다. 우리는 생태관광이 아직 초보단계에 있기 때문에 협의의 생태관광 개념 안에서 이뤄지고 있고 생태적 가치와 지역문화, 저탄소 녹색성장이라는 총체적 개념 안에서 발전하지 못하고 있다. 그나마 이뤄지고 있는 생태관광이 기존의 대중관광의 성격을 크게 탈피하지 못하고 있어 생태관광 자원이 훼손될 우려가 늘어나고 있다. 독일의 도시나 농촌 생태관광은 생활화돼 있다. 이미 10,000달러 수준에서 생태관광이 시작돼 왔기 때문에 현재는 협의의 생태관광 개념을 넘어 '저탄소 녹색성장'이라는 지속 가능 발전의 개념 안에서 생태관광을 발전시키고 있다. 특히 지역 발전보다 환경 보전에 우선순위를 두고 생태도시를 만들고 새로운 '도농 생태관광'을 창조하고 있다. 독일 관광객들은 생태관광을 통해서 환경의식과 자연학습, 생태교육 등과 지역문화를 연계하면서 지역경제를 견인하고 있다는 점에서 가장 큰 특징이 되고 있다.

둘째, 관광자원 측면에서는 우리나라는 3면의 바다와 다도해, 70%의 산으로 국토를 형성하고 있어 자연관광 자원이 풍부하다고 할 수 있다. 현재 자연공원법에 따라 국립공원 21개, 도립공원 31개, 군립공원 27개소가 지정돼 있다. 생태관광의 주 대상은 국립공원이지만 도립 및 군립공원 중 자연생태계가 잘 보전된 지역도 생태관광의 자원이 될 수 있다. 그리고 2013년부터 '생태관광지역 지정제'를 도입해 생태, 경관 보전지역, 조수보호구역, 천연보호구역, 생물권보전지역, 습지보호지역, 자연유산지역, 갯벌, 철새도래지 등을 두고 매년 환경부는 생태 보전의 중요성을 체험교육할 수 있는 지역을 지정하고 있다. 현재 양구 DMZ(2030년까지 18조 8천억 원)를 비롯해 전국 12개소에 대해 생태관광지역으로 지정했고 '생태관광 성공모델 마을'도 지정해 관리하고 있다. 또한 국토교통부는 시흥갯벌(0.7km²)을 인근 소래 포구, 송도갯벌과 연계해 수도권 해양환경 생태관광지로 육성한다. 이뿐만 아니라 지역마다 다양한 생태축제도 있고 전국 단위 생태탐방로도 조성 중이다. 이 같은 풍부한 자연자원을 갖고 있다는 점이 큰 특징이지만 생태적 가치로 인정받을 수 있는 생태자원이 과학적 접근 방식에 따른 조사·연구가 미비해 그 이용의 가치가 매우 떨어지고 있다. 이처럼 생태관광 자원이 자연관광 자원에 국한해 있다는 점에서 한계를 지닌다.

독일의 자연관광 자원은 우리나라와 비슷하게 국립공원을 중심으로 지정하고 생태계 보전을 위한 관리 지침에 따라 운영되고 있다. 그리고 생태관광 자원은 자연공원뿐만 아니라 문화관광 자원과 연계해 시너지 효과를 일으키고 있다. 앞 사례에서도 봤지만 사회·산업관광 자원이라 할 수 있는 도시와 산업시설을 생태관광-문화 자원화해 도시 그 자체가 생태관광 자원이 되고 있다. 프라이부르크는 약 220,000명의 인구이지만 세계적인 생태도시로 명성을 얻고 있어 매년 수십만 명씩 생태관광 관련 관광객이 모여들고 있다. 도시 자체가 광의의 생태적 개념을 접목시켜 저탄소 녹색성장을 지향하면서 생태학습과 생태교육의 현장이 되고 있고, 인근 국립공원 흑림과 연계해 생태관광을 성공적으로 발전시켜 나가고 있다. 특히 도심 내 생태마을과 생태도시를 조성해 세계 생태관광객으로부터 인기를 얻고 있다. 배후 산촌 지역인 지몬스발트의 여러 마을은 국립공원 흑림 안에 있는 산촌 생태마을이다. 이곳 역시 자연생태 자원과 지역문화 자원을 결합해 도심과 연계되는 새로운 생태관광 자원으로 발전하고 있다.

생태관광 자원 측면에서 우리나라 생태관광 자원과 독일 생태관광 자원의 가장 큰 차이점은 두 가지다. 하나는 도시와 자연을 연결하는 자원관리에 있다. 독일은 도시 자체를 생태자원화하면서 인근 국립공원과 농산촌을 연계해 생태관광 자원을 풍요롭게 만들어 간다는 점이다. 또 다른 하나는 생태관광 자원의 개념이다. 우리는 생태관광 자원을 협의의 개념에서 보고 있지만, 독일은 좀 더 광의의 개념 안에서 생태자원을 관리하고 있다는 점이다. 즉, 기후 보호와 저탄소 녹색성장이라는 개념이 녹아 있는 생태관광

자원 관리다. 프라이부르크와 지몬스발트 모두 광의의 생태관광 개념에서 도시와 농촌을 발전시키고, 자연관광 자원과 문화관광 자원이 공존하는 생태관광을 지향하면서 환경문제와 지역 발전을 동시에 이뤄가고 있다는 점이다.

셋째, 관광시설 측면에서 한국은 국가 차원의 생태자원 조사·연구를 위한 소수의 전문기관과 체류형 생태관광객을 위한 시설이 마련돼 있다. 탐방객의 생태관광 만족도를 증대하기 위한 전문 프로그램(해설사, 가이드 및 교육과 학습 등)은 있지만 매우 미약한 수준이다. 또한 체류형 편의시설인 민박과 호텔, 캠프장 및 휴양시설도 있지만 이 또한 생태관광을 위한 관리와 휴식시설로서는 부적합하다. 관광교통망은 철도나 자전거보다 자동차 도로 중심으로 돼 있어 저탄소 생태관광에 걸림돌이 되고 있다. 독일의 경우는 교통 시스템 자체가 생태관광을 즐길 수 있는 유리한 조건을 갖추고 있다. 프라이부르크는 도심과 주변 지역을 연결하는 지역 환경정기권, 환승 주차 시스템, 자전거 도로 등이 잘 구축돼 있고, 지몬스발트 역시 국철과 연계된 게스트카드와 주민 차량을 이용한 렌트카 서비스 등을 도입해 생태관광에 큰 불편함이 없도록 하고 있다. 그리고 생태관광객을 위해 편의시설과 캠프장, 레크리에이션 시설은 마을마다 잘 갖추고 있다. 가장 큰 차이점은 우리나라는 생태관광 만족을 충족시킬 수 있는 전문 프로그램이 지역 특성에 맞게 잘 개발돼 있지 못하고, 편의시설이라 할 수 있는 숙박과 캠프장 및 레크리에이션 시설 문제가 잘 관리되고 있지 않아 어려움이 많다. 독일은 농가 민박의 엄격한 품질관리를 위해 'Q마크 품질인증제'를 실시해 저가격에 고품질 편의시설을 향유할 수 있도록 하고 있다. 또한 지역 관광공사를 조합 형태로 설립해 생태관광을 통한 지역문화 전승과 지역경제 활성화에 크게 기여하고 있다.

넷째, 지역 활동 측면에서는 우리나라는 국가 차원에서 생태관광 유관 기관이라 할 수 있는 환경부, 문화체육관광부, 산림청 등이 생태관광 관계 부처 협의회를 구성해 생태관광 발전에 필요한 가이드 라인과 정책을 도출하고 있다. 지방자치단체도 생태관광 추진협의회를 운영해 생태관광에 필요한 프로그램을 개발해 집행하고 있고, 민간단체도 한국생태관광협의회를 구성해 분야별 생태관광정책을 자문하고 있다. 즉 국가, 자치단체 그리고 민간단체 차원에서 각각 계층별로 생태관광 발전에 그 역할을 하고 있다는 점이 큰 특징이라 할 수 있다. 반면 이 같은 계층별 역할이 이뤄지고 있지만 정작 지역 주민의 자발적 참여를 통한 활동이 부족해 정부 주도이거나 특정 이해집단에 의한 수익성 위주로 이뤄지는 경향이 많다. 따라서 생태관광 활성화에 토대가 되는 생태관광 가이드, 생태관광객 교육, 안내 해설 프로그램 등이 전문적으로 이뤄지지 않고 있다는 점이다. 또한 생태관광이 자연관광 자원으로 제한되는 경향이 있다 보니 문화관광 자원을 개발하지 못해 지역경제 활성화와 주민 복지에는 실질적인 도움이 되고 있지 못하다.

독일은 생태관광의 개념이 광의의 차원에서 접근하고 있어, 환경 보전과 지역 발전을 동시에 달성할 수 있는 가장 중요한 수단이 생태관광 자원의 개발이라고 보고 있다. 따라서 지역 주민이 적극적으로 생태관광 자원 개발에 박차를 가하고 있다는 점이 큰 특징이다. 지역 주민의 참여가 없는 생태관광은 상상하기 어렵다는 점이다. 프라이부르크는 도시 개발에서부터 주민과 수많은 환경 NGO가 참여해 지방정부와 함께 생태도시를 만들고 있다. 지속 가능한 저탄소 생태도시를 만들기 위해 다양한 생태 프로그램과 생태상품을 전문가들로부터 자문을 받아 이뤄가고 있다. 시는 지난 30여 년간 환경 보전 실천을 위한 전문연구기관을 조직하고 시민과 환경단체, 그리고 시가 거버넌스를 형성해 에너지, 교통, 주거단지, 공공건물에 생태 개념을 접목시켜 생태도시를 창조했다는 점이 큰 특징이다. 특히 자치단체는 환경 부시장을 둬 시민들로부터 환경의식을 제고하고 정부 정책의 초점이 자연과 인간이 함께하는 생태관광-문화도시를 이루겠다는 강력한 의지를 보여주고 있다. 산촌지역인 지몬스발트 역시 시가 생태관광 자원을 개발하는 데 보조금을 지급하고 자발적으로 성장하는 데 필요한 모든 관광정보를 서비스하고, 지역 주민은 자발적으로 조합 형태의 관광공사를 만들어 자연관광 자원과 문화관광 자원이 결합해 최대의 경제적 시너지 효과를 창출했다. 즉, 지방정부의 강력한 의지와 주민들의 자발적 참여가 성공적인 생태관광-문화도시를 창조했다는 점이 특징이다.

## ❷ 우리의 생태관광 전략 과제

앞에서 우리의 생태관광 현주소와 독일의 생태관광 현황을 관광 요소별 여건을 토대로 살펴보고, 그 특징과 차이점을 비교 분석해 봤다. 우리의 생태관광 현황에 선진 독일의 생태관광이 주는 시사점을 토대로 새로운 생태관광 전략 과제를 제시해 보고자 한다.

### 1) 생태관광의 비전과 목표의 명확화

생태관광이 성공하기 위해서는 무엇보다도 비전과 목표가 명확해야 한다. 생태관광은 기존의 대중관광과 상반된 특징을 갖고 있고 추구하는 목표가 다르기 때문이다. 또한 근래에 들어 생태관광의 개념이 협의에서 광의로 재해석해야 하는 입장이 요청되기 때문이다. 생태관광의 개념이 "잘 보전된 자연지역에서 자연과 문화를 감상하고 체험하되, 여행지 주민의 복지를 증진시키고 자원의 보전에 기여할 수 있도록 책임 있게 행동하는 관광"이라고 정의할 때, 생태관광의 비전과 목표는 좁아질 수밖에 없다. 물론 이상의 개념 안에도 '생태계의 보전과 지역 발전'이라는 내용이 함의하고 있지만 이보다 한 발 더 나아가서 좀 더 광의의 개념을 통해서 새로운 비전과 목표가 정해져야 한다. 이제 생태관광에 대한 개념이 협의의 개념으로 관광생태 자원을 보전하고 지역 발전을 위한 단순한 도구로 볼 것이 아니라, 기후변화로 인한 관광환경 변화와 지역 발전에도 적극적으로 대응할 필요가 있는 광의의 개념으로 해석할 필요가 있다. 광의의 생태관광 개념은 생태관광을 일련의 원칙에 기초한 지속 가능한 발전의 수단인 동시에 '특정 관광시장'으로 규정했다. 따라서 우리의 생태관광 비전은 '생태 보전과 저탄소 녹색성장을 지향하는 생태관광'이 돼야 하고, 더 나아가 '지역문화 자원'과 연계되는 생태관광-문화도시로 발전해야 한다. 독일의 프라이부르크는 인간과 자연이 공생하는 생태도시로 '에너지 자립-태양의 도시'로 비전과 목표를 내세우고 있다.

### 2) 주민 참여를 통한 생태관광 여건 개발

생태관광에는 주민들의 참여가 있어야 생태관광에서 발생되는 수입이 주민 소득으로 연결될 수 있기 때문에 생태관광 계획과 각종 프로그램 개발에 반드시 참여해야 성공할 수 있다. 프라이부르크 생태도시 창조와 지몬스발트의 생태관광이 성공할 수 있었던 가장 중요한 요인은 '자발적인 주민 참여'에 있었다. 기존의 도시계획이나 생태관광계획이 자치단체의 하향(top down) 식의 일방적 계획이 되다 보니, 지역 주민이 원하는 생태적 환경이 아니라 끼워 맞추기 식의 요식행위 계획에 지나지 않았다. 특히 프라이부르크의 도심 '보봉 생태마을'과 '리젤펠트 생태도시'는 기초조사 이전부터 주민의 민주적 의사결정 방식에 따라 지역의 수용 환경용량에 대한 부하 및 환경의 질 반영의 인식 위에 주민의 생태적 이념을 공유·확인하고, 도시계획 과정 전반에 걸쳐 주민 참여를 통해 이뤄졌다는 것이 특징이다. 우리는 그동안 도시계획이나 생태관광 계획에서 주민 참여는 대부분 자치단체가 이미 만들어 놓은 계획에 따라 형식적이고 요식적인 참여에 머물고 있다. 따라서 앞으로 우리의 생태관광은 관광자원, 시설, 지역 활동 모든 분야에 주민 참여를 통해 이뤄지도록 해야 한다.

### 3) 생태관광 자원의 확장

생태관광 자원은 자연관광 자원에 머물러서는 안 된다. 협의의 생태관광 개념하에서는 생태관광 자원이 자연관광 자원에 한정돼, 저탄소 녹색성장이라는 생태도시의 가치 구현을 놓치는 경우가 많다. 프라이부르크는 도시 자체를 생태관광 자원화했다. 도심 내 생태마을 조성을 비롯해서 도농을 연계한 지역문화 관광자원 등 모든 영역에 생태의 개념을 접목시켜 도농 생태관광-문화도시를 조성했다. 생태관광은 환경 보전과 지속가능 발전이라는 목표 달성을 두고, 도시 전체를 생태관광 자원화하는 시도가 있을 때 성공할 수 있다.

### 4) 생태관광 자원의 체계적 보전관리

자연관광 자원과 문화관광 자원의 체계적 보전·관리는 생태관광의 지속성을 보장한다. 과학적인 조사·연구를 통해서 보전지역을 신중하게 지정하고, 활용 가능한 지역을 지속적으로 복원하고 관리해야 한다. 우리는 아직도 생태관광 자원의 보전 방안이 잘 개발되지 않은 채 진행되고 있는 생태관광이 역효과를 일으키고 있다. 생태관광지역 지정만 확대해 나가지 어떻게 구체적으로 관리할지가 매뉴얼이 만들어져 있지 않고 중구난방 식으로 이뤄지고 있다. 또한 수용력을 고려하지 않는 과도한 이용으로 생태계의 훼손이 발생하고 있다.

### 5) 생태관광 개발 거버넌스 구축

지속 가능한 생태관광-문화도시로 발전한 독일 프라이부르크시와 지몬스발트가 우리에게 던져주는 시사점은 생태도시 조성 과정에서 보여준 시민, 시 당국, 환경단체, 전문조사연구기관, 산업체 등의 지속적인 파트너십과 네트워크, 시민들의 철저한 생활 속의 환경 실천운동이다. 또한 생태도시의 특징을 살린 생태관광 산업시장 육성, 도심 속 생태마을 조성, 배후 산촌 도시와의 연계 등을 통해 성공적인 국제적 생태관광지로 발전했다. 특히 저탄소 녹색성장이라는 이념 아래 '에너지 자족(自足)도시-솔라 도시'로서 태양광 관련 국제기구 및 단체의 중심 도시로 육성해 이를 통한 국제 교류 및 협력 체계를 구축했다는 것이다. 즉, 저탄소 녹색성장을 추구하는 생태도시 건설로 도시 자체가 생태관광이 될 수 있도록 생태관광 개발 거버넌스 구축이 필요하다. 시민-시당국-환경단체-전문연구기관-산업체가 생태관광의 가치를 함께 공유하고 협력해야 성공할 수 있다.

### 6) 효율적인 지역관리 프로그램 및 고품질의 생태상품 개발

우선적으로 관광객을 위한 생태관광이 아니라, 지역민들이 거주지역의 자연이나 문화에 대해 자부심을 가지도록 생태관광을 구성할 필요가 있다. 지역관리 기구는 생태관광지를 적절히 관리·통제할 어떠한 능력을 갖추는 것이 필수적이며, 적절한 경영 기술과 자문도 필요하다. 독일의 두 지역을 보면 지역관리에 대한 프로그램이 매우 잘 기획돼 운영하고 있다. 현재 우리의 생태관광은 지역 주민의 참여와 지역관리 연계 시스템에 미비점이 많다. 지역 주민의 언어 소통 능력 부족, 그 지역에 대한 역사적 배경 지식 및 전문 훈련 부족으로 생태관광 관리에 어려움이 많다.

지역관리 방안으로 지역 주민 및 관광객에 대한 생태·환경교육 실시, 그리고 관광지 관리를 위해 용도구역과 생태지역 등으로 구분해 종합적인 관리 방안이 필요하다. 또한 생태관광이 단순히 유행에 그치지 않고, 연중 지속 가능한 생태관광이 되도록 다양한 생태관광 프로그램을 개발할 필요가 있다. 생태관광객을 위한 전문 안내 가이드와 해설 프로그램도 매우 미약하다. 따라서 생태와 문화 관련 전공자(생태 및 환경학·생물학·지리학·산림학·역사·문화 등)의 전문훈련 및 자격증 제도를 개발하고 체험, 학습, 감상교육 프로그램도 체계화할 필요가 있다. 이를 위해 생태관광의 교재, 지도 그리고 매뉴얼 개발이 중요하다. 또한 스토리와 테마가 있는 자연관광 자원과 문화관광 자원을 접목시켜 생태문화 축제와 생태박람회를 통해 지역경제 활성화에 기여하도록 해야 한다. 우리는 생태관광 시장의 마케팅 문제, 관광상품의 획일화 및 질적 저하로 관광객의 만족 수준을 떨어뜨리고 있다. 향후 생태관광 가치에 부합한 관광상품의 다양화 및 품질관리로 관광객의 질적 만족도를 충족시키고 지역 상품과 음식값도 질적 수준에 걸맞게 '적정 가격(reasonable price)의 형성'이 필요하다.

### 7) 생태관광 시설의 창조적 혁신

생태관광 시설은 좀 더 만족스러운 관광이 되기 위한 관광정보와 편의시설의 서비스다. 크게 보면 교통 수단과 관광정보 서비스 그리고 숙박(캠프 포함)과 휴양시설이다. 그동안 우리의 관광이 대중관광으로 발전돼 오다 보니 생태적 가치와 환경문제, 지역 발전을 소홀히 했다. 우선 교통 수단적인 측면에서도 빠른 교통 수단으로 대규모 단체관광을 추구하다 보니 승용차나 대형 관광버스를 이용한다. 생태관광은 혼자나 가족, 소규모 집단으로 이동하기 때문에 시간적 여유를 갖고 조용한 체험과 탐방 여행이기 때문에 친환경 교통 수단에 적합한 철도나 하이킹, 배낭여행의 교통 수단을 잘 개발해야 한다. 관광정보나 서비스 측면에서는 그동안 고정된 프로그램과 수동적인 접근 방식으로 받았으나 생태관광은 개방적이고 능동적인 접근을 통해 스스로 결정하는 계획된 관광이다.

따라서 생태학습관이나 교육센터에서 자발적으로 정보를 얻고 연구조사기관 등 새로운 지식을 추구하는 다양한 정보 서비스 기관이 필요하다. 마지막으로 소비 지향적이고 관광 중심의 양적 관광을 지양하고 질적이고 체험 위주의 가치 지향적인 생태관광이 되기 위해서는 숙박시설과 캠프 및 휴양시설의 혁신이 시급하다. 양적 소비 지향적인 우리의 대중관광은 호텔과 민박이 오직 이익 창출에만 초점을 맞추고 있기 때문에 안전에서부터 청결, 소음, 치안 등이 심각하다. 또한 생태 관광지 주변에 상업시설이 난립할 뿐만 아니라 관광 현지 숙박, 상품 및 음식값 등의 적정 가격이 형성되지 않고 있어 관광객의 불편함과 신뢰성에 문제가 크다. 현재 농촌의 민가 및 소규모 숙박시설도 크게 부족하고, 그 관리가 매우 허술하다. 독일의 지몬스발트는 농촌의 민박과 소규모 호텔을 다양하게 구성하고 있으며, 안전·청결·소음 등이 생태적 가치에 부합한 고품격의 수준을 갖추고 있었고, 20~30분 거리의 프라이부르크시가 친환경 인프라를 잘 갖추고 있어 관광객의 편의시설 만족도가 매우 높다. 우리나라도 각종 편의시설이 생태관광의 개념에 부합한 수준으로 도농 생태관광-문화도시를 조성할 필요가 있다. 또한, 시설 설치나 배치에서도 생태자원 훼손을 최소화하는 적극적인 배려가 필요하다.

## 제5절 결론

이 장에서는 21세기, 지속 가능한 발전의 구체적인 구현 수단 중에 하나로 인식되고 있는 '생태관광(ecotourism)'에 대한 개념을 고찰하고, 오늘날 국제환경 변화에 따른 재해석을 통해 생태관광의 현황을 한국과 독일의 비교 관점에서 살펴보며, 양 국가의 생태관광 특징과 차이점을 살펴본 후 우리의 새로운 생태관광 전략을 모색했다. 우선 지금까지 연구돼 온 생태관광의 개념이 자연 생태 가치 향유를 통한 자연학습과 환경교육 그리고 지역 발전이라는 테두리 안에 있었지만, 1992년을 기점으로 지속 가능 발전(ESSD)이라는 이념이 전 지구의 국가 발전 이념과 실천 행동강령으로서 자리 잡으면서, 생태관광의 개념이 광의로 재해석할 필요성을 강조했다. 즉, 좀 더 광의의 개념으로 기후변화와 저탄소 녹색성장이라는 가치를 함의하면서 특성 '생태관광 시장'의 시스템 안에서 생태관광을 정의하자는 것이다. 광의의 개념적 틀에서 한국과 독일의 생태관광 현황을 생태관광의 요소별 여건을 토대로 고찰했다. 물론 비교 대상의 분석 수준이 한 국가와 다른 국가의 한정된 지역 도시라는 점에서 단순 비교의 연구는 한계점을 갖고 있지만, 어느 정도 대표성을 지닐 만한 보편성을 가지고 있기 때문에 큰 문제는 되지 않는다고 본다.

관광 요소별 여건 비교를 통한 양 국가의 생태관광의 특징과 차이를 고려해 우리나라의 새로운 생태관광의 전략 과제로서 ① 생태관광의 비전과 목표의 명확화, ② 주민 참여를 통한 생태관광 여건 개발, ③ 생태관광 자원의 확장과 혁신, ④ 생태관광 자원의 체계적 보전관리, ⑤ 생태관광 개발 거버넌스 구축, ⑥ 효율적인 지역관리 프로그램 및 고질의 생태상품 개발, ⑦ 생태관광 시설의 창조적 혁신 등을 제시하고 있다. 향후 생태관광이 지속적으로 증가될 전망이고 생태관광이 '저탄소 녹색성장과 지역 발전'에 크게 기여할 자원임이 틀림없다. 오늘날 기후변화와 생물다양성 보전 등 지구 환경문제는 개별 국가문제로 귀착되고 우리나라 또한 국제 동향에 발맞춰 가야 하는 중대 시점에 놓여 있다. 우리나라도 지속 가능한 발전이 국가의 이념으로 받아들여지고 저탄소 녹색성장이 구체적인 수단이 되면서 관광 분야에서도 기존의 '대중관광'의 패턴이 '생태관광'의 패턴으로 옮겨가고 있다. 따라서 성장과 보존이 조화를 이루는 녹색성장과 지역 문화 발전을 아우르는 현세대와 미래 세대의 공존 복지를 위한 새로운 생태관광 전략이 강력히 요구된다. 따라서 국가적 차원에서 강한 의지를 갖고 지역 주민과 마주해 현실 적합적인 새로운 생태관광 대안을 지속적으로 모색해 나가야 할 것이다.

## 제2편 참고 문헌

강문수(2013). 도시개발사업 패러다임 변화에 따른 법제개선 방안 연구. 한국법제연구원.
강영애·민웅기·김남조(2011). IPA를 이용한 국립공원 생태관광프로그램의 매력성 분석. 『관광연구논총』. 23(1).
공동성 외(2015). 『한국거버넌스 사례연구』. 대영문화사.
국립환경과학원(2016). 「대기오염배출량(http://airemiss.nier.go.kr)」.
_____(2018). 「고농도 미세먼지 정확도 향상을 위한 개념모델 개발연구보고서」. 국립환경과학연구팀.
국무총리실 기후변화대책기획단(2008). 기후변화 대응 종합기본계획.
권영성(2003). 『헌법학 원론』. 법문사.
기후변화대책위원회(2008). 기후변화 대응 국가연구개발 중장기 마스터플랜.
김광구(2009). 문제해결 기제로서의 로컬거버넌스의 과제. 『국정관리연구』. 4(1).
김상태·유광민·김남조(2012). 국립공원 생태관광체험 프로그램으로 인한 지역경제 파급효과분석. 『관광연구논총』. 24(2).
김성진(2002). 『생태관광 진흥방안 연구』. 한국문화관광정책연구원.
김영·김기홍·박진호(2008). 마산시 도심쇠퇴현상 분석과 도시재생 방향 설정에 관한 연구. 『국토계획』. 43(7).
김영 외(2010). 통합창원시 도시재생 요인 분석에 관한 연구. 『도시행정학보』. 23(4).
김영환·최정우·오덕성(2003). 성장관리형 도심재생의 기본전략 및 계획요소. 『국토계획』. 38(3).
김용웅(1996). 도시개발의 개념적 고찰. 황명찬 편. 『토지정책론』. 경영문화원.
김용표(2017). 초미세먼지 문제 해결을 위한 연구 및 정책 방향. 『한국대기환경학회지』. 33(3).
김용희(2017). 재생에너지와 원자력, 얼마든지 함께 갈 수 있다. KAIST 원자력 및 양자공학과 교수. 중앙일보, 10월 12일, 시론.
김의영(2014). 『거버넌스의 정치학: 한국 정치의 새로운 패러다임 모색』. 명인문화사.
김재광(2014). 도시재생 관련 법제의 현황과 법적 과제. 『토지공법연구』. 64. 한국토지공법학회.
김재석·도영준(2005). 『도시학사전』. 기문당.
김정렬(2000). 정부의 미래와 거버넌스, 신공공관리와 네트워크. 『한국행정학보』. 34(1).
김준연·남영우(2010). 도시재생 사업의 국내·외 사례분석을 통한 방향성 제고에 대한 연구.
김창길·정학균(2008). 농업부문 녹색성장의 개념과 추진과제. 「녹색성장 심포지엄발제자료」. 한국농촌경제연구원.
김창석(2008). 도시재생 관련 법제 및 지원체계 개발의 필요성. 『대한건축학회지』. 52(7).
김철수(2008). 『헌법학 개론』. 박영사.
김해창(2003). 『환경수도, 프라이부르크에서 배운다』. 이후출판사.

김혜천(2003). 도심공동화 문제의 이해와 도심재생의 접근방법. 『도시행정학보』. 16(2).
_____(2013). 한국적 도시재생의 개념과 유형, 정책 방향에 관한 연구. 『도시행정학보』. 26(3).
대한국토도시계획학회(2004). 『서양도시계획사』. 보성각.
독일연방환경성(2007). KIST Europe(www.kist-europe.de/index.php/en). 유럽환경정보.
동종인(2019). 남북한·중국·몽골 등 환황해권 환경협력체 필요하다, 중앙일보, 3월 11일, 시론.
두성규(2013). 도시재생법 제정과 향후 도시재생정책의 추진 방향. 『부동산포커스』. 67.
목원석(2018). 이산화탄소 스트림의 저장과 환경영향평가 제도에 관한 연구. 숭실대학교 대학원.
문화체육관광부(2010). 『생태관광 통계조사』.
박균성·함태성(2017). 『환경법』(제8판). 박영사.
박길용(2009). 녹색 거버넌스 구축을 위한 시민 참여 방안, 『2009년 강원대 포럼 상반기 정기포럼자료집』.
_____(2009). 녹색성장정책, 그 과제와 발전정책, 『2009년도 춘계정기학술대회자료집』, 한독사회과학회.
_____(2013). Eine Studie zur Stadtplanung einer Ecocity- Vergleich zwischen Deutscland und Korea, Koreanisch-Duetsche Gesellschaft für Sozialwissenschaften. 23/2.
_____(2014). 『현대환경학』(제2판). 대영문화사.
_____(2017). 환경문제와 치유의 행복 : 생태 철학적 접근을 통하여. 『철학논집』. 50: 70. 서강대학교 철학연구소.
박대근·정다운·김홍순(2009). 계획요소의 분석을 통한 도심재생사업의 평가. 『도시행정학보』. 22(3).
박병식 외(2009). 『현대도시화 행정』. 대영문화사.
박상현·김영갑·문승일(2014). 『관광학 개론』. 이프레스.
박영주(2010). 뉴거버넌스와 사회계약, 시민, 정부, 시장 간 역할과 책임의 모색. 『한국행정학보』. 34(4).
박영철(2005). 독일과 영국의 도시재생에 관한 연구. 대진대학교 석사학위논문.
박종기·진경일(2012). 생태도시 구축을 위한 계획 특성에 관한 연구. 『한국생태환경건축학회논문집』. 12(4).
박현준·이인원(2009). 지역개발정책 수단으로서 협력적 지역 거버넌스의 형성. 『한국정책학보』. 18(2).
서울연구원(2017). 대기오염에 대한 지역별 및 국내배출원 기여도.
서정주(2005). '지몬스발트(Simonswald) 생태관광' 지역신문발전위원회 도농교류 공동체재단.
소병천(2018). 미세먼지 문제에 대한 환경법: 정책적 소고. 『환경법연구』. 40(3).
손동욱(2008). 도시재생사업과 주민참여. 『건축』. 52(7).
손병주(2017). 왜 한국은 중국발 미세먼지에 굉장히 순진하게 대처하는가, 서울대 지구환경과학부 교수. 중앙일보, 6월 16일, 30면.
송창근(2017). 초미세먼지에 대한 종합적·과학적·다학제적 연구 제언, 『한국방재학회지』, 17(3): 34.
스턴(Nicholas Stern)(2006). 기후 변화와 경제학, 『스턴 보고서』.

스티븐 웨어링·존 니일(Stephen Wearing & John Neil) 지음, 채예병·김현지 옮김(2012). 『생태관광론(Ecotourism)』. 한울.

심우배(2008). 독일 함부르크 하펜시티 도시재생사업. 『지역과 발전』. 8.

양은경·오덕성·최준석(2008). 일본 미나토 미라이 21지구에서의 도시재생 사례에 관한 연구. 대한국토도시계획학회 춘계산학협동학술대회 발표논문.

에너지관리공단(http://www.kemco.or.kr).

오진규(2013), 『에너지 부문의 기후변화 대응과 연계한 녹색성장연구』. 한국에너지연구원.

원제무(2012). 『탈근대 도시재생』. 도서출판 조경.

유엔 기후변화에 관한 정부간위원회(IPCC)(2007). 제4차 기후변화평가보고서.

윤용건·김봉준·이범관(2009). 도시재생사업의 발전 방향에 관한 연구. 『대한부동산학회지』, 27(1).

윤용희(2008). 환경정책기본법 제7조의2 해석에 관한 연구. 서울대학교대학원.

윤정란(2007). 중소규모 역사도시의 도심상업지 재생방안 연구: 전라북도 전주시의 도심상업지를 중심으로. 『국토계획』. 42(3).

이금진(2008). 도시재생과 지역활성화를 위한 버밍엄 브린들리플레이스 수변복합개발 특성. 『대한건축학회논문집』. 24(3).

이동수(2014). 도시정비사업의 추진전략과 법적 과제. 『토지공법연구』. 66. 한국토지공법학회.

이명석(2010). 협력적 거버넌스와 공공성. 『현대사회와 행정』. 20(2).

이명훈 외(2013). 한·일 도시재생 특별법 비교를 통한 개선방향 연구. 『국토계획』. 48(6).

이상훈·황지욱(2013). 도시재생의 정책배경과 패러다임 전환. 『국토계획』. 48(6).

이영아(2010). 영국의 사회경제적 도시재생 : 맨체스터 사례. 『국토』. 348.

이일희·이주형(2011). 지속가능성을 위한 도시재생 계획 요소에 관한 연구. 『한국도시설계학회지』. 12(6).

이재우 외(2014). 도시재생특별법의 시행 방향과 과제. 『도시정보』. 382. 한국도시계획학회.

이종수 외(2008). 『새 행정학』. 대영문화사.

＿＿＿＿(2014). 『새 행정학 2.0』(제1판). 대영문화사.

이주형(2010). 『21세기 도시재생의 패러다임』. 보성각.

이지현·남진(2016). 도시재생특별법과 도시재생 관련법의 정합성 분석 연구. 『도시행정학보』. 29(1).

이창우(2005). 도시계획과 환경계획 간의 연계성 제고 방안. 한국환경정책학회학술대회.

이현주·정여민·김선태·이우섭(2018). 한반도 미세먼지 발생과 연관된 대기 패턴 그리고 미래 전망. 『한국기후변화학회지』. 9(4).

일본산업기계공업회. http://www.jsim.or.jp.

임서환(2007). 도시재생 R&D 사업의 과제와 추진 배경. 『한국도시행정학회 학술발표논문집』.

장임석·이재범·서인석(2017). 생활 속으로 들어간 미세먼지. 『한국방재학회지』. 17(3).

정래권(2008). 기후변화와 녹색성장, 『한국환경교육학회 발표논문집』.
정문기(2009). 지역개발의 협력거버넌스. 『한국행정학보』, 43(3).
조중현·김용근(2014). 생태관광의 새로운 해석과 비전. *International Journal of Tourism and Hospitality Research*, 28(1).
주택도시연구원(2006). 『일본의 도시재생 사례와 시사점』. 22.
주현수(2018). 고농도 미세먼지 피해저감정책. 『국토』, 441.
최갑천(2018). 국민의 숨쉴 권리, 영토주권이 먼저다. 『석유와 에너지』(봄호): 19.
최용림(2012). 도시재생 활성화를 위한 공법적 연구. 창원대학교 박사학위논문.
최종헌·김재근(2009). 공공갈등에서 협력적 거버넌스의 구성과 효과에 대한 연구. 『지방행정연구』, 23(4).
최창규 외(2003). 도시재생에 따른 그린도시의 인프라 구축에 대한 기본 방안. 『지반환경』, 9(4).
최현주(2017). 환경 위험 인식과 친환경행동 의도 제고를 위한 커뮤니케이션 전략연구. 성균관대학교 신문방송학과 박사학위 논문.
통계청(2018). 「사회조사 보고서」.
폴린(Robert Pollin)(2008). 경제 성장과 일자리 창출을 위한 미국의 녹색정책, 『국제노동 브리프』.
「한국의 생태관광 발전전략모색 권고안」(2002).
허영(2004). 『한국헌법론』. 박영사.
홍윤순(2012). 『녹색문화도시 프라이부르크 읽기』. 나무도시.
홍윤철(2019). 미세먼지, 뇌졸중 등 일으켜 한국인 평균수명 6개월 단축, 서울대학교 의과대학 환경의학연구소장. 중앙일보, 3월 8일, 27면.
홍준형(2017). 『환경법특강』(제2판). 박영사.
환경부(2002). 「생태관광 지침 개발 및 활성화 방안」.
\_\_\_\_\_(2008). 2009년도 업무보고서.
\_\_\_\_\_(2013). 『환경백서』.
\_\_\_\_\_(2014). 보도자료. '환경 살리기 여행, 생태관광 성공모델 4개 마을 육성'.
\_\_\_\_\_(2015). 「환경정책 브리프(Briefs)」 제3호.
\_\_\_\_\_(2016). 『환경백서』.
\_\_\_\_\_(2016). 미세먼지, 도대체 뭘까?
\_\_\_\_\_(2018). 『환경백서』.
환경부·문화체육관광부(2008). 「생태관광 활성화 방안」.

Agard, M.T.(1993). Acoommodating Ecotourism in Multiple Use Planning of Coastal and Marine Protected Areas. *Ocean & shoreline management*, 20(3).

AirVisual(2019). 2018 World air quality report(www.airvisual.com).

Amy, A. Fraenkel(1989). The Convention on Long-Range Transboundary Air Pollution : Meeting the Challenge of International Cooperation, *Harvard International Law Journal*. 30(2): 422-427(Article 5 of the Convention)

Andersen, M. S & D. L (1997). *European environmental policy : The pioneers*. Manchester i University Press. UK. Environmental Politics.

Ansell, C. & Gash, A.(2007). Collaborative Governance in Theory and Practice, *JPART*. 28(4).

Applegate, J. E. & Clark, K.E.(1987). Satisfaction levels of birdwatchers: an observation on the consumptive-nonconsumptive continuum. *Leisure Sciences*. 9.

Bae, H. J.(2014). Effects of short-term exposure to PM10 and PM2.5 on mortality in Seoul, *Journal of Environmental Health*. 40(5).

Blakeley, G. & Evans, B.(2009). Who participation, How and Why in Urban Regeneration Projects?, *Social Policy & Administration*. 43(1).

Burgess, J. & Clark, J.(2009). Practitioner evaluation of participatory processes in environmental decision making, *Governing Sustainability*. Cambridge University Press.

BMU(2007). Bundesministerium für Umwelt.

BNatSchG(2015). Bundesnaturschutz gesetz. *Kapitel*. 1(1).

Brabazon, J. & Schweitzer, Albert(1975). *A biography*, New York.

Butler, R. W.(1990). *Journal of Travel Research*.

Cater, E.(1993). Ecotourism in the Third World: problems for sustainable development. *Tourism Management*. 14(2).

Cebllos-Lascurain, Hector(1987). Ecotourism as worldwide phenomenon. K. Lindberg & D. Hawkins(eds), Ecotourism: *A Guide for Planners and Managers*. North Bennington: The Ecotourism Society.

Coleman, James(1988). Social Capital in the Creation of Human Capital. *American Journal of Sociology*. 94.

Frey. Wolfgang(2013). *FREIBURG GRÜEN STADT- Wege zu einer nachhaltigen Stadtentwicklung*. Verlag Herder GmbH.

Fridley, D., Lu, H., & Liu, X. (2016). *Key China Energy Statistics 2016*, Lawrenc-Berkley National Laboratory Press, Berkley, U.S.A.

Fukuyama, Francis(1995). *Trust: The Social Virtues and the Creation of Prosperity*. New York : Free Press Paperbacks.

HafenCity Hamburg(2010). Staedtebau, Freiraum und Architektur, Hamburg. Gesellschaft für Hafen-Standortentwicklung mbh.

HafenCity_Hamjburg_Fact_Sheet_October_2018.pdf

Heo J. B, (2010). Source apportionment receptor modeling for air quality management: Applications in public health studies, PhD. Thesis, Seoul National University.

IEA(2012). $CO_2$ highlights.

Jessop, Bob(2000). Government Failure, in All Seasons?, *Public Administration*.

Jo E J, Lee WS, Jo HY, Kim CH, Eom JS, Mok JH, Kim MH, Lee K, Kim KU, Lee Mk, & Park HK (2017). Effects of particulate matter on respiratory disease and the impact of meteorological factors in Busan, Korea. *Respiratory Medicine*. 124.

Jong Han Leem, Soon Tae Kim, & Hwan Cheol Kim (2015). Public-health impact of outdoor air pollution for 2nd air pollution management policy in Seoul metropolitan area, Korea, *Annals of Occupational and Environmental Medicine*. 27(1).

Joy, A. & Motzney, B.(1992). Ecotourism and Ecotourists: Preliminary Thoughts on the New Leisure Traveller. AM A Winter Educators Conference. 3.

KOTRA(2013). http://www.globalwindow.org

Laden, F., Naess, L. M. Dockery, D.W., & Schwartz, J.(2000). Association of fine particulate matter from different sources with daily mortality in six US cities. *Environmental Health Perspective*. 108.

Lang, T.(2005). Insights in the British Debate about Urban Decline and Urban Regeneration. IRS Working Paper, Leibniz Institute for Regional Development and Structural Planning(IRS).

Maynard, D., Coull, B A. Gryparis, A., & Schwartz, J. (2007). Mortality risk associated with short-term exposure to traffic particles and sulfates. *Environmental Health Perspective*. 115.

MSIP(Ministry of Science, ICT and Future Planning) (2016). R & D strategy against particulate matters pollution, Report Number 2016R2A1A1928779.

NIER(National Institute of Environmental Research)(2009). A study for complementary measures of basic plan on the metropolitan area air quality management. Research report.

Pearson, L.(2002). Nature Bond Ecotourism principles are an important guide to developing and maintaining the increasingly popular eco tourist resort destinations. *Urban and*. 61(8).

Peters, B. Guy & Pierre, John(1998). Governance Without Government? Rethinkin Public Administration, *Journal of Public Administration Research and Theory*. 8(2).

Pope III, C. A. & Dockery, D. W.(2006). Health effects of fine particulate air pollution: Lines that connect, *Journal of the Air & Waste Management Association*. 56.

「Quebec Declaration on Ecotourism」. 2002.

Rhodes, R.A.W.(1995). The New Governance, Governing Without Government, The State of Britain Seminars 11. Swindon ESRC.

Roberts, Peter & Sykes, Hugh(2000). *Urban Regeneration: A Handbook*. London: SAGE Publications.

Rowe, G. & Frewer, L.(2000). Public participation methods: a framework for evaluation, *Science, Technology and Human Values*. 25.

Siebel, W.(2006). Zukunft des Wohnens, in: *Archplus, Zeitschrift für Architektur und Städtebau*, Jg. 38, Nr.

Stoker, Gerry(1998). Public-Private Partnerships and Urban Governance, in Jon Pierre(ed.), *Partnerships in Urban Governance*, London: Macmillan Press Ltd.

Trail smelter case(United States, Canada).(1917). Reports of International Arbitral Awards. Vol(III).

Urban Task Force(1999). Towards an Urban Renaissance : Final Report of the Urban Task Force Chaired by Rogers of Riverside. UK.

Valentine, P.S, *Nature-based Tourism, in Special interest tourism*. Belhaven Press, London.

Wallace, D.(1992). Is Ecotourism for Real. *Landscape Architecture*. 82(3).

http://blog.naver.com/min39/130033416279
http://greengrowth.org
http://makehopecity.com/boad
http://www.blog.daum.net/dasiberlin/73.
http://www.cnbnes.com
http://www.ecotiger.co.kr 2013-14.
http://www.hafencity.com.
http://www.simonswald.de "Mit informationen zu Tourismus, Kunst, Politik, Kultur und Wirtschaft".
http://www.simonswald.de/data/index.php.
http://www.zweitaelerland.de/Media/Orte-im-ZweiTaelerLand/Simonswald
http:/www.freiburg.de.
http:/www.giti.kr.
http:/www.greengrowth.go.kr
http:/www.koreapeace.or.kr
http:/www.waterindustry.co.kr
www.abfallwirtschaft-freiburg.de

www.freiburg.de/greencity
www.freiburg.de/greencity
www.freiburg.de/gruenanlagen
www.freiburg.de/verkehr
www.freiburg.stadtbesten.de
www.kleehaeuser.de
www.rieslfeld.de
www.rieselfeld.freiburg.de
www.stadtteilverein-vauban.de
www.vauban.de
www.wiki.stadt.freiburg.de

Ecocity Studies

# 03편

## 한국의 미래 생태도시 전망

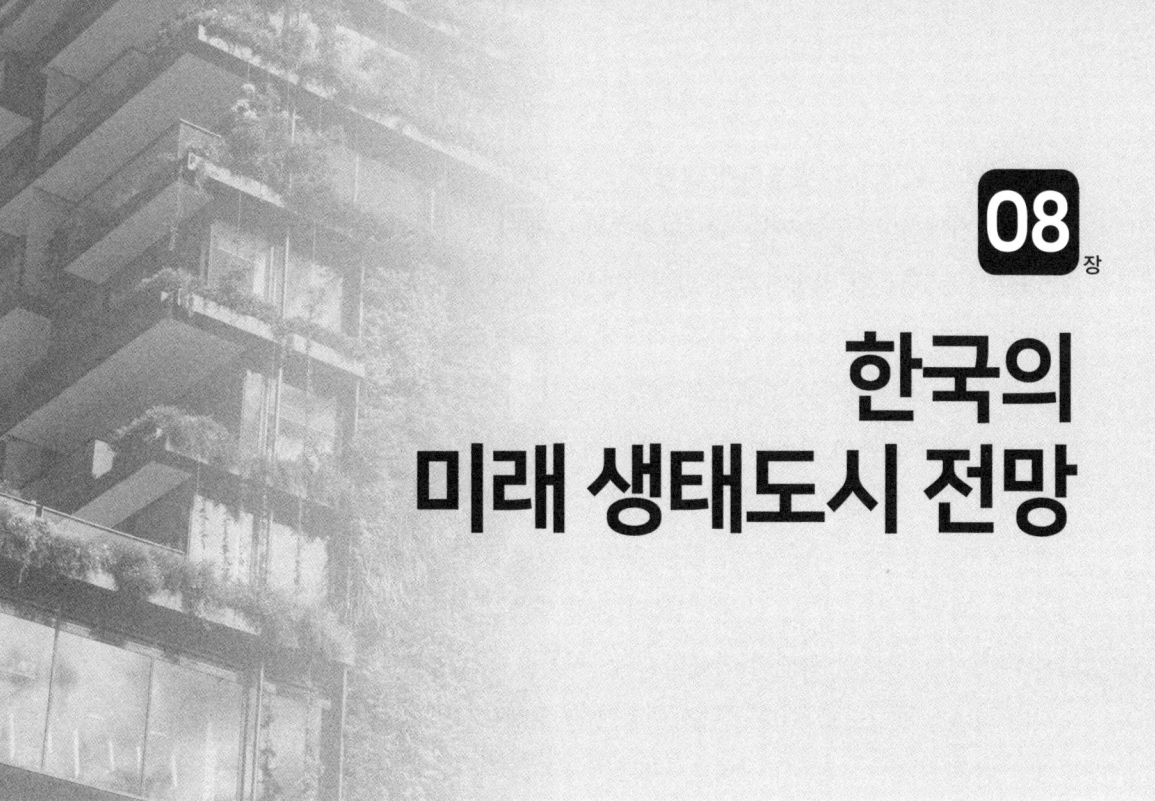

# 08장
# 한국의 미래 생태도시 전망

## 제1절  서론

이 장에서는 한국의 미래 생태도시 전망(prospect)을 구상해 본다. 더 나은 미래 도시를 설계하기 위해서는 현재 도시 모습의 성찰과 통찰이 요청된다. 우리나라는 전쟁이 끝나고, 1960년 초부터 근대화의 시작으로 도시의 모습을 갖추기 시작했다. 이촌향도로 서울을 중심으로 몇몇 대도시가 중구난방식 도시 건설이 이뤄졌다. 특히 성장제일주의라는 국가정책 기조에 힘입어, 압축 성장의 영향은 기형적인 도시를 만들었다. 급속한 인구 집중에 따른 도시기반시설의 확충정책은 교통 위주의 도시 건설이나 부족한 주택 공급 위주의 택지 건설, 산업활동에 필요한 토지와 건축물 보급 등, 도시의 외적 성장이 주된 목표였다. 도시정책이 인간 중심에 초점을 두고 이뤄지다 보니 자연녹지에 대한 생태·환경의 중요성이 주목받지 못했다.

1970년대 중반에 접어들면서 환경 보전에 대한 생태적 개념이 서서히 눈을 뜨기 시작했다. 도시 외곽의 자연녹지가 그린벨트 보전이라는 이름으로 형성되고 도시정책의 변화가 시작됐지만, 도심 개발에는 환경계획이 제대로 반영되지 않은 난개발이 지속됐다. 또한 1995년부터 지방자치가 실시되면서 도농 도시 할 것 없이 모두 정치적 논리에 따라 업적 위주의 가시적인 양적 개발에 함몰돼, 도시는 황폐화에 가까운 회색도시로 변모했다. 모든 도시는 거대도시 서울을 도시 개발의 전범(典範)으로 삼았다. 도시정부는 도시 개발을 통해 인공시설 환경만을 잘 조성·관리하는 것만을 도시민의 복리 증진을 위해 해야 할 행정책임의 전부인 것으로 오인해 왔다. 따라서 생태·환경과 거리가 먼 크고 높고 많이 수용할 수 있는 고밀도 인공도시를 추구했다. 특히 수도권 인구집중으로 과밀지구의 발생, 실업, 건물의 불량 및 노후화, 각종 도시기반시설의 부족에 따른 무질서한 도시의 평면적 확대와 기능 저하를 유발했다. 이뿐만 아니라 무분별한 도시의 외연적 팽창으로 수도권 중심으로 많은 위성도시의 생성, 도심에서 교외로의 이동으로 인한 교통난, 구도심 쇠퇴로 공동화(空洞化) 현상 등이 나타났다.

이에 따라 도시의 공간 기능과 질서의 재구조화가 시급했다. 1980년 이후 산업 및 첨단 정보기술의 발달로 도시 기능이 고도화됨으로써 기존 도시환경에서 계획적이고 미래 지향적인 도시환경으로의 변화가 요구됐다. 이러한 시대 및 도시의 변화에 부응하는 가장 효율적이고 적극적인 도시계획 수단으로 '도시재개발(urban redevelopment)' 및 '도시정비사업'이 대두됐다. 이후 지속적으로 도시정비사업의 이름으로 재개발이 시행돼 왔지만, 되레 도시경제와 환경에 악영향을 미치는 경우가 다반사였다. 즉, 도시의 물리적 환경과 사회구조, 경제 기반, 문화, 환경 상태를 동시에 개선하는 데는 한계를 갖고 있었다. 20세기 중반 이후 서구 사회는 기존 도시의 노후화와 더불어 도시 전체의 경기 침체로 도심의 쇠퇴를 극복하고자 대두된 이론이 '도시재생(urban regeneration)'이다. 이는 기존의 재개발 개념과는 달리, 도심 특정 지역에 대한 전략적 재활성화 방안 마련을 통해 도시 전체의 균형 발전을 이룬다는 새로운 도시 발전 패러다임으로 소개됐다. 우리나라도 정부 차원에서 도시재생사업을 추진하기 위해 '도시재생사업단'을 2007년에 출범시켜 2013년 「도시재생특별법」을 제정해 지금까지 시행해 오고 있다. 현재는 도시재생 뉴딜정책이란 이름으로 전국적으로 수십조 원의 예산을 투입해 도시재생사업을 벌이고 있지만, 이 또한 추구하는 목표에 비춰봐 큰 성과를 기대하기 어려워 보인다.

왜냐하면, 도시재생의 철학과 분명한 비전이 부재하고 여전히 기존 '도시재개발'의 틀을 크게 탈피하고 있지 못하고 있기 때문이다. 이에 따라 이 장에서는 현재 우리가 추구하는 도시재생의 개념을 포괄하는 녹색성장의 생태도시를 구현하는 접근법을 조망하고자 한다.

## 제2절　미래 생태도시 전망

### 1 도시철학 : 진·선·미

도시는 철학이 있어야 한다. 철학이 있어야 도시의 미션-비전-목표 등을 체계화 할 수 있다. 도시의 철학은 도시의 자아실현을 이루는 주춧돌이라고 할 수 있다. 인간이 공동체 안에서 자아실현을 이루는 것이 삶의 궁극적인 목적이듯이, 도시 또한 자아실현을 이루는 것이 도시의 최고의 가치다. 자아실현을 성공적으로 이루려면 꼭 필요한 것이 두 가지가 있다. 하나는 각자가 지닌 이상적 가치관이고, 다른 하나는 그 가치관을 실현하는 데 필요한 잠재적 가능성의 계발이다. 즉, 도시로 말하자면 도시의 '가치관'과 '지역자본'일 것이다. '가치관(values)'은 인간이 자기를 포함한 세계나 그 속의 어떤 대상에 대해 가지는 평가의 근본적 태도나 관점을 말한다. 즉, 옳은 것, 바람직한 것, 해야 할 것과 또한 하지 말아야 할 것 등에 관한 일반적인 생각과 태도를 말한다. 도시 또한 이상적 가치관에 뿌리를 두고 발전해야 한다. 도시가 지향하는 가치관이 없으면 죽은 도시나 마찬가지다. 결론적으로 도시의 가치관은 도시철학이라고 말할 수 있다. 좀 더 단순화시켜 본다면, 진(眞)·선(善)·미(美)의 조화다. 왜냐하면 도시의 자아실현은 궁극적으로 시민의 '생명'과 도시의 '지속성'을 담보하기 때문이다. 그렇다면 도시의 진·선·미는 무엇인가?

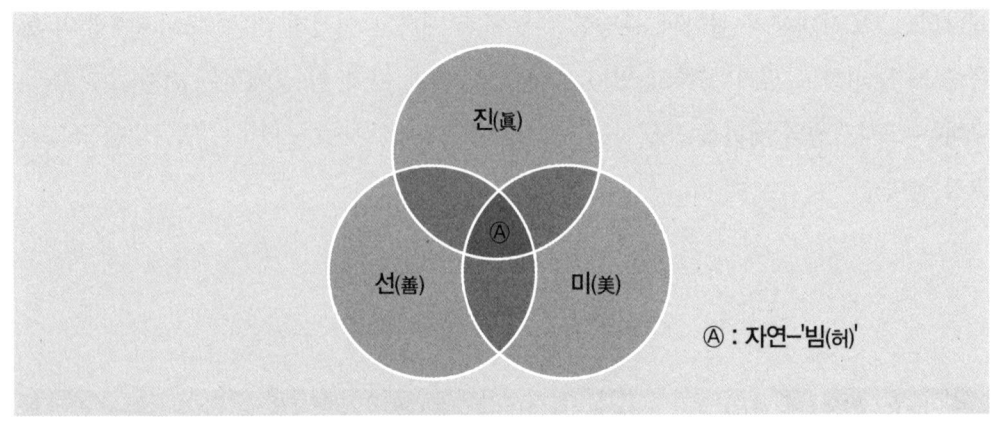

[그림 8-1] 도시철학의 근간인 진·선·미

## 1) 도시의 진(眞)

오늘날 도시는 삶의 심장이다. 그 심장은 '생명'이 주체가 돼야 한다. 우리가 지향해야 할 도시의 생명은 평화·자유·빛이다. 이 세 가지를 인식하고 받아들일 수 있는 능력이 '진(참다움)'이다. 한국의 도시는 참을 진지하게 수용하지 못하고 있다. 평화가 아니라 폭력에 가깝고, 자유가 아니라 억눌림에 시달리며, 빛을 잃고 어둠과 타협하고 있다. 무질서한 불법 시설물과 광고 현수막, 온갖 소음과 진동, 쉬지 않고 뿜어내는 온실가스, 일조권이 침해당한 빽빽한 건물, 무질서하게 늘어선 고층 아파트, 골목골목마다 빼곡하게 늘어선 자동차 주차 대열, 녹지가 뭉개진 차가운 아스팔트, 시위와 데모 등, 현기증 나는 도시 멀미(city sickness)로 시민들의 눈은 지치고 마음은 스트레스로 황폐해지고 몸은 거칠어지고 있다. 여기에서 생명과 지속성은 무너져 가고 있다. 오직 인간의 편리함과 효율성에 삶이 묶인 무차별적인 인공생태계로 도시의 참이 파괴되고 있다. 공생이라는 큰 맥락에서 생명을 회복하는 녹색 실핏줄로 도시생태계를 재구축해야 도시의 진을 회복할 수 있다. 이는 식물화돼 가는 비인간적인 삶을 생명의 극대화로 바꾸는 생태도시로의 전환이다.

## 2) 도시의 선(善)

선은 '진'을 실천할 수 있는 능력이다. 즉, 실천의 에너지다. 도시의 평화와 자유와 빛을 찾는 일에 정부와 시민은 소통해야 한다. 소통은 진정한 실천의 통로다. 도시는 인간과 자연이 소통할 수 있는 공존의 의지가 필요하다. 그 공존의 선한 의지(good will)가 '공유지의 비극'을 막을 수 있다. 우리의 도시는 소통이 단절된 혼돈으로 가득하다. 그간의 압축 성장정책은 도시행정의 절차적 정당성을 무시했고, 도시민의 자발적 참여와 협치의 의지를 억압했다. 정부 주도의 권위적이고 즉흥적인 도시정책은 생명 소통의 끈을 끊어버렸다. 그 결과 도시의 생명 가치인 진이 사라졌다. 도시화는 됐지만, 도시민의 삶의 질을 담보하는 진이 무너졌다. 도시는 공공 삶의 터전이면서 또 한편 인간을 끊임없이 물화(物化, reification)시키는 거대한 공룡과 같아서, 도시의 존엄성을 높이기 위해서는 공공의 삶을 중시하는 실천적 박애가 필요하다. 도시의 가치 제고는 그 도시에 사는 주민의 의식 수준과 정부의 역할 수준에 비례한다. 정부와 주민은 소통을 통해 진(眞)의 실천 의지를 확고히 해야 한다. 개인보다는 공동선의 실천 의지에 협력해야 한다. 상호 협치라는 선의 실천 의지를 위해 민주적 타협의 공간을 더욱 넓혀야 한다.

## 3) 도시의 미(美)

도시는 시민에게 아름다운 세계의 눈을 열어주고, 생명의 귀중함을 느끼도록 해주며, 시민의 안전과 건강을 지키고, 물질적·정신적 풍요함을 줄 수 있어야 한다. 도시의 미는 심미적 능력으로서 진을 인식하고, 선한 의지를 갖춤으로써 생겨나는 조화로움이다. 도시민에게 줄 수 있는 정신적 열매가 있어야 한다. 즉, 도시공간의 미학이라 할까? 도시는 건물, 도로, 이동 수단 및 시설물 등 물리적 공간의 미가 있어야 할 뿐만 아니라, 인간을 포함한 모든 생물의 다양성·자립성·안정성·순환성을 유지하는 자연생태적 조화로움이 녹아 있어야 한다. 이는 생태도시의 기본 특성을 지탱하는 아름다움이다.

이상의 세 가지 가치, 즉 진·선·미의 도시 철학이 조화를 이룰 때 생태도시가 완성된다. 이에는 생명과 지속성을 담보할 수 있는 바탕 에너지가 필요하다. 그 에너지는 '빔(虛)'이다. 이 빔은 도시의 지역자본이다.

## ❷ 도시의 지역자본 : 자연-'빔(虛)'

도시의 지역자본을 크게 보면, 그 지역 도시가 가지고 있는 일체의 인적·물적 자본이다. 이는 도시의 잠재적 가능성을 의미한다. 우리는 지난 산업화 과정에서 경제적 풍요를 얻은 것도 크지만 또 다른 기회 비용이 발생했다. 잃어버린 도시 자연의 회복 비용이다. 과거에는 모든 도시가 인간중심주의였지만 이제는 자연과 공생이란 의미 안에서 조화의 번영을 요구한다. 새로운 미래도시, 어떻게 번성할 것인가. 우리에겐 잃어버린 도시 자연-'빔(虛)'을 회복하는 것이 지역자본이 돼야 한다. 생태도시는 자연을 생태학적 의미에서 재해석하고 혁신하는 것이다. 여기서 노장(老莊)철학의 '빔(虛)'의 의미가 중요한 메시지를 던져주고 있다.

노장철학의 자연-'빔'은 도시철학을 완성하는 바탕 질료다. 인위적 문명의 한계성을 경계한 노장의 자연사상은 생태도시 건설의 지혜를 얻는 데 충분한 철학적 가치가 있다고 본다. 이 책 제1장에서 언급했지만, 노장의 근본 철학은 과도한 인위적 행위인 '유위(有爲)'를 경계하며 유기체적 관점에서 자연을 이해했다. 장자(莊子)는 "모든 만물은 하나다"[1]라는 만물제동(萬物齊同) 사상은 모든 사물을 차별하지 않는 정신적 절대 자유의 경지를 의미하며, 이는 생명의 경외함을 나타내 주는 것이다. 생명의 그릇이 '제물(齊物)'이라는 것이다. 즉, 인간중심주의 사고를 배제하고 '사물을 사물 그 자체로 보고,' 도(道)의 관점에서 봐야 공존공영할 수 있고, 이는 자기의 욕심을 버리고 허기(虛己)한 상태에서 있는 그대로 보는 '무위자연(無爲自然)'을 강조한다. 모든 생물체의 존재 가치를 인정하게 되며, 생명의 존귀함을 깨닫고 유기체적 전일적(全一的) 관계 속에서 인간의 생명을 극대화할 수 있다고 해석할 수 있다. 노자(老子)는 "도는 텅 비어 있다. 그러나 아무

---

1) 『장자』, 내편(內篇), 제물론(齊物論).

리 퍼내어 써도 고갈되지 않는다(道沖, 而用之或不盈)"[2]고 했다. 여기서 충(沖)은 그릇이 텅 비었다는 것으로 노자는 이것을 바로 '빔', 즉 '허(虛)'라고 부르는 것이다. 앞 [그림 8-1]에서 진·선·미의 바탕이 되는 공유점 Ⓐ가 바로 '빔'라고 할 수 있다. 모든 존재는 객관적으로 그 자체로서 존재하는 것이 아니다. 그 존재는 존재이게끔 하는 어떤 기능에 의해 그 존재 가치가 결정된다. 다시 말해서, 한 존재가 그 존재를 규정하고 있는 기능을 상실하면 곧 그 존재는 그 존재가 아닌 것이다. 그런데 그 기능의 상실은 곧 '빔'의 상실이다. 빔의 상실은 곧 존재의 상실이다. 이것이 '노자의 존재론(Laoistic ontology)'이다.

노자는 그릇을 채우려는 인간의 행위는 '유위(有爲)'라고 부른다. 유위란 곧 존재에서 허(虛)의 상실이다. 반면, 반대 방향의 행위, 즉 '빔'을 극대화하는 인간의 행위가 바로 '무위(無爲)'라고 부르는 것이다. 노자철학에서 '자연'은 바로 만물의 존재 방식이 '빔'을 극대화시키는 방식으로 유지될 때 '스스로 그러하다(自然)'고 하는 것이다. 스스로 그러하지 못하다는 것은 그 빔을 채워 버리는 방향, 그 빔을 근원적으로 파괴시키는 방향으로의 사태를 가리키는 것이다. 따라서 함이 없음, '무위(無爲)'는 아무것도 하지 않음이 아니라 빔을 유지하는 함이요, 그 빔을 유지하는 함이야말로 바로 스스로 그러함이라는 것이다. 이것은 당위(當爲)가 아니라 자연이다. 이것은 곧 모든 존재를 스스로 그러하게 내버려 둘 때는 반드시 스스로 그러하게 빔를 유지한다고 하는 자연의 모습을 가리키는 것이다. 인간의 유위적 행동만이 빔을 유지시키지 않으며 스스로 그러함을 거부한다는 것이다. 스스로 그러함은 존재의 자연이다. 여기서 우리는 허(虛)와 무위(無爲)와 자연(自然)이 하나로 노장절학에서 관통되고 있음을 발견한다. 그리고 그것이 바로 도(道)의 쓰임(用)이다(김용옥, 1999: 184-231). 즉, 노자의 자연-'빔' 철학은 오늘날 '생명'과 '지속성'을 지탱하는 생태도시 건설의 '핵심적인 지역자본'이다. 또한, 도시의 자아실현을 이룰 수 있는 바탕 에너지를 공급하는 생명의 탯줄이 될 것이다. 다음 [그림 8-2]에서 (그림 a)와 (그림 b)를 비교함으로써 노자의 유위와 무위의 개념을 통한 생태도시의 기본 철학을 이해할 수 있다.

---

[2] 『道德經』, 제45장, "大盈若沖, 其用不窮", 여기서 不窮과 不盈이 상통한다.

| (그림 a) | (그림 b) |
|---|---|
| 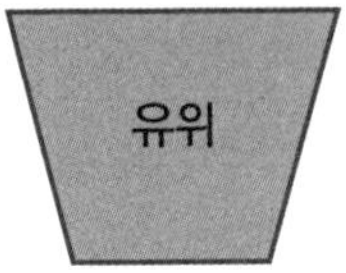 유위 | 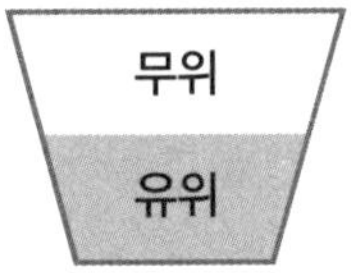 무위 / 유위 |
| 유위(물)로만 가득 채워진 물컵으로 이미 컵의 존재 기능이 상실됨. | 유위(물)와 무위(빔)의 균형 상태로 된 물컵으로 컵의 존재 기능이 살아 있음. |
| 회색도시 : 무위(녹지-허)가 없이 유위(건물, 도로, 차량 등)로만 가득 찬 도시로 도시의 존재 기능을 불가능케 함. | 생태도시 : 무위(녹지-허)가 유위(건물, 도로, 차량 등)를 살리는 도시의 존재 기능을 가능케 함. |

[그림 8-2] 노자의 존재론적 관점에서 본 '회색도시'와 '생태도시'

## ❸ 도시의 자아실현 : '생태도시'

도시의 자아실현은 진·선·미의 조화를 이룬 생태도시를 건설하는 것이다. 우리에게 미래의 생태도시 건설은 세 가지 요건을 충족시켜야 한다. ① 도시의 지역자본인 자연-'빔(虛)'의 회복이고, ② 녹색성장의 정책 과제를 성실히 수행하는 것, ③ 이와 더불어 도시 자체를 생태관광 시장화하고, 지역의 역사·문화를 재창조하는 것이다. 이들 세 가지 요건을 달성하기 위한 모형을 모색해 보기로 한다.

### 1) 도시의 지역자본인 자연-'빔(虛)'의 회복

미국의 사회 도시계획자 멈포드(Lewis Mumford)는 "신은 자연을 만들었으며 인간은 도시를 만들었다"고 했다. 도시는 사람이 만들어 낸 역사적 공간이다. 거기에서 빚어내는 다양한 에너지는 삶의 행복과 미래 문명의 동력이다. 인간이란 어떤 환경에서 살아가느냐에 따라 심성, 가치관, 세계관, 삶의 창조 방식이 달라진다고 한다. 행복도시란 무엇일까? 한마디로 정의하기는 어렵지만, 시민에게 아름다운 세계의 눈을 열어주고,

생명의 존엄성을 일깨워주며, 안전과 건강과 풍요함을 줄 수 있는 생태도시다. 도시의 자아실현은 인간의 자아실현을 돕는 유기적 관계며, 공유의 상생 가치를 만들어 가는 예술(art)이다. 도시는 생명을 이루는 공유의 공간이다. 아리스토텔레스(Aristoteles)는 목적론적 존재로서 인간이 자신의 잠재력과 가능성을 최대한 유감없이 발휘하는 것을 자아실현으로 봤고, 브라멜드(Theodore Brameld)는 문화의 전승과 창조에 참여함으로써 자아실현을 할 수 있다고 했다. 미국의 심리학자 머슬로(Abraham H. Maslow)는 생리적·안전·애정·자존감 등의 모든 욕구가 충족된 후에 마지막으로 가지는 욕구가 자아실현의 욕구라 했다. 이들의 생각을 종합해 보면 '자아실현(自我實現, self-realization)'이란 각자가 바라는 이상적 가치를 발견하고, 자신의 잠재적 역량과 소질을 스스로 찾아내어 삶의 과정에서 그것을 충분히 발휘하고 계발해 목적한 이상적 가치를 실현하는 것이라 할 수 있다. 도시의 자아실현도 동일한 관점에서 해석돼야 한다. 우리의 미래도시는 인간과 자연이 상호 자아실현을 이룰 수 있는 유기체적인 생태도시여야 한다. 지금 우리의 도시는 인공생태계를 이어줄 자연생태계가 무너졌기 때문에 도시의 자아실현을 이룰 수 없다. 무너진 도심의 자연생태계를 복원하는 것, 자연-'빔(虛)'이 우리의 도시 지역자본이다.

우리의 근대화는 앞 [그림 8-2]의 (그림 a)처럼 '회색도시(灰色都市, gray-city)'를 탄생시켰다. 압축 성장 과정에서 태어난 회색도시는 무자비한 자연 훼손에 바탕을 두고 있다. 건설자본의 논리에 따른 정치 권력과 자본 권력이 야합해 만든 부동산 개발과 과다한 소비적 탐닉으로 '빔(無爲=綠地)'이 사라진 도시에서 생명의 숨소리를 들을 수 없다. 빔이 없는 존재는 존재가 아니라 이미 죽음과 마찬가지다. 천지간 만유의 존재는 바로 '빔' 때문에 존재하는 것이다. (그림 b)에서 무위(빔=녹지)는 아무것도 하지 않는 것이 아니라 유위인 인공생태계를 지탱해 주는 에너지다. '빔'이 극대화할수록 도시에서 지친 인간이 생명 치유의 행복을 만끽할 수 있다. 도시의 빔인 '녹지공간'이 사라짐으로써 대기, 수질, 토양이 오염되는 회색도시로 변모했다. 자연-'빔'의 회복은 생태적 도시의 특성인 다양성과 자립성, 안전성과 순환성, 쾌적성과 심미성을 유지하는 바탕이다.[3]

---

[3] 독일에서는 생태도시와 유사한 개념으로 외코폴리스(öcopolis), 즉 생태계 보호와 인간성 회복을 바탕하는 도시

생태도시의 근간은 '녹지(greens)'다. 도시의 녹지는 생명과 지속성을 유지하는 질료다. 녹지는 도시 내의 열린 외부 공간으로서 아름다운 도시 경관을 형성하는 구성 요소일 뿐만 아니라 대기오염도와 열섬(heat island) 현상을 낮춰 도시의 쾌적성(amenity)[4]을 유지하고 증진시킨다. 특히 도심 공원녹지는 도시의 정서와 행복을 가늠하게 하는 사회적 지표며, 시민들이 생태계와 인간 환경에서 얼마나 건강하고 지속 가능한 삶을 영위하고 있는지를 나타내 주므로 일명 도시의 '생태 하부구조(eco-infrastructure)'라고 부르기도 한다(박길용, 2003: 238). 오늘날 도심의 녹지가 사라진 회색도시에 살면서 온갖 스트레스로 불안과 걱정·근심 등의 도시멀미로 뇌 기능에 장애를 일으켜 우울증과 다양한 정신질환에 시달린다. 우리는 지난 반세기 동안 성장 지상주의라는 개발의 기치로 인간과 자연이 상생하는 도시생태계를 설계하는 데 소홀했다. 행복이란 기준이 배려와 상생이 아닌 성과와 경쟁, 편리함에 두게 돼 도시의 물리적 공간이 인위의 욕망인 유위 (그림 a)로 가득 채워져 시민의 마음 밭이 황폐화됐다. 효율과 편리를 얻고 쾌적성과 생태성을 잃은 비인간적 도시는 행복을 기대할 수 없음을 방증하는 것이다. 도시의 공간에는 인간과 자연이 소통할 수 있는 생명의 의지가 스며 있어야 한다.

우리의 도시는 온통 유위로 가득 채워진 빌딩과 고층 아파트, 시멘트 도로로 도시의 젖줄인 빔을 폭력으로 추방하고 깔아 뭉개버렸다. 비가 오고 눈이 와도 안식할 곳을 잃어버리고 강으로 바다로 흘러가 버린다. 도시의 공간은 빔이 없는 조작적인 인위의 마력에 빠져나오지 못하고 있다. 정부는 국가 발전이라는 미명으로 빔을 끝없이 채우는 일에만 몰두해 왔다. 인간의 탐욕과 이기심은 빔의 자리를 빼앗은 지 오래다. 정부는 이제 도시의 시멘트를 걷어내고, 아파트 정책을 조정하며, 난개발을 멈추고, 대신 숲을 만들고 끊어진 녹지대를 이으며, 보행공간을 늘리고, 조각보 접근(건물 사이에 조각보 같은 초소형 공간을 늘리는 것)으로 자연과 인간이 함께 숨 쉴 수 있는 빔을 극대화하는 일에 몰두해야 한다. 모든 존재가 함께 공생하기 위해서는 빔을 회복하는 방향의 인

---

다. 일본에서 eco-city라는 개념으로 도시의 구조와 기능이 환경에 대한 배려가 잘 돼 있으며 자연과 공생하는 쾌적한 도시공간을 창조한 도시라고 한다. 즉, 쾌적성, 자립성, 순환성을 잘 갖춘 도시다(能本一規, "エコポリスの 思想", 須田春海 外, 「環境自治體の創造」, 1992).

[4] 어메니티는 단순히 공간적·물리적 쾌적함뿐만 아니라 사회적·정신적 쾌적함도 포함되는 것이다(우보명, 2003: 81).

간 행위가 있어야 한다. 인간은 만물의 존재 기능을 극대화할 수 있도록 돌보고 관리해야 할 청지기적 책임이 있다. 우리의 도시 자본은 경제적 효율과 화석연료가 아니라 자연-'빔'이다. 자연을 꿈꾸지만 말고 도시를 바꿔야 한다. 성숙한 도시는 다시 땅으로(back to land), 도시에 최대한 야생성을 끌어들여야 한다. 우리는 자연자본의 위대함을 경험하고 있다. 도시의 콘크리트를 걷어내고 하천을 사람들 곁으로 되돌린 청계천의 복원이다. 시작했다는 점이 중요하다. 녹색 실핏줄을 통해서 도시생태계를 재구축하는 녹색뉴딜(Green New Deal)이 돼야 한다. 도시의 구조와 기능을 편리함과 물질의 풍요를 넘어 '인권' 차원에서 접근해야 할 시간이 왔다. 도심의 녹지 비율을 50% 정도 끌어올려야 도시의 인권과 피조물의 복지를 이야기할 수 있다. 비인간적인 삶을 살고 싶지 않다면 도시의 야생공간을 우리의 삶으로 끌어안아야 한다.

### 2) 녹색성장의 정책과제 수행

도시의 자아실현은 생명과 지속성을 담보하는 녹색 뉴딜정책을 통해 달성된다. 즉, 녹색성장이다. 지금 우리가 추구하는 생태도시의 사회적 패러다임은 생태효율성을 지향하는 녹색성장이다. 녹색성장은 저탄소·친환경·자원 절약 등을 뜻하는 '녹색' 성장 전략에다 일자리 창출을 뜻하는 '뉴딜' 정책을 합한 말이다. 환경 위기와 자원 위기의 심화에 대비하고 신성장 동력을 확보하기 위한 녹색성장 전략과 일자리 창출 정책을 융합함으로써 경제 위기를 극복하는 한편, 경제를 녹색경제로 이행시킨다는 의미를 가지고 있다. 구체적인 정책 과제로 자원 사용의 최소화, 기후가스(탄소 배출) 등 환경 부하의 최소화, 신성장 동력 개발, 녹색시민 교육 강화 등에 초점을 맞추고 추진해야 한다. 녹색성장은 '생태 하부구조'가 바탕이 돼야 역동성을 갖는다. 특히 기후변화와 관련해 중·장기적 계획과 단기적 예산 편성을 유기적으로 연계시켜 추진해야 한다.

### 3) 지역의 역사·문화와 연계된 생태관광-문화도시 건설

21세기, 우리가 나아가야 할 도시의 자아실현은 녹색성장을 바탕으로 한 생태도시 건설이다. 우리는 도시자본을 더 이상 천박한 물질만능주의 가치에 멍들게 해서는 안 된다. 또한, 시장자본이 도시의 역사와 감성을 지워버리도록 방치해서도 안 된다. 도시에도 진실(眞)이 있다. 거리와 건물 하나에도 그 지역의 사고와 표현의 역사가 깃들어 있다. 이미지와 형태에만 집착하는 건물과 시각적 도시는 '생명'과 '지속성'을 담보하지 못한다. 오늘날 삶의 터전인 도시라는 물질에 시간과 자연의 공존을 발굴하고 경험해야 한다. 진·선·미라는 도시철학의 토대 위에 지역 속에 깃들어 있는 잠재적 역사·문화자본을 발견해 가꾸고, 그곳에 생태적 가치를 부여해야 경쟁력 있는 복지도시가 된다. 이처럼 도시의 복지는 전통과 사회, 경제와 생태의 맥락을 깊이 이해해야 달성할 수 있다.

미국, 경영컨설팅업체인 머서(Mercer)는 매년 전세계 450개 이상의 주요 도시 생활환경 조사를 실시해 230여 개 도시를 대상으로 39가지 세부 항목을 비교·분석해 그 순위를 발표하고 있다. 평가 영역은 △정치 사회환경, △경제환경, △사회 문화환경, △의료 위생 여건, △학교 및 교육, △공공 서비스 및 교통 시스템, △여가시설, △소비자 상품, △주택 및 자연환경으로 구성된다. 2020년 3월 '2019년 세계 주요 도시 삶의 질·생활환경(Quality of Living)' 순위를 발표했다. 종합 순위에서 2018년에 이어 가장 살기 좋은 도시로 오스트리아 빈(비엔나)이 10년 연속 1위를 차지했다. 2위는 스위스 취리히, 3위는 캐나다 밴쿠버, 독일 뮌헨, 뉴질랜드 오클랜드 3개 도시가 공동으로 올랐고, 6위 독일 뒤셀도르프, 7위 독일 프랑크푸르트, 8위 덴마크 코펜하겐, 9위 스위스 제네바, 10위 바젤로 나왔다. 아시아에서는 싱가포르(25위), 남미에서는 몬테비데오(78위), 중동·아프리카에서는 두바이(74위)가 대륙별로 가장 높은 순위에 올랐다. 반면 서울은 79위, 부산은 94위에 머물렀고, 도시 내부 안전 항목에서는 각각 106위, 99위로 더 떨어졌다. 서울과 부산은 10년 동안 큰 변화 없이 비슷한 수준을 보이고 있다(〈표 8-1〉 참조).

필자는 〈표 8-1〉에서 살기 좋은 도시로 선정된 곳을 방문해 며칠씩 머문 적이 있다. 이 도시들을 세밀히 관찰해 보면, 인간과 자연이 소통하고 생명과 지속성의 가치가 극대화돼 있다. 이는 생태계의 속성인 자립성·다양성·안정성·쾌적성·순환성·형평성 등이 정치, 경제, 사회, 문화와 유기성을 갖고 미래 세대의 이익을 고려하는, 즉 도

⟨표 8-1⟩ 2019년 세계 삶의 질·생활환경(Quality of Living) 종합 순위 상/하 10개 도시

| 순위 | 도시 | 국가 |
|---|---|---|
| 1 | 비엔나(빈) | 오스트리아 |
| 2 | 취리히 | 스위스 |
| 3 | 밴쿠버 | 캐나다 |
| 3 | 뮌헨 | 독일 |
| 3 | 오클랜드 | 뉴질랜드 |
| 6 | 뒤셀도르프 | 독일 |
| 7 | 프랑크푸르트 | 독일 |
| 8 | 코펜하겐 | 덴마크 |
| 9 | 제네바 | 스위스 |
| 10 | 바젤 | 스위스 |
| 79 | 서울 | 한국 |
| 94 | 부산 | 한국 |
| 222 | 코나크리 | 적도가나 |
| 223 | 킨샤사 | 콩고민주공화국 |
| 224 | 브라자빌 | 콩고 |
| 225 | 다마스쿠스 | 시리아 |
| 226 | 은자매나 | 차드 |
| 227 | 카르툼 | 수단 |
| 228 | 포르토프랭스 | 아이티 |
| 229 | 사나 | 예멘아랍공화국 |
| 230 | 방기 | 중앙아프리카공화국 |
| 231 | 바그다드 | 이라크 |

출처 : 머서(Mercer) 세계 주요 도시 주재원 삶의 질·생활환경(Quality of Living)조사(한국 삽입).

시의 자아실현이 잘 이뤄진 도시임을 금방 알 수 있다. 반면 우리의 도시들은 이러한

다양한 조건들의 미비로 도시의 질이 많이 떨어져 있다. 속도와 경쟁의 20세기 도시를 대체할 수 있는 공존과 느림의 도시가 아닐까 싶다. 우리는 무엇을 놓치고 있는 것일까? 우리가 의·식·주에 절박했을 때는 삶의 질에 마음을 쏟을 여유가 없었다. 그러나 성찰의 시점에서 우리는 물질 만능의 우상에 짓눌려 정신의 세계를 도륙(屠戮)당했다. 그 결과 우리의 도시들은 삶의 질이 추락한 비인간적인 회색도시로 변모하고 말았다. 〈표 8-1〉에서도 말해주듯이, 근 10년간 우리의 도시는 세계적인 경제 규모 13위에 비해 도시의 삶의 질은 80위 내외에서 멈추고 있다. 한국의 도시들은 수십 년이 지나도 여전히 도시의 내면은 빈곤하고, 늘어나는 것은 넓고 황량한 도로와 거친 시설, 쾌적성과 안전성이 사라져 버린 도시들뿐이지 않은가. 이제 우리에게 주어진 과업은 물질 중심에 갇힌 도시를 생명과 지속성을 부활시키는 일이다. 문제는 지난 산업문명의 이념적 틀에 포위된 시민의 경직된 사고다. 새로운 도시 발전은 얄팍한 상업 논리에 따른 부동산 개발이 아니라 도시의 질을 창조하는 데 주목하는 일이다. 즉, 도시철학의 진·선·미를 조화시키는 독창성과 개성이 만개하는 그린뉴딜(녹색성장) 도시재생이 돼야 한다. 녹색성장은 단순히 경제적 문제에 초점을 두기보다는 환경문제와 사회 그리고 지역의 역사와 문화가 통섭(統攝)되는 방향으로 나아가야 한다.

이의 달성을 위해서는 지역의 역사·문화와 연계된 생태관광 시장화가 필요하다. 도시 자체를 생태관광문화로 발전시킨다는 것이다. 그 좋은 사례가 제3장의 독일의 프라이부르크 생태도시와 함부르크의 하펜시티(HafenCity) 도시재생을 들 수 있다. 이들 두 도시가 지향하는 공통점은 생명과 지속성을 가치로 삼는 생태도시 철학에 입각한 '공간 디자인(장소성)'과 '지역자본(지역성)'의 창조적 혁신이다.

우선 도시의 장소성인 '공간 디자인'은 도시의 외형만을 성형하는 그런 작업이 아니라 도시생태계가 숨 쉬는 그릇으로 설계해야 한다. 도시는 인간의 영혼에 희망과 기쁨을 불어넣을 수 있고, 바람·돌·나무·꽃·물소리·새소리를 담아낼 수 있는 원시적 야생이 있도록 설계해야 한다. 현재 우리의 도시는 건물과 도로, 자동차 등 인공 물질에 주인자리를 내줬다. 도시의 주인은 물질이 아니고 인간이다. 인간의 삶은 생명 그 자체다. 생명을 극대화시키는 도시공간 디자인이 도시의 인권이며 복지다. 일반적으로 도시의 공간 구성은 도시 기능에 따라 배열된다. 좀 더 합리적인 도시공간이 되도록 주거, 서비스, 상업공간 등이 다양하게 공간상 혼합이 되도록 하고, 높은 삶의 질을 보장하고 다양한 거주생활의 장소로서 발전되도록 문화, 교육, 체육시설 및 사회 기반시설을 확보하고 공원, 산책로, 광장 등을 조성한다. 이와 더불어 친환경적, 경제적 그리고 지속가능성 있는 미래 지향적 도시 개발이 되도록 저(低)에너지, 저탄소 도시공간을 구성하도록 한다. 물론 최적의 공간 구성은 생태 기능에 따라 유기적으로 잘 소통할 수 있도록 배열하는 것이다. 특히 자연녹지와 인공물질 간의 쾌적성을 고려해 바람길을 찾아 소통이 원활하게 이뤄지도록 한다. 공원과 숲과 같은 도시녹지는 환경과 생태계 보존, 미기후(微氣候) 조절, 완충, 시선 유도 및 차단 효과 등을 제공해 주기 때문에 건물을 개발할 때도 녹지공간을 공동으로 확보할 수 있는 도시설계가 필요하다. 또한 생물학적 공간이 늘어나 생물다양성 보호를 위한 빗물 처리 및 비오톱(Biotope) 관리뿐만 아니라 도시 허파 구실로 쾌적한 산소를 공급해 시민의 건강을 지켜주고 사색의 마당이자 자연 학습장이 되도록 해야 한다. 이와 더불어 인공생태계의 대수술이 필요하다. 도시의 색상과 건물의 높이, 스타일, 간판, 조명, 담벼락과 길바닥, 골목길과 대로, 주차시설 등을 개발할 때 자연 지형을 최대한 살리면서 에너지 효율이 높고 약자에 대한 세심한 배려가 있는 공간으로 설계해야 한다. 특히 기존의 도심부와 미개발된 도시지역과 연계성을 강화해 균형적인 발전과 조화를 이루도록 공간 혁신에 초점을 둬야 한다.

다음으로 지역자본이 독창성과 개성의 예술에 힘입어, 도시의 가치를 꽃피울 수 있는 혁신이다. 지역 인적 자본의 혁신은 그 지역이 갖고 있는 역사적 인물과 그들의 삶의 궤적을 재조명해 사회교육 차원으로 승화시키는 문화작업이 돼야 한다. 문화작업에는 지역의 혼이 담긴 해석이 필요하고 축제나 교육, 이벤트 하나하나가 지역의 이미지(image)를 갖도록 조명돼야 한다. 즉, 지역의 삶이 투영되는 문화작업이 필요하다. 지역의 역사성을 특징짓는 자질들을 이해하고 보존해 시간의 기억을 살리면서 현대적 역할을 다시 부여해 새로운 미래 발전의 자극적인 도시가 되도록 혁신한다. 그리고 물적 자본의 혁신은 그 지역의 특산물과 자연 조건을 상품화하는 작업이다. 특히 고부가 가치의 상품화는 상품화 과정에 정직과 진정성이 수반돼야 성공할 수 있다. 부도덕한 지역 상거래 행위는 오래가지 못한다. 되레 신뢰를 잃게 해 회생 불가능하게 만든다. 자연 조건의 혁신은 지역 풍광의 순수성을 잃지 않게 보전하며 자연녹지, 야생화, 자연산물 등을 공익적 차원에서 철저히 관리돼야 한다. 이 모든 지역자본에 생태와 역사, 지역 감성이 숨 쉬도록 혁신해야 정체성을 가진 '생태관광-문화도시'가 될 수 있다.

이제 우리는 허세, 허영, 허식을 일소하고, 도시민이 자연과 친구가 되며 자연이 도시를 보살피는 공생의 도시를 만들어야 한다. 우리의 담론은 규모나 외형보다는 콘텐츠에 방점을 찍어야 한다. 편리와 효율성만을 추구하는 아파트 도시가 아니라 생명과 지속성이 유지되는 그린뉴딜 도시재생이 우리의 과업이 돼야 한다. 우리는 도시 내면의 아름다움을 만들어가는 훈련이 필요하다. 모든 도시가 자아정체성을 가진 자족도시로서 자아실현을 이뤄야 한다. 영혼이 없는 천편일률적인 도시가 아니라 지역의 가치와 이미지가 잘 조화된 독창적이고 개성 있는 도시를 창출해야 한다. 우리의 마음과 몸이 대도시를 탈출하게 만드는 멋진 생태문명의 도시를 만들어야 한다. 우리의 미래 도시는 휴머니즘과 지역자본이 공존하는 지속 가능한 생태도시다. 도시의 자아실현은 우리의 삶의 주제요. 우리의 혼과 육체가 의지할 평화로운 고향이다. 도시의 자아실현(진·선·미)이 우리의 삶의 주제가 돼야 한다.

## 제3절  결론

오늘날 한국의 도시는 자연과 배타적인 공동체로 남아 있다. 경쟁과 효율, 편리함에 길들여진 획일적이고 종속적인 공간구조와 숨을 조이는 시멘트 아파트 문화로 도시의 생명력과 지속성이 무너졌다. 생명력이 없는 도시는 결코 진정한 인간의 자유도 인권도 기대할 수 없다. 21세기, 우리가 지향해야 할 도시는 녹색성장이 바탕이 된 생태도시다. 생태도시로의 변화는 선택이 아닌 필수이다. 지속 가능한 발전의 필수 요소인 환경보호와 함께 시민의 건강, 새로운 일자리로 이어지기 때문이다. 이 책에서 다양한 측면에서 생태도시의 모습을 여러 사례를 통해 분석해 봤다. 특히 제3장에서 소개된 독일의 생태도시 프라이부르크(Rieselfeld 생태도시 개발)와 함부르크의 도시재생사업(HafenCity 도시재생)은 우리에게 시사해 주는 점이 매우 크다. 이들의 공통적인 특징은 ① 기후변화에 대응하는 도시계획과 환경계획의 연계 수립, ② 도시 개발(도시재생) 수립 초기부터 공공의 역할이 노젓기(rowing)식이 아닌 촉진 및 조정 관리자로서의 방향잡기(steering) 형태로 변화되면서 민·관 파터너십을 통한 다양한 협의체(자문위원회 등)와 시민 참여자들의 아이디어가 작동했다는 점이다. 이는 지역공동체의 거버넌스를 통한 숙의민주주의5)의 실현이라고 볼 수 있다. ③ 기존의 권위적이고 물질적인 도시를 극복하기 위해 공간 인권의 확보에 주목하면서, 사회적 약자들을 배려한 무장애 공간(barrier free)을 확립했다. 또한 주거와 직장이 공존하는 직주 근접형 오픈 스페이스(open space)로 인간과 자연이 상호 소통하는 유기체적이고 매력적인 공간생태계를 창출했다는 점이다.

지금 우리가 진행하고 있는 녹색뉴딜, 도시재생사업은 근대화 과정에서 산출된 회색도시로부터 생태도시로의 전환이라는 의미에서 매우 바람직하다고 볼 수 있다. 일등이 아닌 생명과 지속성이 확보되는 일류 도시를 만드는 것이 중요하다. 편리함보다 불편함에 대한 도시의 면역력을 키워야 한다. 한국 사회의 도시 기저 질환은 성장주의와 편리함이다. 성장과 자연 보전은 상충적이 아니라, 생산적 긴장 관계를 맺고 상호작용하는 친숙한 화음이 이뤄져야 한다. 오늘날 도시 인구가 세계 인구의 반이 넘은 지금 도시문제는 지역의 문제가 아니라 전 지구적 문제가 됐는데, 드디어 인공지능의 시대가 전개되며 새로운 도시의 청사진이 등장했다. 이는 초지능의 스마트 시티(Smart City)6)

---

5) 숙의민주주의(熟議民主主義, deliberative democracy): 여러 사람이 모여 어떤 문제를 깊이 생각하고 이논히는 숙의가 의사결정에 중심이 되는 민주주의 형식이다. 단순히 여론조사와 나수결 투표가 이닌 일반 시민의 열린 토론과 사려 깊은 수이를 통해 공공의 문제를 해결하려는 민주주의 모형이다.즉, 실제적 숙의가 입법 과정의 적법성에 대한 매우 중요한 원천이라는 점에서 전통적 민주주의 이론과 다르다. 숙의민주주의는 전국 수준(예: 신고리 원전 5~6호기의 건설 중단 및 재개 여부에 관한 공론조사 등)의 국가적 사안뿐 아니라 지자체 수준(예: 대구시청사 입지 선정, 제천시 자원관리센터 입지 선정, 독일의 윤데[Jühnde] 바이오에너지 마을, 보봉[Vauban] 생태마을 조성 등)의 각종 지역 및 민생 이슈에 적용할 수 있다. 로컬 수준에서 비교적 적은 수의 시민들이 소위 미니공중(mini-public)을 이뤄 숙의에 참여하는 방식으로 지역의 공공사업 추진 과정에서 이해관계나 가치관의 대립으로 인한 공공 갈등으로 인해 막대한 사회경제적 비용을 막기 위해 도입된 일명 로컬 거버넌스의 한 유형이라고 볼 수 있다. 이는 지역에 뿌리를 두면서 온·오프라인으로 연결된 새로운 로컬 민주주의의 가능성을 주목한다.

6) 미래학자들이 예측한 21세기의 새로운 도시 유형으로서 컴퓨터 기술의 발달로 도시 구성원들 간 네트워크가 완벽하게 갖춰져 있고 교통망이 거미줄처럼 효율적으로 짜여진 것이 특징이다. 즉, 도시의 교통, 주거, 안전, 환경, 복지 서비스 등의 분야에 사물 인터넷(Internet of Things: IOT), 사이버 물리 시스템(Cyber Physical

이다. 스마트 시티라는 말은 유럽에서 먼저 시작되었다. 즉 노후 도시의 도시재생과 발전 방향성에 대해 미래도시가 어떤 모습으로 변화돼야 할지 고민하면서 착안 된 개념이다. 미래도시는 '탄소중립(炭素中立, carbon zero, net zero)'[7]을 지향하는 친환경 도시로서 지속가능성을 고려하면서, 4차산업과 연계하여 첨단 정보통신기술(Information & Communication Technology: ICT)을 접목한 도시재생을 구상하였다.

우리나라 역시 도시재생과 신도시 개발과 맞물려 2018년 '4차산업혁명위원회'를 중심으로 도시혁신 및 미래성장동력 창출을 국가 정책 우선 과제로 선정하여 세계 최고 스마트 시티 선진국으로 도약, 확산 등을 목표로 시작하였다. 그러나 노후화된 도시가 유럽의 작은 도시보다 너무나 크기 때문에 지역 시민 차원에서 접근이 어려워, 정부 주도적으로 추진 방향을 잡다 보니 스마트 시티 인프라 구축 및 운영을 위한 기술과 재정의 한계가 드러나고 있음을 알 수 있다. 가령 온갖 최첨단 기능으로 무장된 도시가 만들어졌다 해도 운영비용 등에 따른 다른 사회문제가 또 다른 갈등으로 표출될 개연성이 매우 크다. 향후 비용에 대한 부분을 어떻게 합리적으로 해결할 것인지가 스마트 시티 건설에 성패의 관건이 될 수 있다. 그뿐만 아니라 자본과 공학 기술적 시각에서 접근하다 보니 편리함과 효율성을 지나치게 강조하여 사람들이 어떤 생활 공간을 선택하고 어

---

System: CPS), 인공지능(AI), 빅데이터, 클라우드, 5G 이동통신, 블록체인 등을 적용한 스마트 플랫폼을 구축해 다양한 도시문제를 해결하고 시민에게 안전하고 윤택한 삶을 제공하는 도시다. 학자들은 현재 미국의 실리콘 밸리를 모델로 삼아 앞으로 다가올 스마트 시티의 모습을 그려보고 있다. 스마트 시티는 텔레커뮤니케이션(telecommunication)을 위한 기반시설이 인간의 신경망처럼 도시 구석구석까지 연결돼 있다. 따라서, 사무실에 나가지 않고도 집에서 모든 업무를 처리할 수 있는 텔레워킹(teleworking)이 일반화될 것이다. 국가로부터의 지원을 기다리기 전에 도시 내부에서 스스로 문제를 해결하려는 성향이 강하다. 또 사이버 세계에 대한 충분한 지식을 갖고 있지 않은 정치지도자들은 스마트 시티의 시민들로부터 지지를 받을 수 없게 된다. 스마트 시티와 유사한 개념으로는 유-시티(U-City) 공학기술이 고도로 발달한 도시를 나타내는 테크노피아(Technology Utopia City), 네티즌이 중심이 되는 도시를 나타내는 사이버 시티(Cyber City), 거대도시의 새로운 형태를 의미하는 월드 시티(World City) 등이 있다.

[7] 화석연료 사용 등으로 배출되는 온실가스를 최대한 줄이고 불가피하게 배출된 온실가스는 나무를 심거나 청정에너지 분야에 투자함으로써 실질적인 배출량을 제로가 되도록 하는 상태를 말한다. 2018년 UN 산하 '기후변화에 관한 정부 간 협의체(IPCC, Intergovernmental Panel on Climate Change)'는 '지구온난화 1.5도 특별보고서'에 지구의 온도 상승을 인류의 생존 한계선인 평균 1.5도 이하로 유지하기 위해서는 2050년까지 탄소중립 상태가 되어야 하고 이를 위해 사회 모든 부분에서 과감한 온실가스 감축이 필요하다고 강조했다. 우리나라도 기후 악당(기후변화대응지수: 전세계 61개국 중 최하위 5위 차지)의 오명을 씻고 기후 위기 대응을 국제사회 노력에 선도적으로 동참하기 위해 지난해 '2050 탄소중립비전'을 선언하였다.

떤 주체적 행위를 할 것이지가 숙제로 남는다. 즉 최신 ICT 기술들을 이용하여 도시의 생산성과 안정성을 높인다고 해서 시민들의 삶의 질이 향상되는 것은 아니다.

인간이 사는 도시는 문화와 지역성(장소성)이 매우 중요하다. 스마트 시티는 초지능의 기술 시스템으로 차량은 자율적으로 운행되고 모든 환경은 자동으로 조절되며 모든 사람이 데이터화 돼 서로 연결되고 조직된 사회라고 했다. 그렇다면 모두가 가상현실에 바탕을 둔 환경이니 필시 공동체는 조각나고 모두가 몽유병 환자처럼 자기 탐닉에만 몰두하는 그런 사회일 텐데 거기에 사유와 창조, 낭만과 우연 그리고 영적 성숙이 있을까? 동의하기가 불편하다(승효상, 2018). 스마트 시티는 우리 삶을 혁명적으로 바꿀지는 몰라도 더 나은 세상이 아닐 가능성이 짙다. 더 나은 삶은 사람들이 더 많이 접촉하고 기술을 덜 쓰고, 물질에 덜 집착하는 삶이 아닌가. 도시화가 가속화될수록 사유하고 창조하고 영성을 높이는 자연 생태공간이 우리에겐 더 필요하다. 더욱 위험한 것은 편리와 효율성에 함몰되어 생태적 가치보다는 기술적 가치를 우선시함으로 도시의 면역력이 상실돼 생명과 지속성이 위협받는다는 점이다. 생명은 인간 존엄의 완성이요. 지속성은 지구를 지키고 후세대를 위한 절제의 도(道)다. 이제 스마트 시티를 전적으로 거부할 수는 없지만, 전통과 문화, 장소성, 이와 더불어 자연 생태 자본의 가치를 융합한 도시가 되어야 한다. 도시의 자아실현을 위해 국가와 사회는 생태적 타협의 공간을 더욱 확장해, 저탄소 녹색성장을 지향하는 생태도시의 맥락에서 기술의 효율성이 접목된 도시가 되도록 에너지를 모아야 한다.

## 제3편 참고문헌

김용옥(1999). 『노자와 21세기』. 통나무.

『도덕경』. 제45장.

머서(Mercer), 경영컨설팅업체(2020). 「세계 주요 도시 주재원 삶의 질·생활환경(Quality of Living) 조사」.

박길용(2003). 지속가능한 도시공원 녹지정책. 『한독사회과학논총』.

승효상(2018). 초지능시대 스마트시티의 청사진. 중앙시평.

우보명(2003). 『훼손지 환경녹화 공학』. 서울대학교출판부.

이상호, 임윤택 외(2017). 『스마트시티』. 커뮤니케이션북스.

최시억(2019). 『삶을 변화시키는 스마트시티』. 국회도서관.

『장자』. 내편(內篇). 제물론(齊物論).

能本一規(1992). エコポリスの 思想. 須田春海 外, 『環境自治體 の 創造』.

www.nikkei.com/article

www.sejong.go.kr

# 찾아보기

## (ㄱ)

| | |
|---|---|
| 가치 패러다임 전환 | 38 |
| 갈릴레이(Galileo Galilei) | 33 |
| 간디(Mahatma Gendhi) | 25 |
| 개발 과정 | 30 |
| 개수로(開水路) | 110 |
| 개인적 책무성 | 159 |
| 거버넌스(governance) | 82, 191 |
| 게스트카드 | 219 |
| 경성기술(hard technology) | 44 |
| 계획하면서 배운다 | 90 |
| 공간 디자인 | 258 |
| 공간의 인권 | 107, 115, 261 |
| 공간·환경계획 | 55, 63 |
| 공공성의 확보 | 124, 133, 138 |
| 공공의 역할 | 123, 129 |
| 공공재(public goods) | 31 |
| 공생 | 30, 51, 54, 248 |
| 공생의 윤리 | 35 |
| 공생적 생태도시 | 51 |
| 공유지의 비극 | 249 |
| 공진화(共進化) | 31, 45 |
| 공통의 차별화된 책임 | 183 |
| 과정적 산물 | 136 |
| 과학기술주의 | 16, 33 |
| 관계적 인간 | 37 |
| 관광객 | 211, 216 |
| 관광시설 | 219 |
| 관광자원 | 211, 218 |
| 관념철학 | 27 |
| 광역도시계획 | 58 |
| 교토의정서 | 182, 184 |
| 교통정온화 기법 | 111 |
| 국가의 웰빙 | 163 |
| 국가적 책무성 | 163 |
| 국내 배출원 | 147 |
| 국제태양에너지협회(ISES) | 221 |
| 국토계획 | 58 |
| 규범윤리학 | 24 |
| 그리핀(Susan Griffin) | 27 |
| 그린 네트워크(Green Network) | 134 |
| 그린피스(Greenpeace) | 135 |
| 극단적 자유주의 | 160 |
| 기계론적 자연관 | 33 |
| 기술개량주의 | 41 |
| 기술낙관주의 | 32, 55 |
| 기후가스 | 255 |
| 기후-녹색성장 거버넌스 | 186 |

## (ㄴ)

| | |
|---|---|
| 'ㄴ'자 유형 | 147 |
| 네거티브섬 게임 | 40 |
| 네스(Arne Naess) | 25 |
| 노자(老子) | 19, 250 |
| 노자의 존재론 | 251 |
| 녹색경영 | 193 |
| 녹색기술 | 179, 189 |
| 녹색뉴딜 | 255 |
| 녹색문화 | 196 |
| 녹색사회계약 | 189 |
| 녹색산업 | 179 |
| 녹색성장 | 55, 177, 179, 188, 255 |
| 녹색성장 거버넌스(green growth governance) | 190 |
| 녹색성장의 정책 과제 | 185 |
| 녹색세금 | 187 |
| 녹색 소비 | 189, 195 |
| 녹색 수도 | 138 |
| 녹색혁명 | 179, 193 |
| 녹지정비계획 | 65 |

뉴 어버니즘(New Urbanism) 121
뉴턴(Isac Newton) 33

**(ㄷ)**
다양한 배출원별 배출계수 150
대기환경보전법 142
대중관광 206
대표 농도 경로 176
더 좋은 결과를 낳기 위한 갈등 96
더 좋은 도시 – 더 좋은 삶 16, 88, 93
데카르트(René Descartes) 16, 33, 37, 42
델리(Mary Daly) 27
도구적 이성 33
도농(都農) 생태운동 199
도농 생태관광 223
도덕경(道德經) 19
도본(Françoise d'Eauboone) 26
도시공간계획 64
도시관리계획 58
도시기본계획 58
도시멀미 248, 254
도시 생태관광 213
도시의 인권 258
도시의 지역자본 : 자연-'빔(虛) 250
도시재개발 69, 117, 120, 122, 246
도시재생 117, 120, 122, 139, 246
도시재생사업단 117
도시재생특별법 246
도시재생 활성화 및 지원에 관한 특별법 117
도시정비사업 117, 246
도시철학 : 진·선·미 130, 247
독일환경보호재단 97
동물해방 35
드릴링(Matthias Drilling) 113
드볼(Bill Devall) 25

**(ㄹ)**
런던 스모그 151
로컬 거버넌스(local governance) 85, 261
로코프(Kenneth Rogoff) 177
리젤펠트(Rieselfeld) 89, 106

**(ㅁ)**
마치츠쿠리(마을 만들기) 121
만물제동(萬物齊同) 250
맹자(孟子) 21
머서(Mercer) 256
머슬로(Abraham H. Maslow) 253
머찬트(Carolyn Merchant) 27
멈포드(Lewis Mumford) 252
명목적 생태도시 51
모빌레(Mobile) 219
몰트만(Jürgen Moltmann) 18
무위자연(無爲自然) 19, 250
무장애 공간 112, 261
무형 관광자원 211
문화관광자원 211
물리적인 사회구조 187
물적 계획 58
'물질'과 '자원'의 대상 34
물화(物化, reification) 249
뮤어(John Muir) 52
미기후(微氣候) 259
미세먼지 143, 144, 163
미세먼지특별법 142

**(ㅂ)**
바덴뷔르템베르크(Baden-Württemberg) 107
바로(Rudolf Bahro) 26
바이오매스(biomass) 193
방어 기제 153

| | | | |
|---|---|---|---|
| 배우는 계획 | 67 | 생명체의 가치 | 17 |
| 범신론적 세계관 | 33 | 생물평등주의(biological egalitarianism) | 26 |
| 베르그송(Henri-Louis Bergson) | 23, 24 | 생산 과정(production process) | 30 |
| 베이컨(Francis Bacon) | 33 | 생산자(producer) | 28 |
| 벡(Ulrich Beck) | 40, 161 | 생태계(eco-system) | 28, 49 |
| 보봉(Vauban)생태주거단지 | 81 | 생태계 서비스(ecosystem services) | 31 |
| 보봉(Vauban)생태주거단지계획 | 63, 67 | 생태관광 | 203, 206, 210, 215, 222, 227 |
| 보봉생태주거단지의 사례 일지 | 92 | 생태관광시장 | 207 |
| 보봉주민연대 | 94 | 생태관광 자원 | 208 |
| 보봉포럼 | 88, 103 | 생태관광 퀘벡선언 | 205 |
| 보이는 협력의 손 | 83, 162 | 생태도시 | 48, 49, 108, 173, 177, 213, 249, 252 |
| 부하 추정 운전 | 166 | 생태도시계획 | 53, 54, 62, 69 |
| 북친(Murray Bookchin) | 26 | 생태도시계획(안) | 63 |
| 분해자(decomposer) | 29 | 생태문명 | 39, 43 |
| 불인(不仁) | 21 | 생태 보전 | 205 |
| 브라멜드(Theodore Brameld) | 253 | 생태 비용 | 186 |
| 비경합성(non-rivalry) | 31 | 생태 여성주의(eco-feminism) | 26 |
| 비배제성(non-excludability) | 31 | 생태윤리학 | 24 |
| 비산먼지(fugitive dust) | 146 | 생태 자궁 | 30 |
| 비오란트(Bioland) | 221 | 생태자본 | 31, 73 |
| 비오톱(Biotope) | 98, 106, 110, 259 | 생태자원 | 174 |
| | | 생태적 책임 | 195 |
| (ㅅ) | | 생태적 파괴에 대한 비가역성 | 36 |
| 'ㅅ'자 유형 | 147 | 생태 조세개혁(ETR) | 187 |
| 사성제(四聖諦) | 20 | 생태중심주의 | 44 |
| 사전 배려의 원칙 | 159, 160 | 생태철학 | 15, 22, 24 |
| 사회부문계획 | 55, 63, 71 | 생태축제 | 213 |
| 사회 생태론 | 26 | 생태 하부구조(eco-infrastructure) | 254 |
| 사회적 자본 | 163 | 생태효율성(eco-efficiency) | 32, 47, 174 |
| 사회적 책무성 | 162 | 생활환경 | 157 |
| 산업문명 | 33, 41, 43 | 석유 독재 | 179 |
| 삼고(三苦) | 20 | 선한 의지 | 249 |
| 새들에 대한 설교 | 23 | 성(聖) 프란체스코(St. Francis) | 23 |
| 생명(life) | 16, 22, 39, 45, 115, 248 | 성견(成見) | 20 |
| 생명권 | 156, 158 | | |

| | |
|---|---|
| 성장제일주의 | 180 |
| 세계기상기구(WMO) | 176 |
| 세바요스 라스쿠레인(Hector Ceballos-Lascurain) | 203 |
| 세션(George Session) | 25 |
| 셸크스(Richard Schekes) | 107 |
| 소비 과정(consumption process) | 30 |
| 소비자(consumer) | 28 |
| 소우주 | 30 |
| 솔라 여행(Solar Tourism) | 221 |
| 수도권대기질개선특별법 | 142 |
| 수변공간 | 128, 134 |
| 숙의민주주의 | 261 |
| 순자(荀子) | 21 |
| 슈바이처(Albert Schweitzer) | 23 |
| 스마트 시티(smart city) | 262 |
| 스턴 보고서 | 178, 199 |
| 스토커(Gerry Stoker) | 85 |
| 스피노자(Baruch de Spinoza) | 25 |
| 시나이더(Gary Snyder) | 25 |
| 신기후 체제 | 183 |
| 신재생 에너지 및 에너지 이용 효율 관련 국제 파트너십(REEP) | 193 |
| 신화(神化)된 이성 | 33 |
| 실천윤리학(practical ethics) | 35 |
| 실천철학(practical philosophy) | 16, 42 |
| 심층 생태론(deep ecology) | 25 |
| 싱어(Peter Singer) | 35 |

### (ㅇ)

| | |
|---|---|
| 아리스토텔레스(Aristoteles) | 253 |
| 아메리(Carl Amery) | 25 |
| 압축 성장 | 245 |
| 어린이 환경 보건 출생 코호트 | 152 |
| 에너지 믹스(energy mix) | 165 |
| 에너지자립 - 태양도시 | 218 |
| 에어비주얼(Air Visual) | 142 |
| 엔트로피(entropy) | 64 |
| 연기법(緣起法) | 20 |
| 연대공동체(Solidargemeinschaft) | 18 |
| 연방국토정비계획 | 65 |
| 연방자연보호법 | 216 |
| 연성기술(soft technology) | 44 |
| 열린 기획 과정 | 114 |
| 열섬(heat island) | 254 |
| 오픈 스페이스(open space) | 85, 111, 261 |
| 온생명 | 30 |
| 온실가스 삭감은행 | 198 |
| 완충지대(buffer zone) | 111 |
| 왕도(王道)의 시초 | 21 |
| 왕양명(王陽明) | 21 |
| 외경철학(畏敬哲學) | 23 |
| 외부 효과(external effect) | 163 |
| 외적 교란에 대한 생태적 수용 능력의 한계성 | 36 |
| 외코폴리스(Öcopolis) | 49, 253 |
| 요구경쟁주의 | 36 |
| 요소 투입형(고투입-고산출) | 48, 179 |
| 용도의 복합화 | 124, 132, 137 |
| 우리의 공동미래(Our Common Future) | 201 |
| 원인자 책임의 원칙 | 159 |
| 원전 제로(zero) | 165 |
| 원형이정 | 21 |
| 위험사회 | 40, 161 |
| 위험을 감수하는 선택 | 161 |
| 유기체적이고 생태적 원칙 | 72 |
| 유엔 기후변화 정부간 협의체(IPCC) | 176 |
| 유엔환경개발회의 | 206 |
| 유형 관광 자원 | 211 |
| 의제 21(Agenda 21) | 50, 201, 215 |
| 이해관계자(stakeholders) | 83 |

| | | | |
|---|---|---|---|
| 인(仁) | 20 | 지속 가능 발전(ESSD) | 206, 215 |
| 인간중심주의 | 16, 44 | 지속가능성의 5대 원칙 | 72 |
| 인간중심주의 세계관 | 33 | 지속 가능한 도시(sustainable city) | 49 |
| 인간 태도와 행위의 개혁 | 24 | 지속 가능한 생태도시 | 51 |
| 인체 영향평가 | 150 | 지속성 | 16, 22, 39, 45, 95, 115, 248 |
| 인체 위해성 영향 | 151 | 지역계획(regional planning) | 58 |
| 잉여에너지주택 | 92 | 지역 발전 | 205 |
| | | 지역의 이미지 | 259 |
| **(ㅈ)** | | 질병관리본부 | 154 |
| 자기조절(self regulation) | 29 | 짐머만(Michael E. Zimmerman) | 24 |
| 자아실현 | 253 | | |
| 자연관광 자원 | 211 | **(ㅊ)** | |
| 자연생태관광 | 216 | 창조 질서 | 18 |
| 자연자본 | 31 | 천지만물일체(天地萬物一體) | 21 |
| 자연자산 | 216 | 청정개발 체제 | 189 |
| 자연재화 | 216 | 청정개발 체제(CDM) | 190 |
| 자원무한주의 | 36 | 청정기술 | 194 |
| 자족도시(self-sufficient city) | 49 | 청지기(steward) | 18, 255 |
| 장거리 월경성 대기오염에 관한 협약 (CLRTAP) | 168 | 초미세먼지 | 144, 151 |
| 장자(莊子) | 19, 250 | 초자아적 자유 | 37 |
| 저에너지 건축 | 109 | 최종 산물(outcome) | 136 |
| 저탄소 녹색성장 | 199, 223, 229 | 츠바이탈러란트 | 217, 221 |
| 저탄소 녹색성장과 지역 발전 | 232 | 치중화(致中和) | 21 |
| 저탄소녹색성장기본법 | 191 | 친환경 사회간접자본 | 187 |
| 적정기술(appropriate technology) | 44 | | |
| 전구물질(반응물질) | 145 | **(ㅋ)** | |
| 제물론(齊物論) | 19 | 카본 상쇄(Carbon Offset) 운동 | 196 |
| 조정자로서 방향잡기 | 96 | 카슨(Rachel Carson) | 24 |
| 주돈이(周敦頤) | 21 | 카프라(Fritjof Capra) | 25 |
| 중범위 규정 | 68 | 칸트(Immanuel Kant) | 37 |
| 지구단위계획 | 58 | 커뮤니티 뉴딜(New Deal for Communities) | 121 |
| 지구 온난화 | 175, 199 | 코기탄스(cogitans) | 37 |
| 지몬스발트(Simonswald) | 216 | 콜린(Miels Colean) | 120 |
| 지방의제 21 | 50 | 콤팩트 도시(Compact City) | 121 |
| | | 쾌적성(amenity) | 254 |

| | |
|---|---|
| 큉(Hans Küng) | 33 |
| 크리제바하(Andreas Criesebach) | 25 |
| 큰 자아실현(Self-realization) | 26 |

**(ㅌ)**

| | |
|---|---|
| 탄소발자국 | 177 |
| 탄소중립 | 261 |
| 태극도설 | 21 |
| 통섭(統攝) | 258 |
| 투웨이밍(杜維明) | 37 |
| 트레일 제련소(Trail smelter) | 168 |
| 특정 관광시장 | 205, 207, 227 |

**(ㅍ)**

| | |
|---|---|
| 파급 효과 | 124, 134 |
| 파리기후변화협약 | 166 |
| 파리협정 | 182, 184 |
| 파시브하우스(Passivehaus) | 92, 102, 109, 198 |
| 파트너십 | 123, 131 |
| 평형 보존 능력 | 29 |
| 포리트(Jonathan Poritt) | 25 |
| 폰 바이츠제커(Carl Friedrich von Weizsäcker) | 41 |
| 표층 생태학(shallow ecology) | 25 |
| 푸투어(Futour) | 98 |
| 피조물의 복지 | 23 |
| 핀쇼(Gifford Pinchor) | 52 |

**(ㅎ)**

| | |
|---|---|
| 하나님의 형상(imago Dei) | 18 |
| 하나님 중심의 세계관 | 18 |
| 하펜시티 도시설계 개념도 | 128 |
| 하펜시티 마스터플랜 | 127, 136 |
| 한자동맹 | 125 |
| 함부르크 하펜시티 개발공사 | 132 |
| 해비타트Ⅱ 회의 | 88 |
| 헤겔(George W. F. Hegel) | 37 |
| 헤처(Claus-Dieter Hetzer) | 203 |
| 헬리오트롭(Heliotrop) | 91 |
| 협동의 원칙 | 159, 162 |
| 협력적 거버넌스 | 81, 83, 103, 123, 131 |
| 협력적 네트워크 | 163 |
| 협력 체제 | 96 |
| 호수공원 | 218 |
| 확장된 시민참여위원회 | 114 |
| 환경권 | 156, 158 |
| 환경생태계획 | 64, 65 |
| 환경생태 기본계획 | 64 |
| 환경생태 프로그램 | 64 |
| 환경수도 | 217 |
| 환경용량 | 52 |
| 환경윤리학 | 24 |
| 환경적으로 건전하고 지속 가능한 발전 (ESSD) | 50, 201 |
| 환경정책기본법 | 70, 157 |
| 환경 쿠즈네츠 곡선(EKC) | 189 |
| 환승 주차 | 219 |
| 회색도시 | 48, 246, 253, 258, 261 |
| 흑림(黑林) | 217, 221 |

| | |
|---|---|
| INDC | 182 |
| K.I.O.S.K | 113 |
| Q마크 품질인증제 | 220, 225 |
| S.U.S.I | 92, 95, 99 |
| UN 인간 환경선언 | 156 |
| 3ES | 138 |

생태도시학

## 박길용

세명대학교 행정학과 교수(1996~ )이자 사단법인 한국녹색정책연구소 대표이사(소장)다. 성균관대학교 법과대학을 졸업하고 한국외국어대학교 대학원에서 환경정책연구로 행정학 박사학위(1994. 2)를 받았다. 그 후 독일 학술교류재단(DAAD) 초청 장학금으로 독일 슈파이어(Speyer)국립행정대학교 연구원, 튀빙겐(Tübingen)대학교 법학부 연구교수로 EU 및 독일 환경정책을 연구했고, 환경부 환경규제개혁추진단 위원, 한독사회과학회 회장을 역임했다. 단독 저서로 『생태자본과 공생행복』(2019), 『현대 환경학: 정책·문명·생명사상』(2014, 개정판), 『공존의 역사짓기』(2012), 역서로 『현대 환경사상의 기원』(2008) 등이 있고, 대표 논문으로 "한·독 비교 생태도시에 대한 연구(Eine Studie zur Stadtplanung einer Ecocity mit Schwerpunkt auf Vergleich zwischen Deutschland und Korea)"(2013)가 있다.